ANTENNA HANDBOOK SERIES

コンパクト・アンテナの理論と実践

[入門編]

アンテナの神秘に魅せられて

JG1UNE 小暮 裕明
JE1WTR 小暮 芳江 [共著]

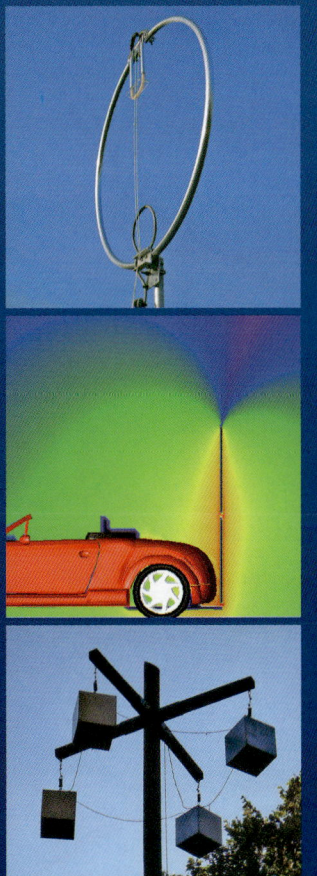

CQ出版社

コンパクト・アンテナの世界
THE WORLD OF "COMPACT ANTENNAS"

本書では，電磁界シミュレータで得た多くのグラフィックスで，コンパクト・アンテナの世界を旅しています（このカラー・ページで，各章をブラウズできます）．

第1章 アンテナの元祖「ヘルツ・ダイポール」は，なんとコンパクト・アンテナだった！ と気づくところから，コンパクト・アンテナの世界に旅立ちましょう．

ミュンヘンのドイツ博物館で筆者らが撮ったヘルツ・ダイポールの本物

（a）接地系アンテナ　　　　　　　　　　（b）誘導コイル

マルコーニによる初期の接地系アンテナと，高圧起電力を発生させる誘導コイル
マルコーニ博物館で筆者らが撮影

カラーでわかるコンパクト・アンテナの世界

マルコーニの別荘の庭に建っている高さ8mのアンテナのレプリカ
この別荘はイタリアのボローニャ郊外にあり，現在は博物館になっている

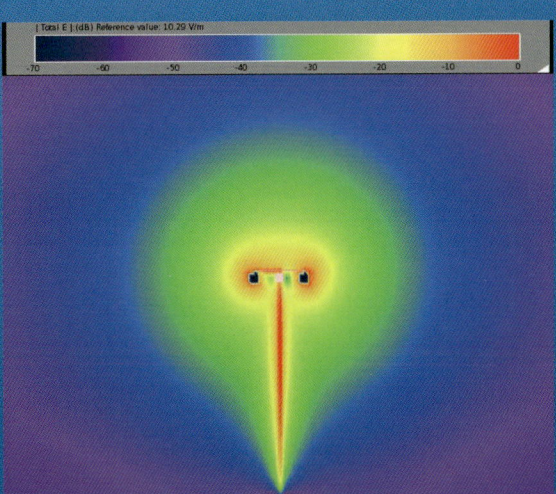

マルコーニの高さ8mのアンテナ・シミュレーション結果
アンテナの周りの電界強度分布（XFdtdを使用）

第2章　フルサイズ・アンテナとコンパクト・アンテナの違いはどこにあるのでしょうか？　また，コンパクト化で何が変わるのでしょうか？

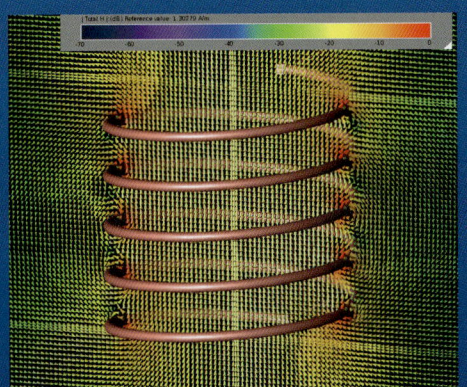

コンパクト・アンテナに欠かせないローディング・コイルの周りに分布する磁界（磁力線）

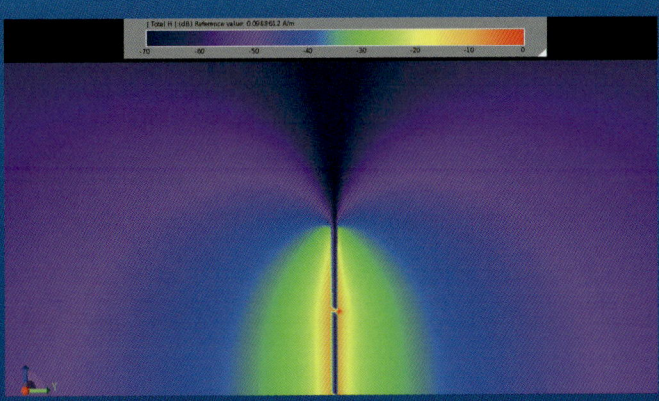

中央装荷の接地系アンテナの周りに分布する磁界強度分布
グラウンドは理想導体

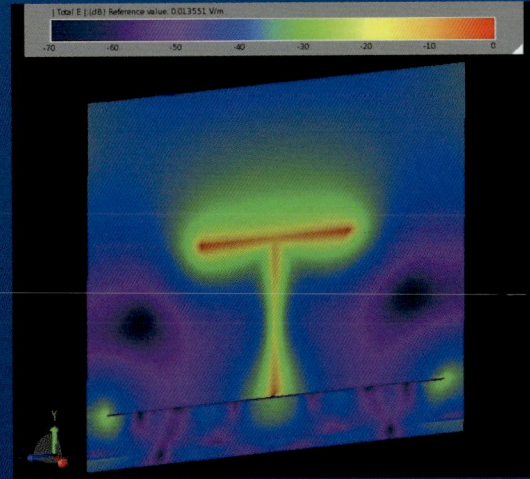

コンクリート上の銅板に接地したT型アンテナの電界分布
（給電0.24μ秒後）

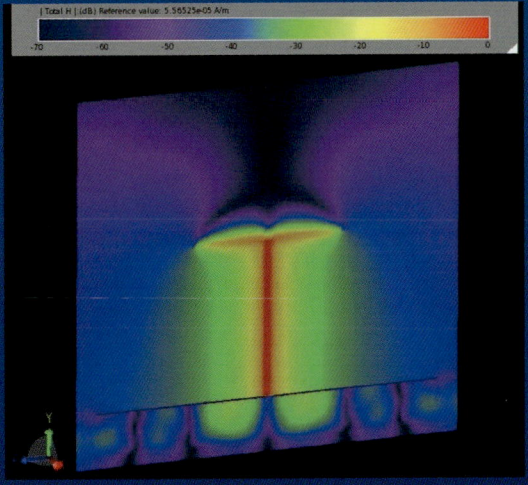

T型アンテナの磁界分布（給電0.24μ秒後）

| 第3章 | コンパクト・アンテナを正しく評価するためには，フルサイズ・アンテナの性能を知って比較する必要があります． |

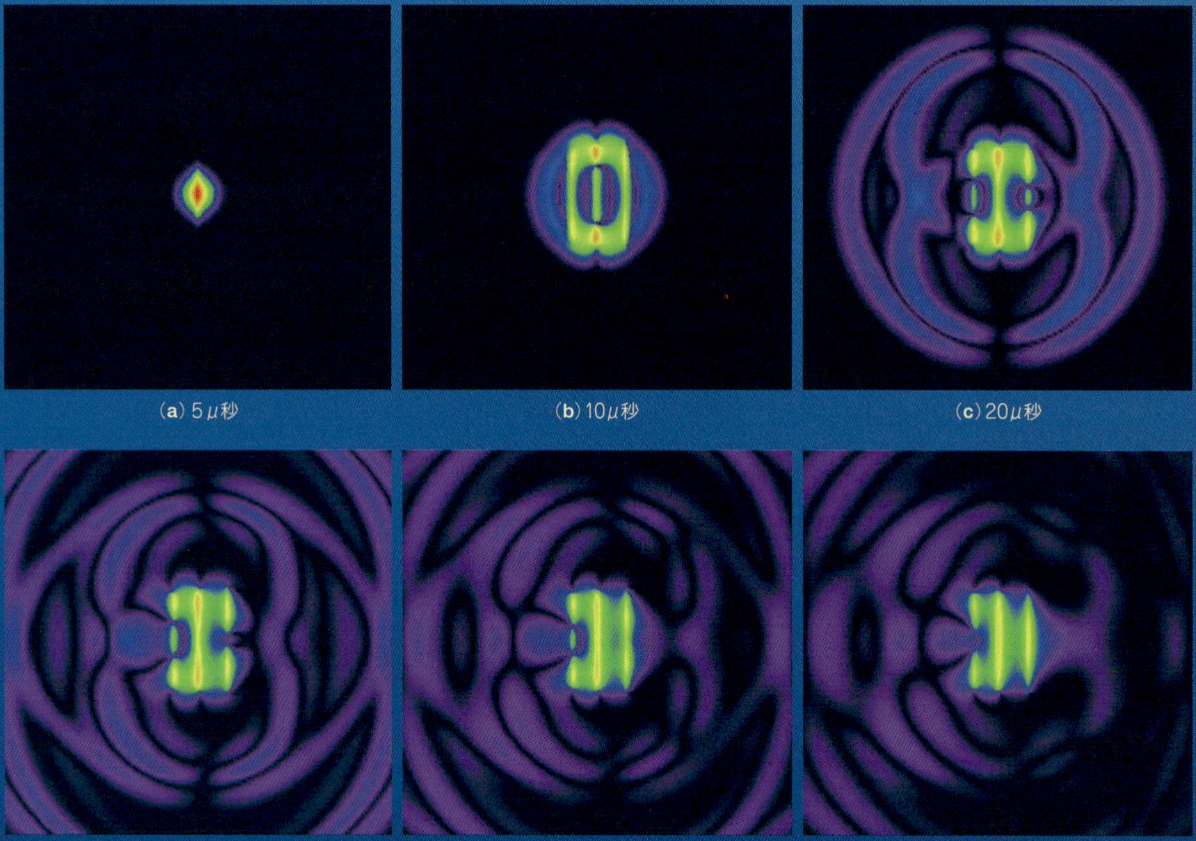

(a) 5μ秒　　(b) 10μ秒　　(c) 20μ秒

(d) 30μ秒　　(e) 40μ秒　　(f) 50μ秒

エレメントの電流分布を観るために，パルス励振後の磁界強度を表示（アンテナを含む平面）
表示のスケールは最小－70dB．アンテナの近くでは振動を繰り返し，1波長ほど離れたあたりから，押し出された電磁波の空間移動が始まるようす（XFdtdを使用）

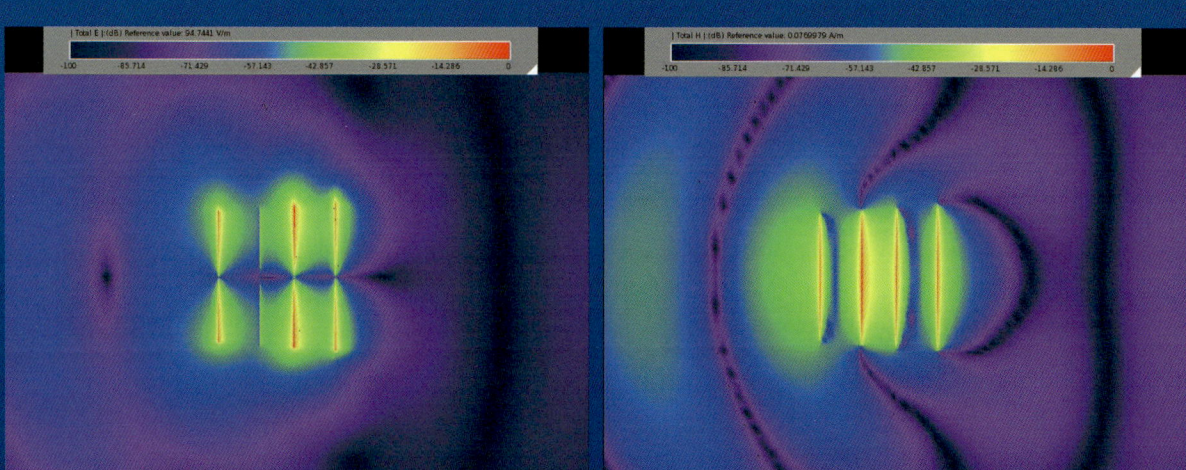

(a) 電界強度分布　　(b) 磁界強度分布

4エレ八木の強度分布
電界のピークと磁界のピークには90°の差があるが，多エレメントの八木アンテナでは，各エレメントのピークに時間のずれがある

カラーでわかるコンパクト・アンテナの世界

第4章
ベランダにHF帯のアンテナを設置したいアパマン・ハムやHF帯モービル・ハムのアンテナは，コンパクト・アンテナの性能を「めいっぱい」引き出したいでしょう．

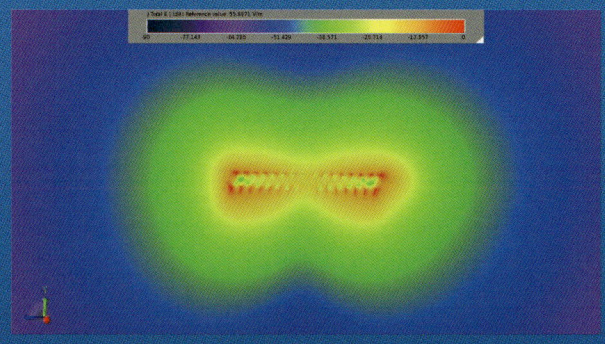
（a）電界強度分布

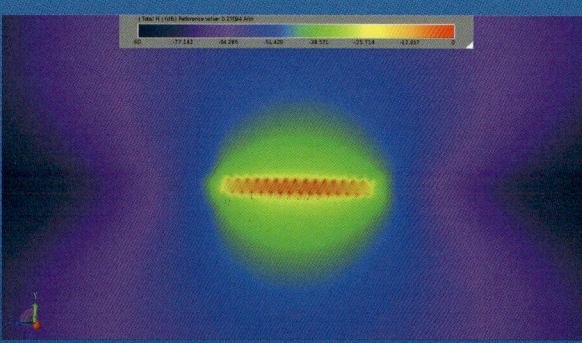
（b）磁界強度分布

大型コイル・アンテナの強度分布
指向性利得はフルサイズよりやや低いが，放射効率ηは高く，整合状態がベストであればフルサイズとほとんど変わらない

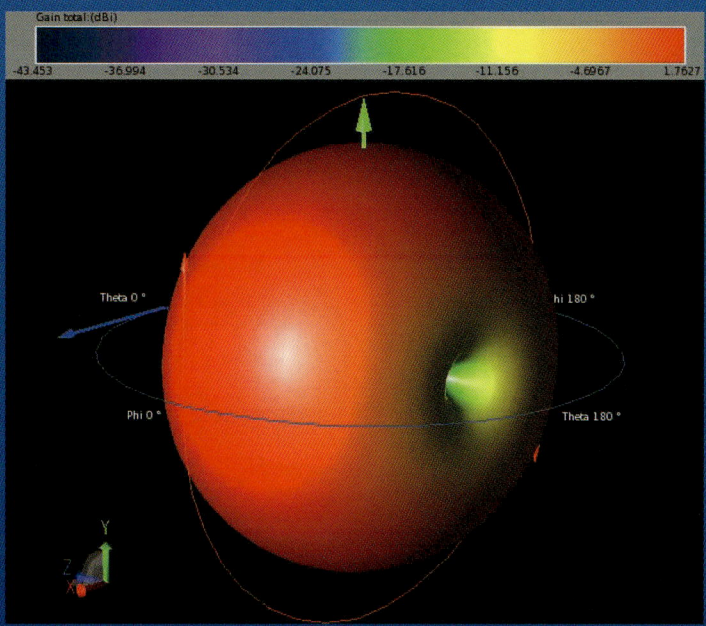
大型コイル・アンテナの放射パターンと指向性利得（1.76dBi），18MHz

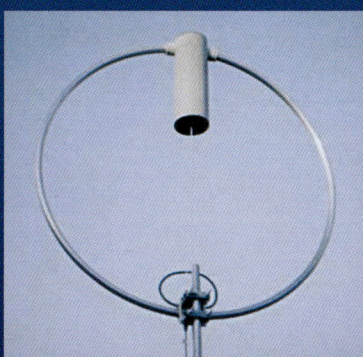
（a）MLA AMA-10D

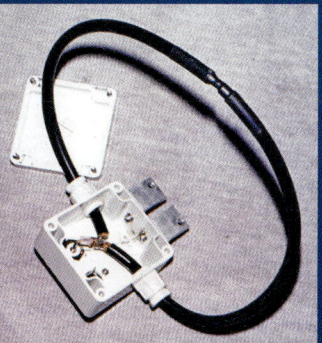
（b）給電用ループ

DK5CZ Chris Käferleinが開発したMLA AMA-10Dと給電用の1回巻きループ

第5章

先駆者たちが開拓したいろいろなコンパクト・アンテナをバンド別に調べて，運用のコツや自作のアイデアを大いに活用しましょう．

3.5MHzモービル・ホイップ（第一電波工業 HF80FX）を2本使ったダイポール・アンテナ

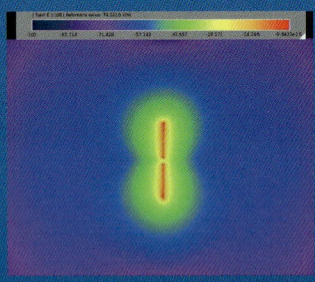
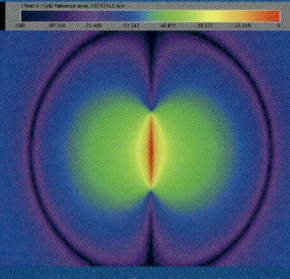

全長2.8m，基部にコイルを装荷した超短縮ダイポール・アンテナの強度分布

(a) 電界強度分布（位相角：0°）　　(b) 磁界強度分布（位相角：90°）

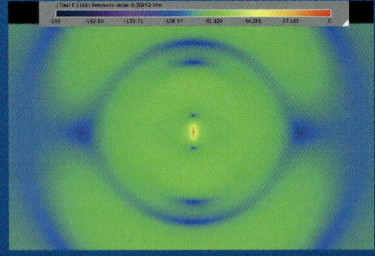

解析空間を広く取った超短縮ダイポール・アンテナの電界強度分布（画像は波のようすが見やすくなるように調整している）

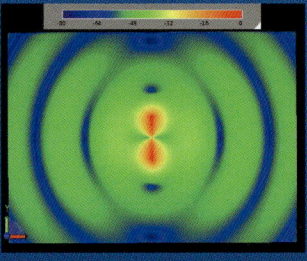

フルサイズ（½λ）のダイポール・アンテナの電界強度分布

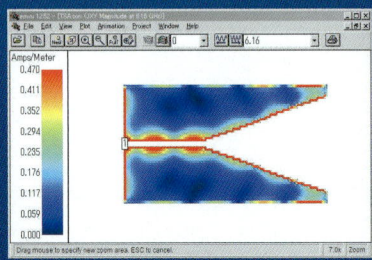

TSA（テーパード・スロット・アンテナ）の表面電流分布（6.16GHz）
スロットやテーパー部に波が見られる

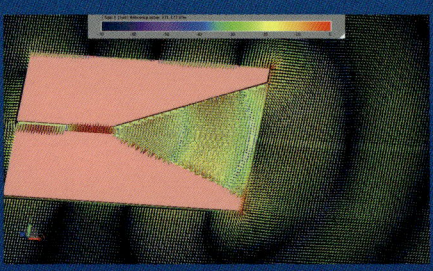

5GHzにおける電界ベクトルのようす
空間に電界（電気力線）のループが発生している

7MHz用の中央装荷モービル・ホイップを設置した自動車のモデル（車体データ提供：構造計画研究所）

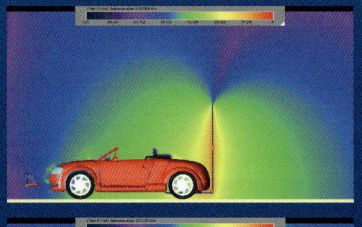

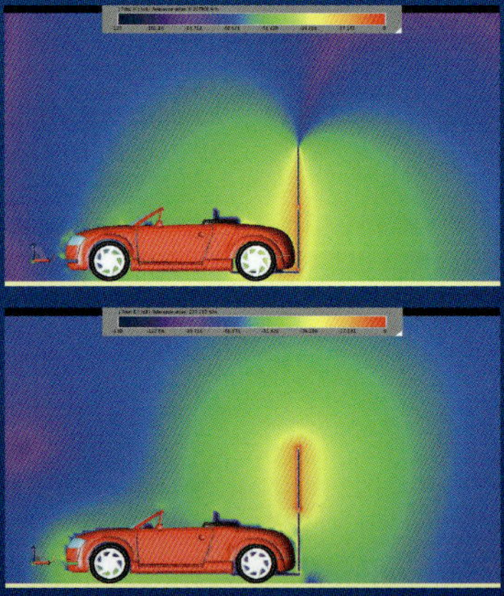

(a) 電界強度分布

(b) 磁界強度分布

自動車の周りの電界強度分布と磁界強度分布（7.1MHz）

第6章

ロー・プロファイル (low profile) やステルス・アンテナ (stealth antennas) とは，アパマン・ハムに向けたキーワードともいえます．筆者らはこれを「隠密アンテナ」と呼んでいます．住宅街の狭いスペースでは，周囲の影響が気になるものです．

ベランダに近接して乱立する鉄柱群

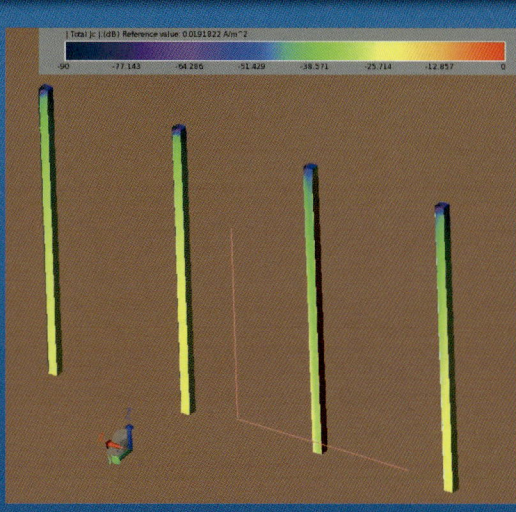

鉄柱に誘導された電流の分布

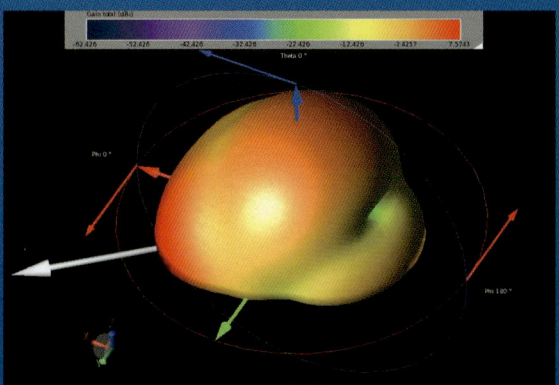

7MHz用L型モノポール・アンテナと鉄筋コンクリート・マンションを含む放射パターン

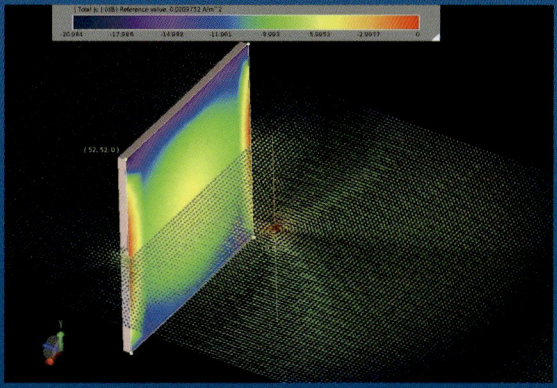

金属板の手前に垂直ダイポール・アンテナがあり，電波が送信されているときの磁界（磁力線）のようすを小さい三角錐の連なりで示している
導体表面に強い電流が流れていることが確認できる

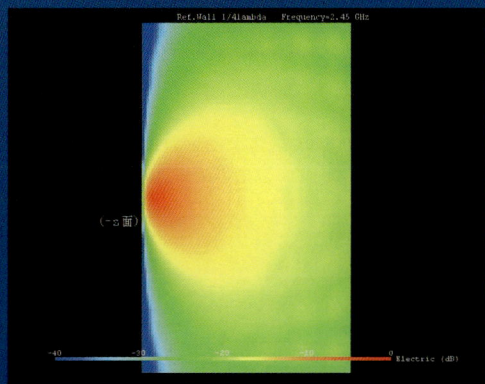

(a) 距離1/4λのとき

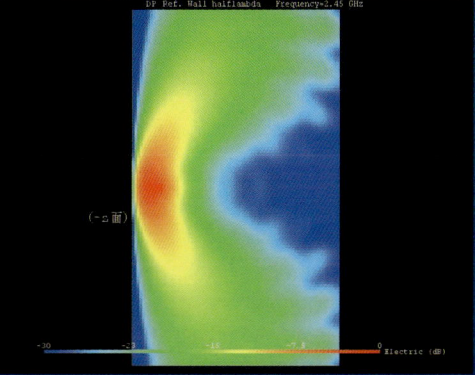

(b) 距離1/2λのとき

アンテナと金属壁の距離を1/4λに設定したときと，1/2λに設定したときの電界強度分布
1/2λのときは，明らかに壁に垂直な右方向（+z方向）へは放射されない

第7章

アンテナを上げるとき，ベランダしか使えない環境は最悪のケースです．特にHF帯のQRVをあきらめきれないOMは，ここ一番，ベランダ・アンテナの限界に挑戦しましょう．

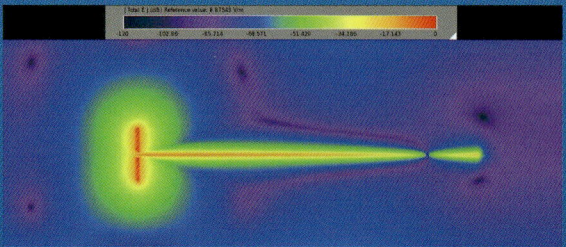
（a）電界強度分布（位相角：0°）

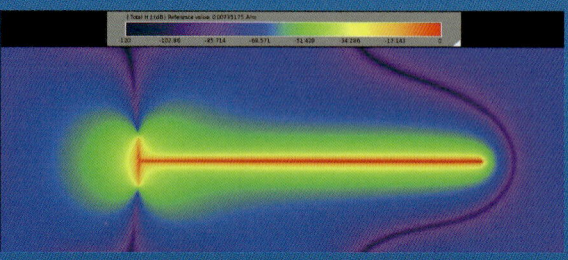
（b）磁界強度分布（位相角：90°）

20m長の平行2線で給電したモデルの強度分布

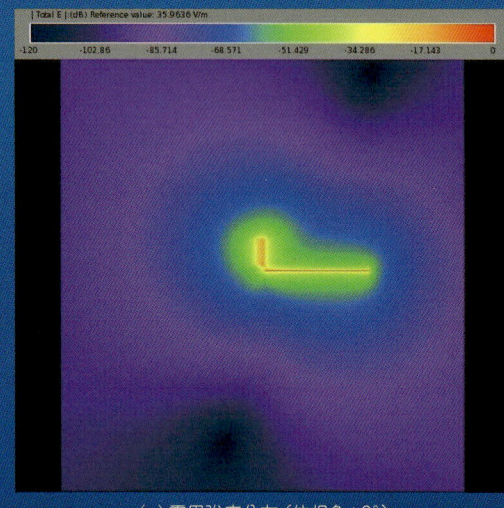
（a）電界強度分布（位相角：0°）

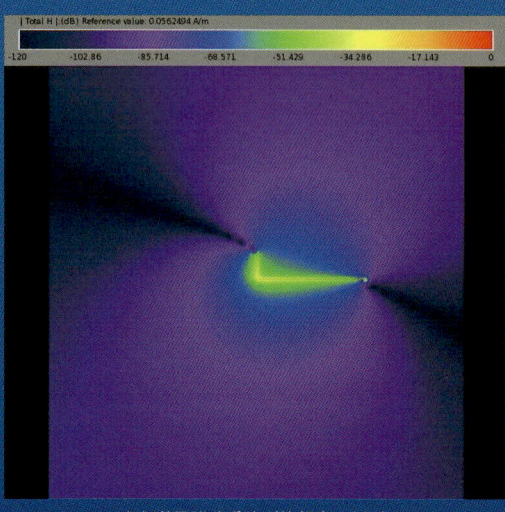
（b）磁界強度分布（位相角：90°）

モノポール・モデルの強度分布

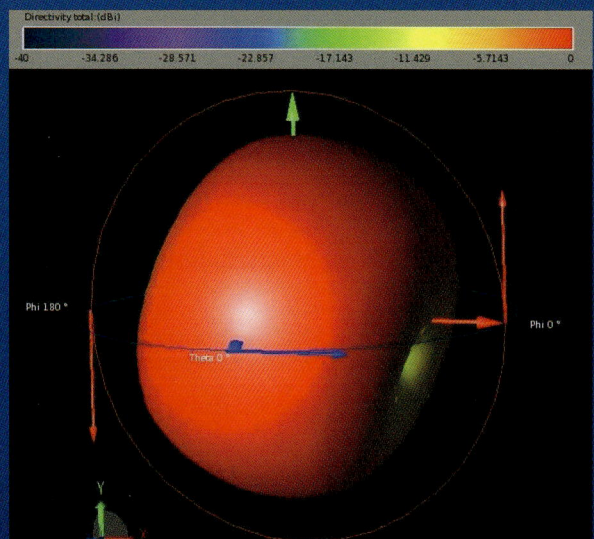
モノポール・モデルの放射パターン

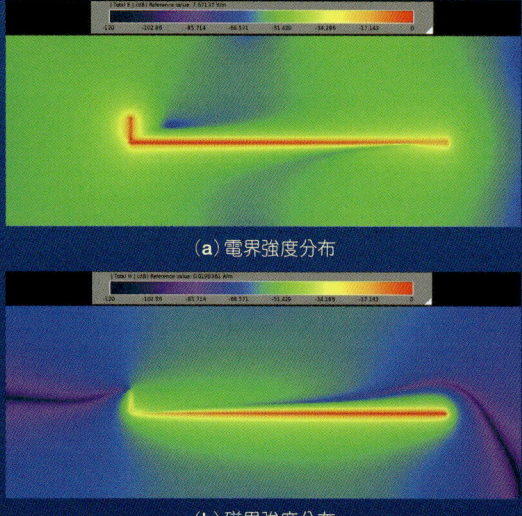
（a）電界強度分布

（b）磁界強度分布

給電線20mのモデルの強度分布

はじめに

　筆者のうちの一人は，1960年代に「ラジオ少年」でした．当時，中学校の理科クラブでアマチュア無線の洗礼（？）を受け，以来今日（こんにち）まで，変わったアンテナを作り続けています．

　開局から現在まで，長きにわたって集合住宅でオン・エアしており，「筋金入り（hi）のアパマン・ハム」です．おかげで，なんとかベランダから運用しようと，40年以上コンパクト・アンテナを研究してきました．極端に厳しい環境から電波を出すことで，かえってアンテナの不思議を堪能できていると，今ではその逆境にとても感謝しているくらいです．

　筆者と同世代のハムは，社会人としてリタイアの時期を迎え，かつての趣味へのカムバックも盛んなようです．また，若いハムも，制約のある住環境の中でQRVすべく，試行錯誤を重ねておられるのではないでしょうか．

　現代のアマチュア無線は，洗練されたリグでさまざまなモードの運用でにぎわいを見せています．筆者らはその昔，リグを自作したこともありますが，今は市販のトランシーバを使っています．高度化した技術は，もはやアマチュアの領域をはるかにしのいでおり，メーカー製に頼るというのが実情です．

　筆者らが今なおこだわる「アンテナ」は，残された「最後の砦」かもしれません．アンテナは，電線やアルミ・パイプといった身近な材料で作れるので，貴重な自作の修行場（？）でしょう．一方，メーカー製も，ようやくアパマン・ハム向け小型アンテナが増えてきました．これはアパマン・ハムには朗報で，せっかく合格したのに開局をためらっているOMは，本書で品定めのポイントを身につけてください．

　筆者らアパマン・ハムは，限られた設置スペースでHF帯にQRVしようとすれば，厳しい制約条件にフラストレーションはいや増すばかりです．本書は，筆者らの40年以上にわたる試行錯誤を余すところなく披露しています．また，実運用で成果をあげた事例も多く紹介していますから，同じ境遇の悩みを一つでも多く解決できれば，これにまさる喜びはありません．

　　　　　　　　　　　　　　　　　2013年3月　　JG1UNE　小暮裕明
　　　　　　　　　　　　　　　　　　　　　　　JE1WTR　小暮芳江

Contents
もくじ

カラーでわかるコンパクト・アンテナの世界 ……………………………………… 2

はじめに ………………………………………………………………………… 9

第1章 コンパクト・アンテナの歴史 …………………………… 16

1-1 アンテナの元祖は「コンパクト」だった？ ………………………… 16
マクスウェルからヘルツへ …………………………………………… 16
ヘルツの送信機と受信機 ……………………………………………… 17
長岡半太郎の追試験 …………………………………………………… 17
ヘルツ・ダイポールのしくみ ………………………………………… 18
ヘルツ・ダイポールのシミュレーション …………………………… 18
ヘルツ・ダイポールのスケール・モデル …………………………… 19

1-2 巨大すぎた（？）アンテナ ………………………………………… 20
遠距離通信に成功 ……………………………………………………… 20
マルコーニ・アンテナのシミュレーション ………………………… 20
無線の商用化へ向けて ………………………………………………… 22

1-3 それは接地型アンテナから始まった ……………………………… 23
大地の大電流で空中に電気振動を起こす …………………………… 23
導電通信から接地のアイデアへ ……………………………………… 24
エジソンの静電誘導無線通信 ………………………………………… 24

1-4 短波の夜明けとコンパクト・アンテナ …………………………… 25
電離層を予言したのは誰か？ ………………………………………… 25
電離層の測定方法 ……………………………………………………… 25
電離層の発見とアマチュア無線 ……………………………………… 26
短波帯とアンテナの自作 ……………………………………………… 26
パルス波による電離層観測 …………………………………………… 27

Q&A ハリガネから電波が出る？ …………………………………… 28

第2章 フルサイズとコンパクトの違い　30

2-1 共振型アンテナの元祖とは？　30
　　共振アンテナの元祖　30
　　マルコーニの共振アンテナ　31

2-2 なぜ半波長なのか？　32
　　ツェッペリン・アンテナの構造　32
　　飛行船で使われたダイポール・アンテナ　33
　　電界・磁界と電線の電気振動　33
　　集中のLCと均等のLC　34

2-3 コンパクト化で何が変わるのか？　35
　　携帯電話の小型・内蔵アンテナ　35
　　小型アンテナのRとX　36
　　メアンダ・アンテナの整合回路　37
　　アンテナの放射抵抗とは？　37
　　帯域幅の変化　38
　　帯域幅と共振のQ　39
　　コンパクト化で変わる放射効率　40
　　コンパクト化で変わる性能　40

2-4 コンパクト化のアイデア集　41
　　インダクタンス装荷アンテナ　41
　　コイル位置によるηの違い　41
　　システム効率とは？　42
　　キャパシタンス装荷アンテナ　42
　　T型アンテナの入力インピーダンス　43
　　T型アンテナの周りの電磁界　44
　　T型アンテナの放射効率　44
　　T型ダイポール・アンテナ　45
　　リニア・ローディングによるコンパクト化　46
　　ダイポール・エレメントの折り曲げ設置　47
　　折り曲げのバリエーション　47
　　隠密アンテナ？　48

　　Q&A 整合回路の設計　50

第3章 フルサイズの性能限界 ... 52

3-1 1W入力で何W放射できるのか？ ... 52
アンテナの利得とは？ ... 52
ボアサイトとは？ ... 53
dBで扱うメリット ... 54
真の利得と放射効率ηの関係 ... 54
ダイポール・アンテナは何W放射できるか？ ... 54

3-2 ダイポール・アンテナの性能限界 ... 55
ダイポール・アンテナとシステム効率 ... 55
大地による反射と放射パターン ... 55
ANNIEによるシミュレーション ... 56
MMANAによるシミュレーション ... 59

3-3 八木アンテナの性能限界 ... 59
八木・宇田アンテナのしくみ ... 59
八木アンテナの周りの電磁界 ... 61
4エレ，5エレ八木の周りの電磁界 ... 62
低い設置高の八木アンテナ ... 63
指向性は波の合成が作る ... 64

3-4 等方性（アイソトロピック）放射は可能か？ ... 64
135kHz用のアンテナ ... 64
どこから放射が始まるのか？ ... 64
微小ダイポール・アンテナの利得 ... 64

［コラム］　八木・宇田アンテナを引き継ごう ... 65

Q&A 電磁界シミュレータは役に立つのか？ ... 66

第4章 コンパクト・アンテナの性能限界 ... 68

4-1 微小ダイポール・アンテナの特性 ... 68
微小ダイポールのシミュレーション ... 68
クラウスによる理論値 ... 69

4-2 微小ループ・アンテナの特性 ... 71
微小ループ・アンテナの定義 ... 71
クラウスによる理論 ... 71
近傍界と遠方界 ... 72
MLA（マグネチック・ループ・アンテナ）とは？ ... 72

12

160mバンド受信用ループ・アンテナ ……………………… 73
DK5CZのAMAループ・アンテナ …………………………… 73
MLAのシミュレーション ……………………………………… 74
インダクティブ結合のシミュレーション …………………… 76

4-3 ローディング・コイルとは？ …………………………… 78
短いエレメントに必要なコイル ………………………………… 78
コイルの寸法を決める …………………………………………… 79
短縮モノポール・アンテナのコイルとQ ……………………… 79
コイルのQと放射効率 …………………………………………… 79
コイル・アンテナのシミュレーション ………………………… 80

4-4 キャパシティ・ハットとは？ …………………………… 81
キャパシティ・ハットのいろいろ ……………………………… 81
キャパシタンスの装荷位置 ……………………………………… 82
形状によるキャパシタンスの違い ……………………………… 83

Q&A 微小アンテナの実効面積は小さいのか？ ………… 84

第5章 バンド別コンパクト・アンテナのいろいろ …… 86

5-1 長・中波のコンパクト・アンテナ ……………………… 86
135kHzのコンパクト・アンテナ ……………………………… 86
リアクタンスの変動 ……………………………………………… 87
起電力法の結果と比較する ……………………………………… 87
コイルのLと整合回路 …………………………………………… 87
短い接地型アンテナの放射効率 ………………………………… 88
放射効率と利得の関係 …………………………………………… 88
$EIRP$の評価 ……………………………………………………… 88

5-2 短波帯のコンパクト・アンテナ ………………………… 89
モービル・ホイップを利用したアンテナ ……………………… 89
コイルの設計 ……………………………………………………… 89
3.5MHz用超短縮アンテナの放射効率 ………………………… 90
中央装荷の放射効率 ……………………………………………… 90
3m長モービル用ホイップ・アンテナ ………………………… 91
理論式の抜粋 ……………………………………………………… 92

5-3 超・極超短波帯のコンパクト・アンテナ …………… 93
地デジ受信用の超コンパクト・アンテナ ……………………… 93
内蔵する整合回路 ………………………………………………… 95

5-4 マイクロ波帯のコンパクト・アンテナ … 95
- テーパード・スロット・アンテナ（TSA） … 95
- TSAの電流分布 … 96
- 進行波アンテナとは？ … 97
- コンパクトTSAの実現 … 97

Q&A モービル・ホイップと車体の影響 … 98

第6章 アパマン・ハムとコンパクト・アンテナ … 100

6-1 「ロー・プロファイル」アンテナとは？ … 100
- ステルス・アンテナとは？ … 100
- 家屋に這わせるアンテナ … 101
- 庭木の利用 … 101

6-2 地表波の電波伝搬 … 103
- ヘルツが描いた電界 … 103
- 大地の影響 … 103
- 大地を這う地表波 … 104
- 坂下の住宅でQRVすると… … 104

6-3 住宅街の障害物 … 105
- 鉄柱群の影響 … 105
- マンションの鉄骨の影響 … 105
- レイ・トレーシングとは？ … 106
- プラチナバンドとは？ … 106

Q&A 周囲の金属の影響 … 108

第7章 ベランダ・アンテナの実際 … 110

7-1 モービル・アンテナを活用する … 110
- モービル・ホイップをダイポールに … 110
- 3.5MHz用超短縮アンテナの給電線 … 111
- 平行2線（フィーダ線）給電 … 112
- ¼λの平行2線給電ではどうか？ … 112

7-2 ダイポール vs モノポール … 113
- 平行2線 vs 同軸ケーブル … 113
- 線路から放射させるモノポール … 113
- 20m長の線路ではどうか？ … 114

   ベランダのアンテナではどうか？ … 114
   ダイポール vs モノポール … 115

7-3 ラジアル・ワイヤの活用術 … 116
   大型コイルのダイポール・アンテナ … 116
   建物のアースは十分か？ … 116
   コンクリートの影響 … 117
   ベストな組み合わせとは？ … 117

7-4 同軸ケーブル vs はしごフィーダ … 118
   はしごフィーダとは？ … 118
   はしごフィーダの利点 … 118
   同軸ケーブルを直接つなげると… … 119

Q&A 定在波とは？ … 120

第8章 メーカー製アンテナのスペック … 122

8-1 利得とは … 122
   メーカー製八木アンテナの利得 … 123
   マルチバンド八木アンテナの利得 … 123
   最近のカタログ値 … 123

8-2 放射効率とは … 124
   放射効率の定義 … 124
   直角曲げダイポール・アンテナとその η … 125
   放射効率の測定方法 … 125

8-3 帯域幅とは … 126
   帯域幅の定義 … 126
   VSWRのグラフが使われる理由 … 126
   コンパクト・アンテナの帯域幅 … 126
   解決策はあるのか？ … 127

用語解説集 … 128

   参考文献 … 132
   索 引 … 134
   著者略歴 … 135

Chapter 1章 コンパクト・アンテナの歴史

コンパクトとは，フルサイズに比べて小さいアンテナにつけられる名称です．それではフルサイズのアンテナとはどんな寸法なのでしょうか？　一般には，ハムの入門アンテナの一つであるダイポール・アンテナをフルサイズと呼び，その寸法は動作周波数の波長の半分です．世界初のアンテナはヘルツが発明したダイポールですが，それは電線状ではなく，大きさも半波長より小さい「コンパクト・アンテナ」だったのです．

ミュンヘンのドイツ博物館所蔵の，ヘルツが自作したヘルツ・ダイポールの本物（著者撮影）

1-1　アンテナの元祖は「コンパクト」だった？

　筆者が生まれて初めて電波というものを意識したのは，小学生のときです．自分で作ったゲルマニウム・ラジオのおかげでした．身の周りのテレビやラジオを当たり前に受け入れていたはずでしたが，キットが完成して放送が聞こえた瞬間，まるで空間を伝わる電気が語りかけてくるかのように感動しました．
　電池が要らないというのも大いに不思議なことでしたし，電線を張っただけで電波をキャッチできるというのは，いったい誰が発見したのだろうという疑問を，ずっと持ち続けることになったのです．

マクスウェルからヘルツへ

　イギリス（スコットランド）の物理学者ジェームス・クラーク・マクスウェル（1831－1879年）は，電磁波の存在を予言しました．そして彼の死後わずか9年で，ドイツの物理学者ハインリッヒ・ヘルツ（1857－1894年）は，その実証に成功しました．マクスウェルは48歳で他界していますが，長生きしていればヘルツの実験成功に大喜びしたことでしょう．
　写真1-1は，ヘルツが電磁波の存在を実証した送波装置です．これは誘導コイルの両端から出た導線を，ギャップを設けた小さな金属球につなげたもので，さらに導線を伸ばした先に大きな金属の球体を付けています．
　誘導コイルは変圧器の一種で，出力側のコイルに高い交流電圧が現れる装置です．この高電圧によって中央のギャップに火花放電が起こり，スパークに含まれる高周波の電気が両端の金属球間を往復することで共振（共鳴）現象を発現するというしくみです．これはヘルツ・ダイポールとも呼ばれています．

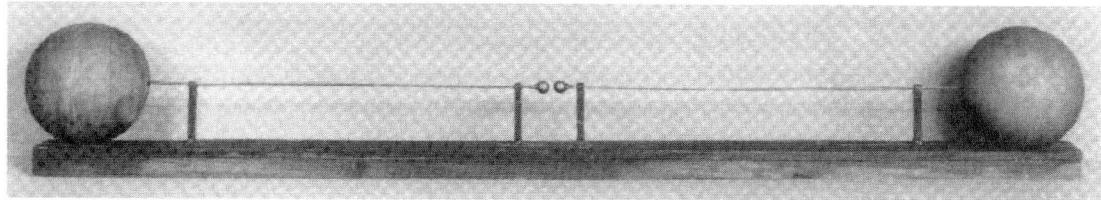

写真1-1　ヘルツが自作したアンテナの元祖，ヘルツ・ダイポール（ドイツ博物館所蔵）

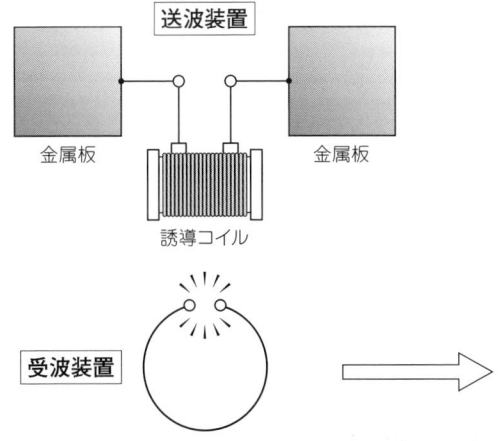
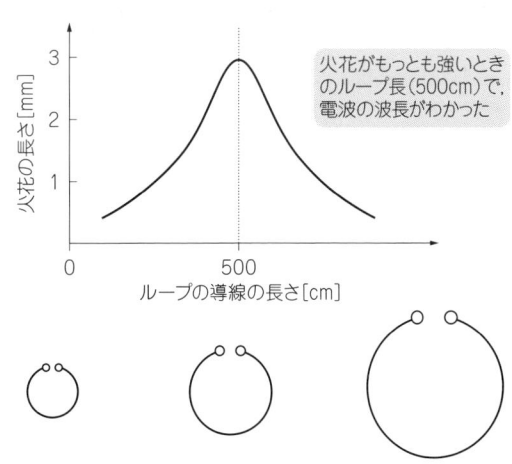

図1-1 ヘルツが作った送波装置と受波装置
1888（明治21）年ごろの実験

ヘルツの送信機と受信機

　ヘルツは多くの送波装置と受波装置を自作しています．送信と言わずに送波と呼んでいるのは，まず電磁波が発生することを確かめ，それをなんとか受波することに精いっぱいだったからかもしれません．送信の「信」は通信の信ですが，無線を通信の手段として使うという発想は，少し後に登場するマルコーニたちを待たなければなりません．

　図1-1は，ヘルツが作ったもう一つの送波装置と受波装置です．ここで気がつくのは，**写真1-1**の両端の金属球が金属板に変わっていることです．つまり，ヘルツが実験した送波装置のしくみでは，金属の球体と板は同じ役割を果たすことがわかっていたというわけです．

　もう一つ気づくのは，受波装置は送波装置とは形状が異なり，ループ導線を採用しているということでしょう．

　現代のアマチュア無線では，160mバンドなどを除けば，当たり前のように送信用と受信用は同一のアンテナを使います．しかしヘルツは，最初に送信と受信を別の構造のアンテナで試し，後にようやく同じアンテナを送受兼用にしています．おそらく彼は，さまざまな実験が進むにつれて，どこか途中でひらめいたのではないでしょうか．

長岡半太郎の追試験

　日本では，ヘルツの実験の発表からわずか1年後に，物理学者の長岡半太郎博士（1865－1950年）が追試験を行っています．『ヘルツ氏実験』（理學協會雜誌第七輯）は縦書きの論文で，明治22（1889）年の発行です．

　図1-2，図1-3はその論文の一部です．装置のスケッチは，ヘルツが1888（明治21）年に発表した実験方法の図を，長岡半太郎博士がそのままトレースしています．

　図1-1では，送波装置と受波装置だけを描いていますが，ヘルツは受波装置のループの長さを変えて観測した結果，ある長さで火花がもっとも強くなることを知りました．これは，ヘルツ・ダイポールを構成する金属球または金属板の寸法や相互の距離などで決まる，特定の周波数を発生する「共振」と呼ばれる現象を確認した実験です．

　図1-2では，ヘルツ発振器の片側の平板に平行に，

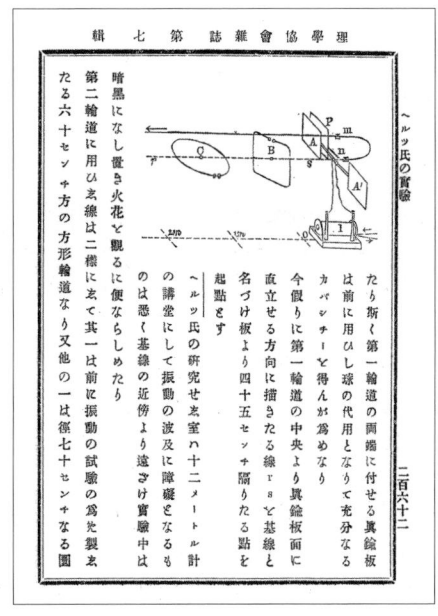

図1-2　長岡半太郎博士の論文（明治22年）

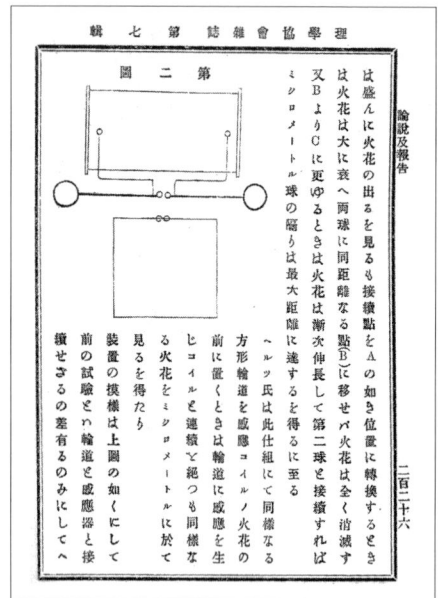

図1-3　長岡半太郎博士の論文（p.226）

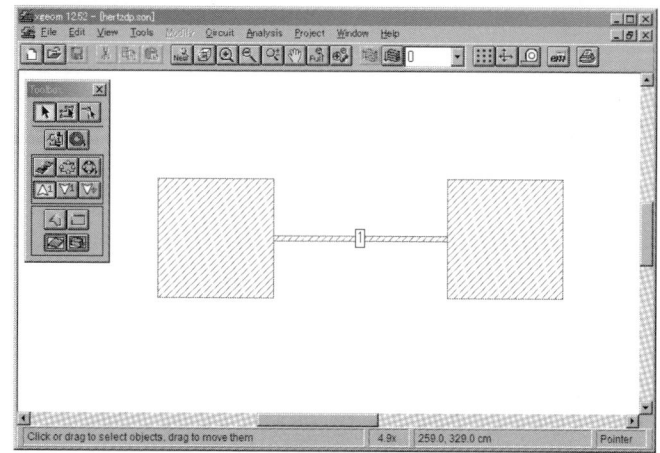

図1-4　ヘルツ・ダイポールの電磁界シミュレーション・モデル
（Sonnet Liteを使用）

もう一つの平板を置き，そこから導線を12m引き出しています．そしてこれに沿って，直線導線の周りを受波装置で調べ，火花の強弱が周期的に現れることを発見しました．火花が出ない箇所が0.2m，2.3m，5.1m，8mの場所にできたので，これを波のでき方で考えれば，間隔は波長の半分になる（定在波を観測している）はずです．そこで，電波の波長は約5.6mであることがわかったのです．

長岡半太郎博士は，論文の中で電波のことを「越歴振動の傳達」と書いていますから，明治22年には，まだ電波ということばはなかったようです．

「越歴」はエレキ，すなわち電気のことで，電気という訳語が使われるようになったのは明治の中ごろと言われています．そして電気の波，すなわち電波という用語も，これ以降に使われるようになったようです．

ヘルツ・ダイポールのしくみ

『ヘルツ氏実験』の論文が掲載された号のp.229には，「(中略) Tを振動期とPを自己の感應としCをカパシチーとしVを越歴静力単位と越歴マグネ単位の比となすときはTを見出す方式ハ左の如し（改行）$T=2\pi\sqrt{PC/V}$」と書かれています．

これらの記号は現代の用語では，T：周期，P：自己インダクタンス（現代はLを使用），C：キャパシタンスなので，長岡博士の式は共振周波数fの関係式$T=1/f=2\pi\sqrt{LC}$ に対応していることがわかり

ます（ここでV：C.G.S.静電単位とC.G.S.電磁単位の比である3×10^{10}cm/s）．

次に，P（自己インダクタンス）の値を送波装置の棒の長さと半径から求め，C（キャパシタンス）の値を金属球の半径から得て，LC共振の周波数を計算しています．

これはヘルツの発表した論文をもとにしており，文語体で少し読みづらいのですが，「(中略) ヘルツ氏ハ復た如何なる有様にして最長の火花を得るやに就き共振れの理を推して其要點を探究志（変体仮名）遂に越歴波動を容易に研究する道を開けり」（p.227）という記述もあります．

これによれば，ヘルツは「共振れの理」つまり共振の理論によって，送波装置の共振周波数を求めたようです．しかし一方で彼は，図1-1に示すように受波装置のループ導線の長さをいろいろ試しているので，これは単に確認のために変化させたのか，この発見により「共振れの理を推して」研究が進んだのか，どちらが先なのかを知りたくなりました．

ヘルツ・ダイポールのシミュレーション

ヘルツが残した図には，正方形の金属板が40cm角，2枚の板の間隔が60cmと記されたものがあります．そこで，このアンテナを電磁界シミュレータ[*1]で描いて，共振周波数などを調べてみました（Sonnet Liteを使用）．

図1-4はそのモデルで，図1-5はシミュレーション結果のリターン・ロスを示すグラフです．これはアンテナに加えた電圧が給電点に戻る反射の大きさを表しており，V字形の頂点から，もっとも反射が

*1 電磁界シミュレータは，パソコンでマクスウェルの方程式を解いて，空間に広がる電界や磁界の分布を求めるソフトウェア．

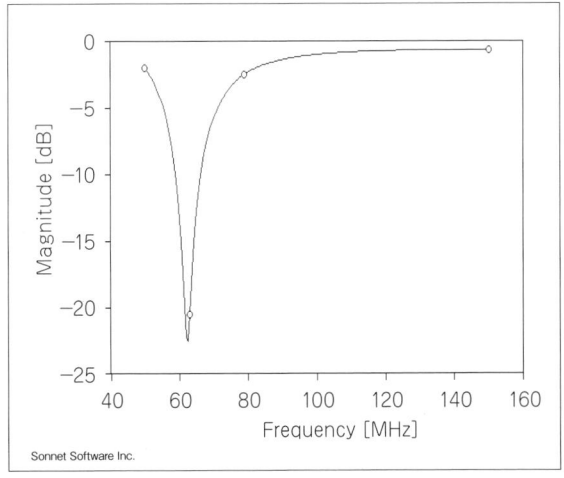

図1-5 ヘルツ・ダイポールのリターン・ロス

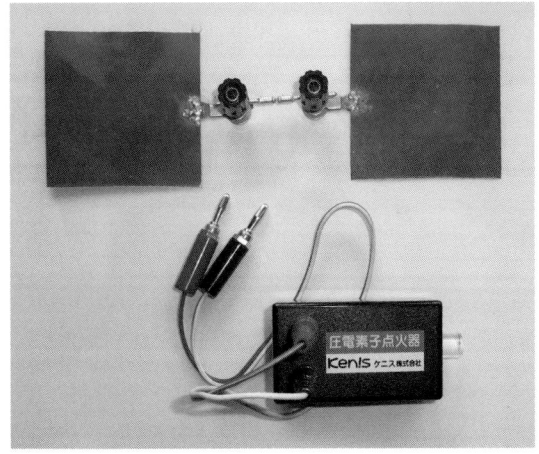

写真1-2 縮小版の送波装置（ヘルツ・ダイポール）と圧電素子点火器（理科実験用：ケニス株式会社 製）

小さい周波数が60MHz付近にあることがわかるでしょう．

反射係数が小さいということは，加えた電気のほとんどが電波となって放射されていることになるので，このヘルツ・ダイポールは63MHzの電波をもっとも強く放射していることになります．

さて，電線で作るダイポール・アンテナの寸法は，共振周波数の波長の約半分の長さなので，図1-4のアンテナの全長を40cm＋60cm＋40cm＝1.4mと考えれば，フルサイズのダイポール・アンテナとしての共振周波数は，光（電磁波）の速度を波長で割って，$3 \times 10^8 / (1.4 \times 2) = 107$[MHz]になります．

しかし，シミュレーションの結果では60MHz付近で共振しているので，ヘルツ・ダイポールはフルサイズの半分近い寸法のコンパクト・アンテナといえるでしょう．

写真1-3 縮小版の受波装置（矩形ループ）

ヘルツ・ダイポールのスケール・モデル

写真1-2は，図1-4のシミュレーション・モデルを自作しやすい寸法にした送波装置（ヘルツ・ダイポール）です．正方形の銅板は67mm角で，アマチュア無線の430MHz帯で共振するように設計した縮小版です．

自動車のイグニッション・コイルを誘導コイル代わりにする実験例も見かけますが，ここでは電波法違反にならないよう，理科実験用の圧電素子点火器（発生電圧：約10kV）を使いました．火花を飛ばす球体の代わりに，先端が半球のブラインド・リベットを1mmほど接近させると，放電が確認できました．

写真1-3は受波装置で，全長約70cmの矩形ルー

写真1-4 受波装置のネオン管

プです．放射電力が弱いので，**写真1-4**のように，受波はネオン管を点灯させて確認しました（到達距離を伸ばすには，イグニッション・コイルなどを利用した回路で連続放電する必要がある．感電に要注意）．

1-2　巨大すぎた（？）アンテナ

　ヘルツの実験は1888年前後に成功していますが，それから10年足らずの1895（明治28）年，イタリアのグリエルモ・マルコーニ（1874－1937年）は，1マイルを超える送信距離を達成しました．

遠距離通信に成功

　ヘルツ発振器の実験結果を知ったマルコーニは，ヘルツの実験の再現に成功しました．その後，通信距離を伸ばすために実験を繰り返し，ついにはマルコーニ社を起こして商用化させることを決意したのです．

　写真1-5は，彼の別荘の庭に建っている高さ8mのアンテナのレプリカです．このアンテナで送信し，最終的には約2,400m先の受信に成功しています．

　このアンテナの下端は大地に接地され，これと空間に張り出したアンテナとの間に電気が加えられました．この方式のアンテナは，後に接地系と呼ばれています．

　彼が無線実験を成功させた別荘はイタリアのボローニャ郊外にあり，現在は博物館になっています．先年訪問しましたが，見学には学芸員が付くので事前に予約する必要があります（博物館のWebサイト[*2]で申し込みができる）．

　写真1-6は先端部分の拡大です．ヘルツの金属球の代わりに直方体が四つ付いており，大地との間に大きな容量（キャパシタンス）を形成していることがわかるでしょう．

　当時は電磁波の波長が長いほど遠くへ伝わると考えられていましたが，マルコーニは先端の金属を大きくして容量（キャパシタンス）を増やすことで周波数を低くしました．

マルコーニ・アンテナのシミュレーション

　ヘルツの実験や長岡博士の追試験で，金属球や金属板の寸法によって共振の周波数が決まることがわかっていました．当時マルコーニもヘルツの追試験をしながら，通信距離を伸ばすことに苦心していました．

　写真1-6に示すように，彼は四つの金属直方体を電線でつなぎ，束ねた位置から1本の電線を地表へ落としています．一方，地面には金属を埋めて接地し，電線との間に誘導コイルからの電気を加えてい

写真1-5　1マイル超えを達成した8m高アンテナ

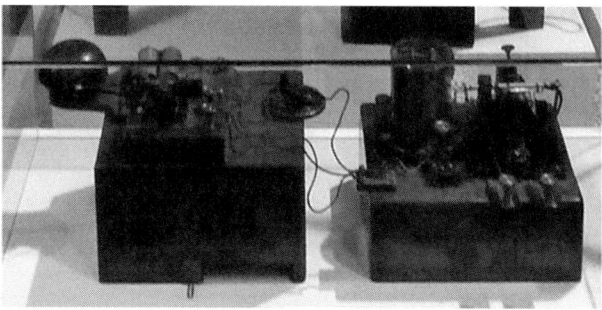

写真1-7　マルコーニが使った電鍵（モールス・キー）

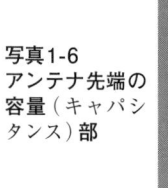

写真1-6　アンテナ先端の容量（キャパシタンス）部

写真1-8　マルコーニの誘導コイルと周辺装置

[*2] http://www.fgm.it/en.html

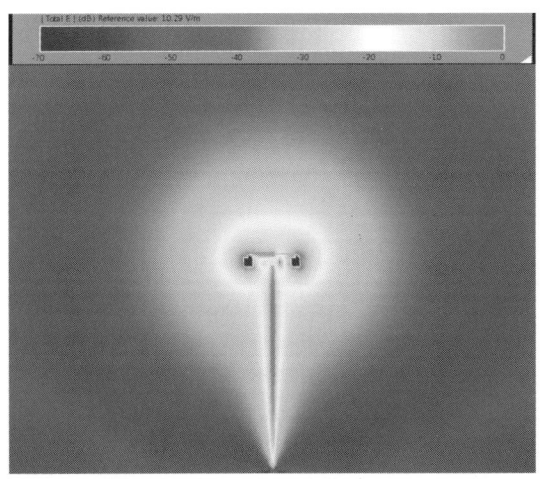

図1-6　8m高アンテナの電界強度分布（XFdtdを使用）

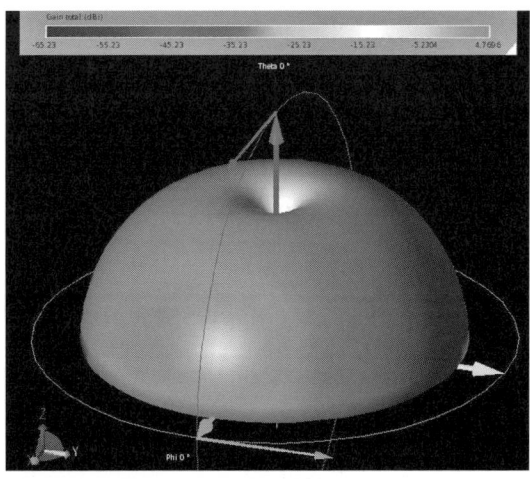

図1-7　8m高アンテナの放射パターン

ます．

　当時はすでに有線の電信が実用化されており，彼は**写真1-7**のような電鍵（モールス・キー）を使って，世界初の無線による長距離通信を成功させたのでした．

　さて，マルコーニが遠距離通信に成功したときに使った送波装置は，ヘルツの発表した，誘導コイルによる火花放電方式を採用していました．**写真1-8**は彼が作った誘導コイルと周辺装置です．火花放電のパルス波によって発生する高周波は，広帯域の周波数成分を持ちます．これを直接アンテナに加えると，アンテナが共振する周波数では，強い電磁波が放射されることになるでしょう．

　図1-6は，**写真1-5**のアンテナを電磁界シミュレーションしたときの電界強度分布です（XFdtdを使用）．電界とはアンテナの周りに分布する電位の勾配で，電気的エネルギーの分布を表しています．

　四つの金属直方体の周りに強い電荷が分布していますが，大地は理想導体（無損失の金属）として設定しており，その表面に反対符号の電荷が分布することで，容量（キャパシタンス）を形成していると考えられます．

　電波は電磁波の一種であり，電磁波とは電界と磁界の波，すなわち電気的エネルギーと磁気的エネルギーが伝わる波です．この両者によってアンテナから電力が空間を移動していると考えられ，これを放射あるいは輻射といいます．

　図1-7は放射パターンの図で，アンテナから放射される電波の強度が3次元（立体）の図形で表されています．

　放射パターンの特徴の一つは，天頂方向への放射が弱いということでしょう．また，水平方向へは360度同じ強さで放射されていることもわかります．

　図1-8は，**図1-5**と同じリターン・ロスのグラフで，もっとも反射が小さい周波数が5.1MHz付近にある

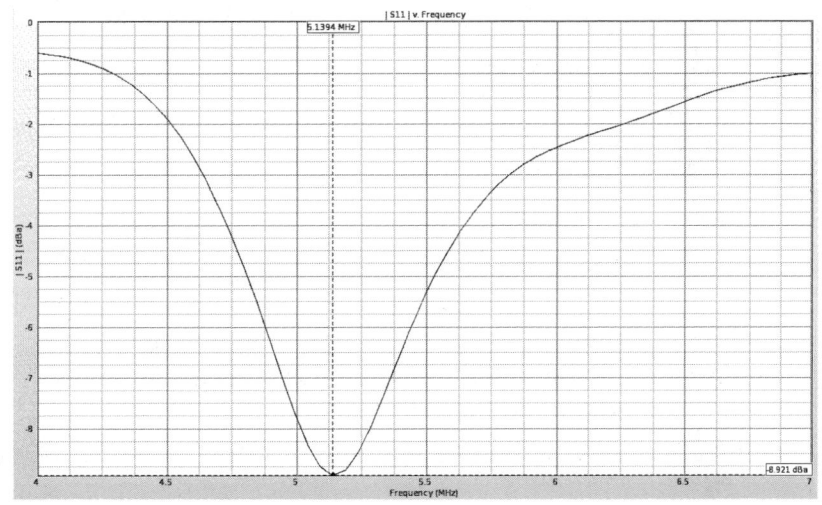

図1-8
8m高アンテナの
リターン・ロス

写真1-9　マルコーニが作ったコヒーラ検波器

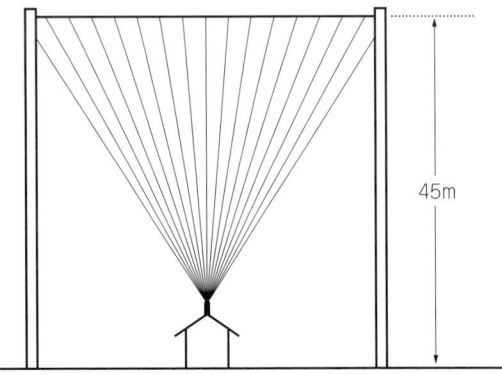

図1-9　大西洋横断通信で使われた巨大ハープ・アンテナ

写真1-10　マルコーニ考案の4球体型発信装置

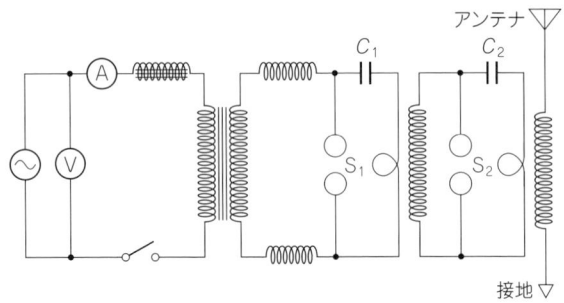

図1-10　大西洋横断実験で使われた送信機の回路図

ことがわかります．もし棒状の地上高8mの接地系アンテナであれば，4倍の波長32mで計算すると共振周波数は9.4MHzになるので，容量付きの効果で，フルサイズの半分近くコンパクトになっていることがわかりました．

無線の商用化へ向けて

初期の実験では，特定周波数用の同調回路は発明されていないので，どんな周波数でも受信さえできればよかったのです．そこで使われたのが**写真1-9**のコヒーラ検波器です．

金属粉に電磁波を照射すると酸化膜が導通して電流が流れますが，オリバー・ロッジ（1851－1940年）は，この原理を利用して電磁波を検出する装置を考案しました．

マルコーニは，無線通信距離の記録を更新しながら無線通信の商用化を目指すようになり，ついにマルコーニ社を起こすまでに至りました．その過程で，**写真1-10**のような独自の装置も考案しています．これは四つの球体で構成された発振器で，1897年にケンプとともに4.5マイルの通信実験に成功しました．

一方，アンテナは距離を伸ばすために大型化が進み，大西洋横断の通信では，巨大なアンテナが使わ

れました．**図1-9**は，イギリスのコーンウォールに建てられたハープ楽器のような形をした接地系のアンテナで，周波数は820kHzといわれています．

しかし，これに先んじて作られた最初のアンテナは，高さ60mのマストを20本，直径60mの円柱に配置した大空中線でした．助手は強風に耐えられないと忠告しましたが，1901（明治34）年8月1日の大風でその予測が的中し，ついには倒壊してしまったそうです．**図1-10**は，そのときに使われた送信機の回路図です．

図1-9のアンテナはこりずに建てた，少し小型の45m高に抑えた二代目です．そして1901年12月12日，ついに大西洋を横断した北アメリカのニューファンドランド島で，S（・・・）の信号が受信されたのです．

このときの受信アンテナは，初めに凧を180mの高さに揚げて失敗し，次に120m高の気球も突風で壊され，120m高に揚げた凧でようやく成功しています．

図1-11は，このハープ・アンテナを電磁界シミュレーションした結果で，電界強度分布を表示しています（XFdtdを使用）．複数のアンテナ線をハープ楽器のように張ったことで，電荷を貯める容量を増す

ことができ，低い周波数で共振していると想像できます．また，放射パターンは図1-7に似た形状でした．

さて，大西洋横断実験の送信電力はどのくらいだったのでしょうか？「フレミングの法則」で有名なジョン・フレミング（1849－1945年）は，マルコーニ社の技術顧問に任命され，32馬力のガソリン・エンジンで25kWの電力を発電し，2個縦続接続した火花ギャップに加えるという送信機を設計しました．Sを送信したのは，ダッシュでは大電力の時間が長すぎて，送信機が故障する恐れがあったからだともいわれています．

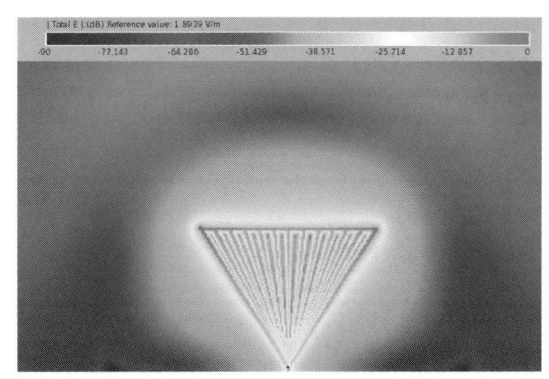

図1-11　巨大ハープ・アンテナの電界強度分布

1-3　それは接地型アンテナから始まった

ハムの入門アンテナはダイポール・アンテナや逆Lアンテナでしょう．前者はヘルツの発明が元祖，後者はマルコーニのアイデアがもとになっていると言われています．しかし，現代のアンテナはいずれも単なる電線で作るので，それぞれの元祖が持つ複雑な構造とはかけ離れている点に注意してください．

大地の大電流で空中に電気振動を起こす

マルコーニがアースの意味をつかむより以前に，ハンガリー（現在はクロアチア）生まれの電気技師ニコラ・テスラ（1856－1943年）は，1893（明治26）年に図1-12のような無線電力伝送装置を考案しました．

また彼は，大気の上層部に導電層があって，これと大地で平行2線のように無線で電力を送ることを考えました．このアイデアを検証するために，彼は1901（明治34）年に世界システム（World System）と呼ばれる大がかりな送電装置の実験を始めましたが，写真1-11の60m高の無線塔は，骨組みが出来上がった段階で，資金難から建設中断を余儀なくさ

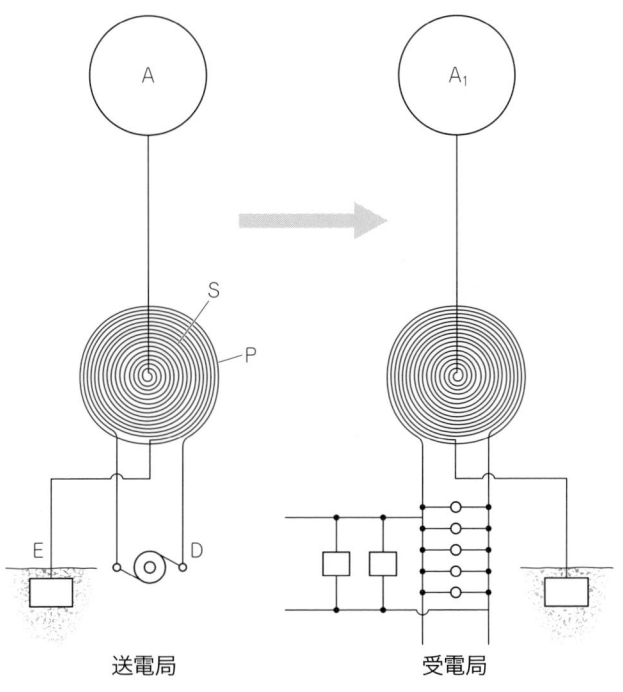

図1-12　テスラの無線電力伝送装置

写真1-11　テスラの世界システムの無線塔（60m高）

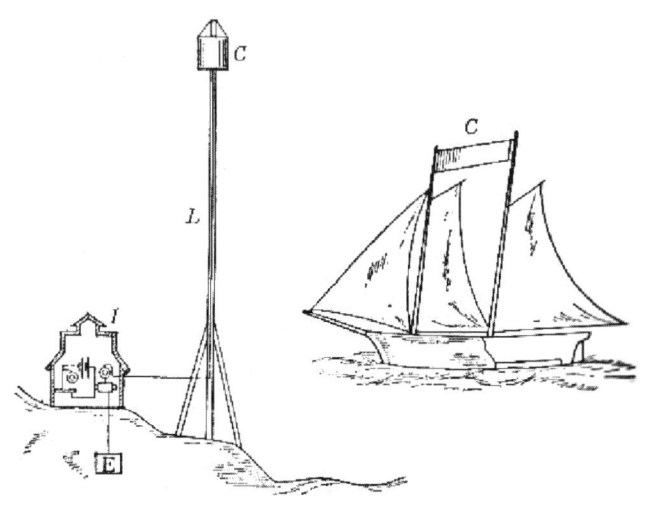

図1-13 エジソンの海上通信システムのアイデア

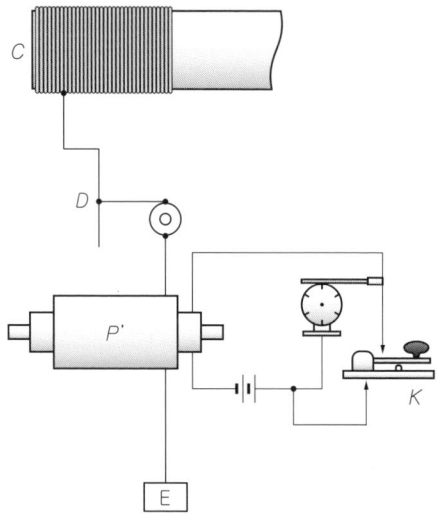

図1-14 エジソンの静電誘導式無線送信機

れたのだそうです．

　超高圧の電気を使い，装置が焼けるのもかまわず独創的な実験を繰り返す彼は，マッド・サイエンティストとも呼ばれています．

　またテスラは，マルコーニ社が特許を侵害していると告訴しましたが，長い抗争の末，彼の死後にようやく，アメリカの特許に関する法廷は，無線通信の発明者はテスラであると決定しています．磁束密度のSI単位系で使われる「テスラ」は，彼の名に因んでいます．

導電通信から接地のアイデアへ

　モールス信号で有名なアメリカのモールスは，1842（天保13）年に海底電線を敷設しています．通信実験中に電線を切ってしまい，その教訓から，ワシントンのポトマック河を挟んで，二つの電極を離しても通信できる「導電式無線通信」の実験を行いました．

　また，大地に強い電流を流して，この電流で通信する実験にも成功しています．これが後のアース（接地）のアイデアにつながったのかもしれません．

エジソンの静電誘導無線通信

　電気音響学が専門のA・ドルベアは，コンデンサ・マイクの発明者です．彼はコンデンサの電極板間の静電誘導現象からヒントを得て，1882（明治15）年，空間に電気信号を伝える静電誘導式無線電話の実験に成功しています．

　トーマス・エジソン（1847 − 1931年）は，1000を超える発明で有名ですが，その中に列車無線システム（1885年）があります．これはドルベアの静電誘導式無線を利用しており，駅にモールス信号を発する送信機を置き，列車の屋根に付けた鉄板で，電線を伝わる静電信号を受けるというしくみです．さすがにエジソンの発明だけあって，1887年に実用化されたそうです．

　また，彼は**図1-13**のような海上通信システムのアイデア（1885年）も発表しています．海岸の鉄塔の先端にはシリンダー状の容量Cが付き，接地Eとの間に給電されています．この構造はマルコーニのアンテナにそっくりですが，このとき電磁波はまだ実証されておらず，空間を静電的な電気の波が伝わると考えていたわけです．

　ここでおもしろいのは，船のマストにある細長い導体板で，これは現代の逆Lアンテナにそっくりの構造です．年代を知らずに絵だけを見ると，まるでトップ・ローディングの垂直モノポール局とMM（海上移動）局とのQSOですが，これはなんと1885（明治18）年のアンテナなのです（進歩がない？ …hi）．

　図1-14は送信機の構造図です．電鍵を押すと，誘導コイルで発生した高電圧によって，空中線と大地の間に，振動する強い電界を作るしくみになっています．

1-4 短波の夜明けとコンパクト・アンテナ

マルコーニは，波長が長い電波ほど大地上を伝わるという性質を発見していたようです．巨大なアンテナで容量を大きくすれば，火花放電による発振周波数が低くなることから，彼はもう一方の容量体を地球にするという大胆な発想へついに至ったのだそうです．また，彼はコヒーラで電波を検出したので，高周波の振動が保てる低い周波数を使ったとも考えられています．

電離層を予言したのは誰か？

マルコーニは，1901（明治34）年に2800kmの大西洋横断通信に成功しましたが，連日の実験は決して安定したものではなかったようです．1週間の実験でまったく通信できない日もあり，また，時間によっては信号が聞こえなくなることもありました．

大地に沿って電波が伝わるのであれば，通信はもっと安定してもよさそうです．そのような疑問からか，電波が大西洋を越えて伝わったしくみを考える研究者もいました．1902年，アメリカのA・E・ケネリーとイギリスのO・ヘビサイドは，それぞれ「電離層仮説」を発表しました．

両者の考えは，大西洋を越えた遠距離の通信では，電波が多くの障害物を回り込む「回折」は期待できないというものでした．また，水平線に向かう電波は地表の曲面から離れて直進し，その先に電波を反射する層があると仮定すれば，この反射層と地表（または海面）に挟まれた空間で反射を繰り返して，ニューファンドランド島まで届いたに違いないというわけです（図1-15）．

マルコーニは，数多くの通信実験から，昼間より夜の通信距離が伸びるという現象に気づいていました．そのころイギリスの物理学者J・J・トムソン（1856 - 1940年）が電離気体の理論を発表していたので，彼は昼間の電波が弱くなる原因が太陽の紫外線にあると考えたようです．

また物理学者の中でも，この問題の理論的な研究が進み，気球を揚げて大気の電離状態も調べられましたが，昼間の電波が減衰するほど高密度の電離は測定されませんでした．

電離層の測定方法

電離層の測定に成功したのは，イギリスのE・アップルトンとM・バーネットといわれています．彼らは，電離層と関係があるとされた，夜間の受信で強度が変動するフェージング現象を観察しました．これは送信局から放射された電波が別の経路をたどり，複数の電波信号が重なって起きる干渉現象だと考えました．

図1-16は，アップルトンがBBC（英国放送協会）とともに測定したときの方法を示しています．左のTでフェージングを模擬したFM電波を送信し，右のRで受信しますが，T→Rの直接波と，Bで1回反射した電波を同時に受信するので，経路差によって到達時間が異なり，見かけ上，異なる2周波数の信号を受信することになり，ビートが発生します．その周期から，直接波がRに到達した時間と，（電離層があると考えられる）Bに到達した時間差がわかります．フェージングは，T→A→地面→C→Rの2回反射でも起こり，これらの測定から，電離層までの距離が100kmほどであるとわかりました．

図1-15 電離層仮説のイメージ

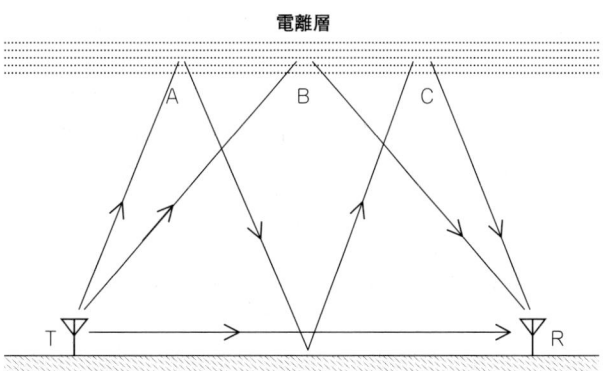

図1-16 電離層反射を想定したフェージング測定

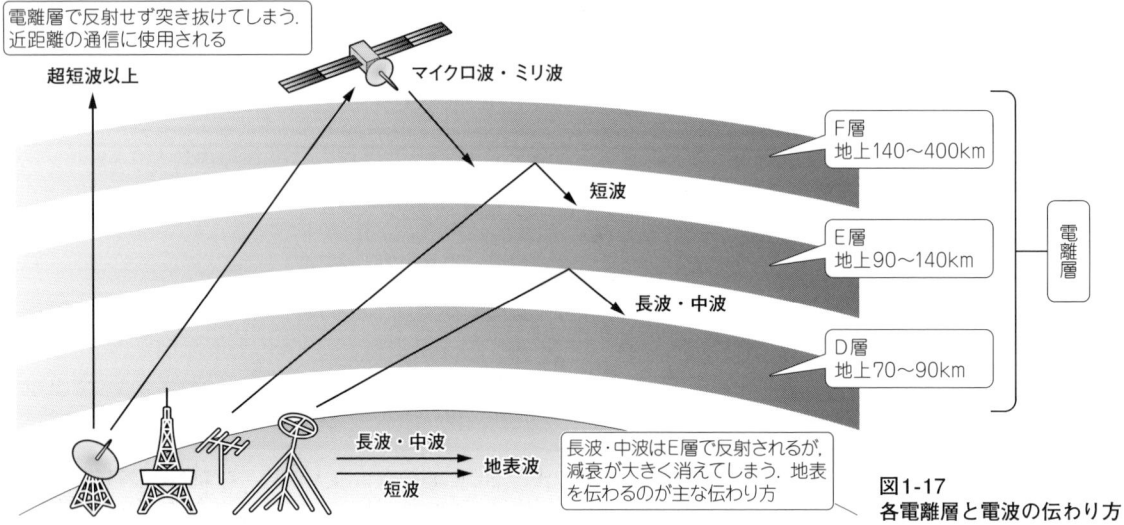

図1-17 各電離層と電波の伝わり方

　この層は，彼が後にE層と呼んだ電離層で，1926（大正15/昭和元）年には，F層を発見しています．A層やB，C層がないのは，最初の層を電気（Electricity）のEから名付け，次に発見されたEより高い位置の層をF，さらにEより低いD層の順になったのだそうです．図1-17に，発見された各電離層と電波の伝わり方をまとめています．

電離層の発見とアマチュア無線

　当時，商用の遠距離無線通信は低い周波数が有利とされ，アマチュア無線家には短波帯が開放されていたというのは有名な話です．そこで，ARRL（米国アマチュア無線連盟）に短波帯のフェージング測定を依頼し，1920（大正9）年の会報で通達されています．

　ハムの地道な実験や観測によって，短波帯は電離層で反射されて遠距離通信が可能であることがわかったわけです．そしてその後，短波帯の多くのバンドで国際放送が盛んになっていくのです．

　振り返れば，ヘルツによる世界初の電磁波実証実験では，事実上60MHz付近のVHF（超短波）帯が使われていました．マルコーニも，当初はヘルツの実験を再現していましたが，テスラと同じように，地球を容量体とする発想から，遠距離通信はLF（長波）帯やMF（中波）帯が主流になり，電離層が発見されてからは，HF（短波）帯が見直されたという流れでした．

短波帯とアンテナの自作

　ヘルツのアンテナがそのまま受け継がれていれば，VHF用アンテナの自作は容易でした．しかし，歴史はマルコーニなどが進めたアンテナの超大形化を後押ししたので，アマチュアにはとてもまねができる代物ではありません．ところが歴史のいたずらか，商用通信のじゃまにならないとされた短波帯に追いやられたおかげで，ハムが電波科学の発展に大きく貢献できたというのもまた，歴史的事実なのです．

　図1-18は，ヘルツに始まる「非接地系」アンテナの変遷をまとめています．

　ヘルツやロッジのアンテナはもとからコンパクト・

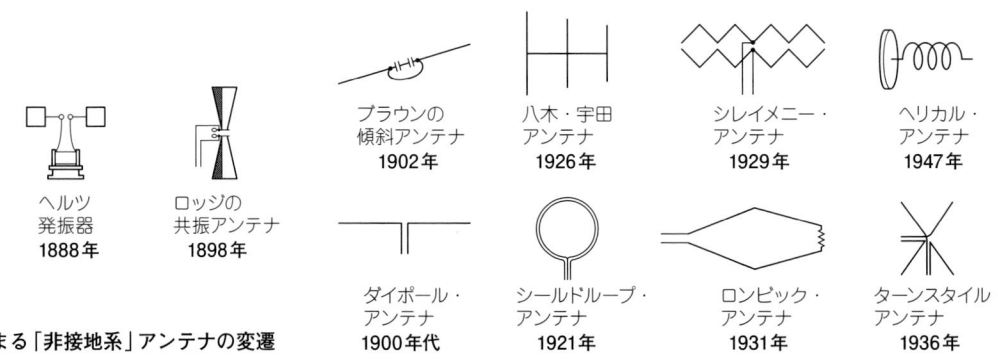

図1-18 ヘルツに始まる「非接地系」アンテナの変遷

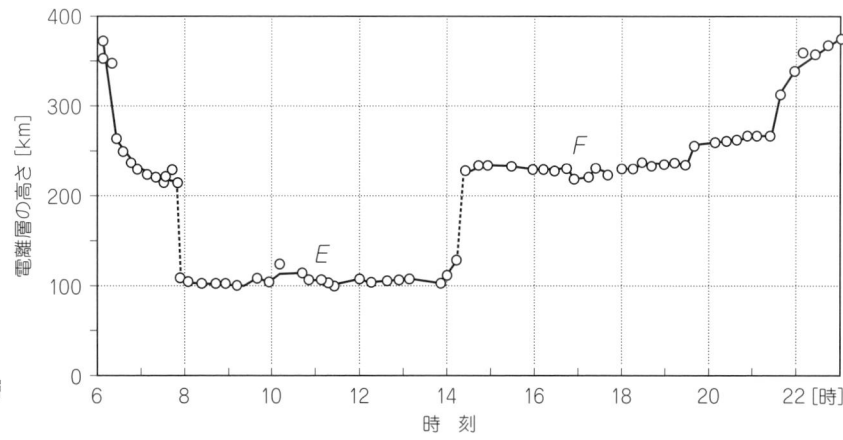

図1-19
アップルトンによる電離層
の日変化例

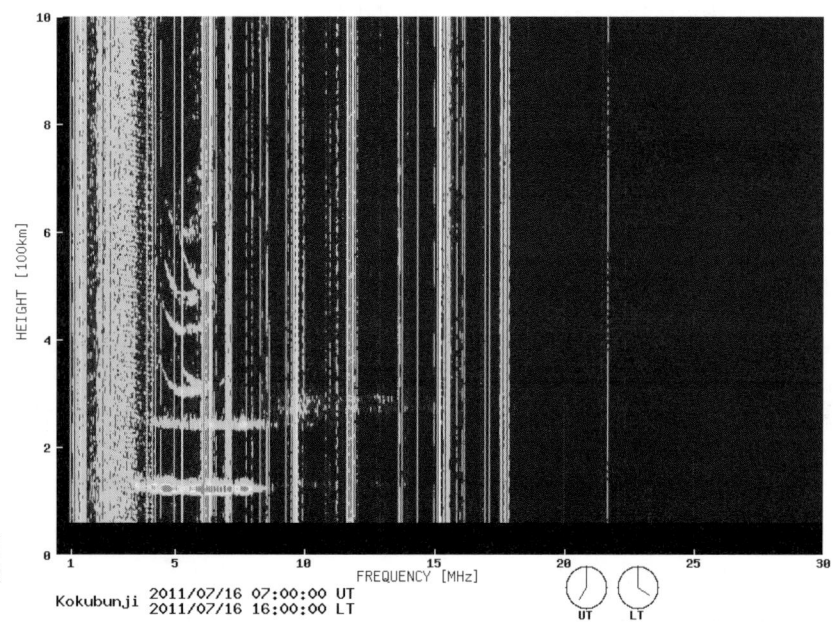

図1-20　イオノグラムの例
観測点は東京 国分寺のほか稚
内，山川，沖縄にある

アンテナでしたが，構造が複雑で自作には向いていません．しかし，針金1本の半波長ダイポール・アンテナが発明されてからは，HFやVHF，UHFでも，さまざまなアンテナが生みだされ，そのシンプルな構造は，アンテナの自作におおいに貢献しているといえるでしょう．

パルス波による電離層観測

1926（大正15／昭和元）年，アメリカのG・ブライトとH・チューブは，パルス波を使った電離層観測方法を提案しました．

これは，波長の短い電波を真上に打ち上げて反射波を受信し，その時間を測定して電離層までの距離を求めるという方法です．フェーディング現象を観察したアップルトンも，彼らの方法が発表されてからは，パルス法を使って電離層の観測を続けたのだそうです．

図1-19は，アップルトンが1928年に電離層の高さをパルス法で測定した結果です．1日の変化から，E層とF層の2層が観測されていることがわかります．

図1-20は，NICT（独立行政法人情報通信研究機構）がWebで発表しているイオノグラムの例です．この画像は電離層観測装置によって時々刻々と変化する電離層を観測したもので，一定の時間間隔でデータを更新しています．

イオノグラムの横軸は周波数［MHz］を，縦軸は垂直方向の高さを表します．2倍の距離に見える帯は，電離層で反射した電波が地表でさらに反射して観測された虚像であることに注意してください．

第1章 Q&A ハリガネから電波が出る？

アンテナの変遷（図1-18）を眺めて気づきましたが，ヘルツやロッジの初期のアンテナは複雑な構造をしていますが，電線だけで作るシンプルなアンテナは，それから10年以上も後の1900年代になってようやく登場しています．

そのとおり．図1-21は「接地系」アンテナの変遷だが，マルコーニがヘルツのアンテナをまねた写真1-12を除けば，接地系は当初から電線で作っているね．

写真1-12の上部に吊り下げられている銅板は，ヘルツのアンテナでは片側の金属板（または金属球）に相当しますね．机の下には，同じ寸法の銅板がグラウンド板として敷いてあります．

マルコーニは，金属板の寸法を大きくすると遠くまで届くという事実を実験で確認した．金属板で容量（キャパシタンス）を形成するから，寸法を大きくすると共振周波数が低くなるね．

図1-21の低周波数用アンテナはあまりにも大きく，ワイヤや細い鉄柱で作るしかないですね．当初，商用通信は低い周波数が主流だったので，ハープのような形で，大きな容量を電線で作るしか手段がなかったのでしょうか．

おそらくそうだろう．しかし，1900年代にはT型アンテナが登場している．同じ年代の非接地系はワイヤのダイポール・アンテ

ナだが，そもそもこのアンテナは誰が単純化したのか？ 長いあいだ調べているのだが……．

そう言われてみれば，当たり前すぎて考えたことがありません．最初の発明者の記録がないなんて……不思議ですね．

写真1-12　マルコーニによる初期の接地系アンテナ

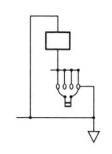 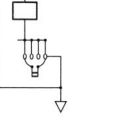 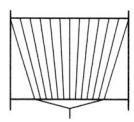 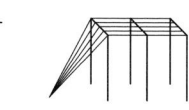 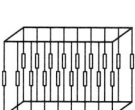

図1-21
マルコーニに始まる「接地系」アンテナの変遷

マルコーニのアンテナとアース　1896年　｜　ハープ・アンテナ　1902年　｜　T型アンテナ　1900年代　｜　マルコーニの逆Lフラット・トップ・アンテナ　1905年　｜　フランクリン配列アンテナ　1922年

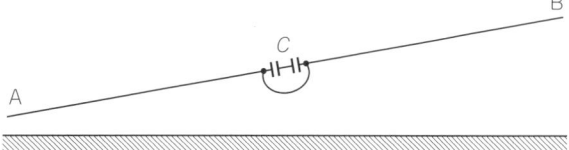

図1-22 ブラウンの傾斜アンテナ

写真1-13 ヘルツの実験装置（1888年ごろ）

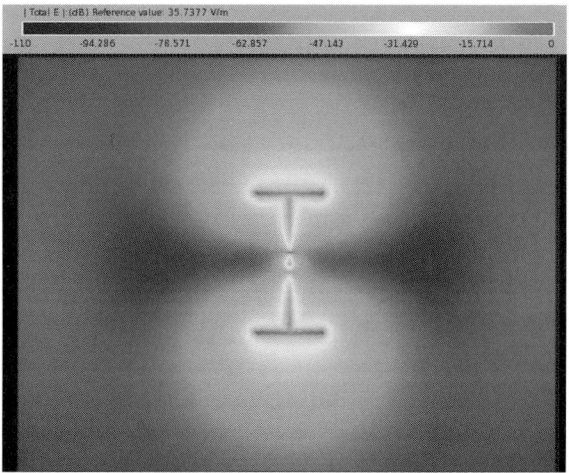

図1-23 T型コンパクト・ダイポール・アンテナの周りの電界強度分布
位相角は50度で，表示レベルを調整している．第2章で詳しく解説

 写真1-13は，ヘルツの実験装置で，電波の偏波を調べる実験に使ったものだ．よく見ると，中央の球体から上下に伸びているのは，針金というよりは太い円筒だ．

おそらく容量としての円柱（シリンダー）なので，これが針金に単純化されたダイポール・アンテナの元祖とはいえないだろう．

 図1-22（または図1-18の1902年）のブラウンの傾斜アンテナはどうでしょう？ これは電線1本の傾斜ダイポール・アンテナのように見えます．

 中央にコンデンサを装荷してLC共振させているようだ．LF帯のアンテナで，指向性を調べる目的で使われたので，むしろスローパー・アンテナを思い出すね．

 ワイヤ化の発明者はナゾですね．ところで図1-23は，図1-21のT型アンテナを非接地系にしたコンパクト・アンテナです．フルサイズの半分以下で，電磁界シミュレーションによる放射効率の結果は100%に近いので，有望株の一つだと思います．

Chapter 2章 フルサイズとコンパクトの違い

ダイポール・アンテナの寸法は，動作周波数の波長の約半分です．VHFやUHF帯のフルサイズは数cmから数mの範囲なので，アパマン・ハムにも向いています．一方，MFやHF帯のフルサイズ・アンテナはベランダには設置できず，コンパクト・アンテナが求められます．しかし，極端な小型化は性能を大幅に低下させるので，フルサイズとコンパクトの違いをよく知って，コンパクト化のアイデアを検証しておく必要があるでしょう．

14/21/28MHz 短縮ダイポール・アンテナ（ナガラ電子工業 DO-3B）

2-1　共振型アンテナの元祖とは？

　広く使われている線状のダイポール・アンテナは，ヘルツやマルコーニの送波装置で使われた複雑な形状とは異なります．そもそも彼が金属球を両端に付けたのは，静電気の実験装置で使われていた球体から発想したからではないかと思われます（写真2-1）．

　ヘルツの火花送信機は，今日(こんにち)の電波法ではとても容認できない，広帯域にノイズをまき散らす発振器でした．そして，この方式を受け継いだマルコーニ

写真2-1　実験装置で使われていた多くの金属球体

が無線通信を商用化すると，世界に多くの無線局が開局されました．しかし，コヒーラー検波による受信機はすべての周波数を受信してしまうため，混信が大問題になりました．

　その後，目的の周波数で共振させる共振アンテナが発明され，同調回路を用いることで，目的の信号が選択できる技術へと発展したのです．

共振アンテナの元祖

　図2-1は，イギリスの物理学者オリバー・ロッジ（1851-1940年）の考案した共振アンテナです．ヘルツ発振器の金属球体または金属板を円錐(えんすい)形にしてコンデンサを形成し，中央にコイルを巻いた構造で，ヘルツが発見したように，コンデンサ（円錐）の大きさとコイルの大きさや巻き数を変えて，共振周波数を調整できるしくみになっています．

　一方，ブラウン管の発明で有名なドイツのF・ブラウン（1850-1918年）は，アンテナの構造でLC共振させるというよりも，共振回路をアンテナに組み込むという方法を考案しています．

　図2-2はブラウンの共振回路の一つで，端子Aの先には長い導線がつながります．当時のアンテナは，先端に容量（金属板）が付いていましたが，この図

第 2 章　フルサイズとコンパクトの違い

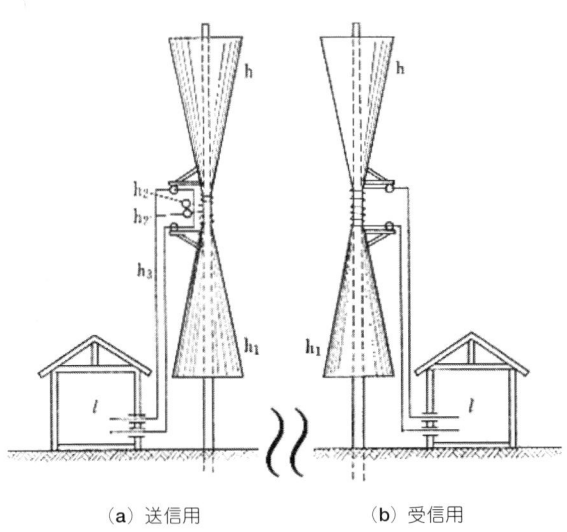

(a) 送信用　　　(b) 受信用

図2-1　共振アンテナ

写真2-2　ライデン瓶（コンデンサ）の一例

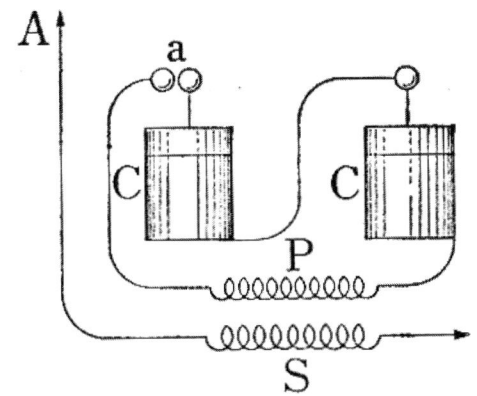

図2-2　ブラウンの同調回路の一つ

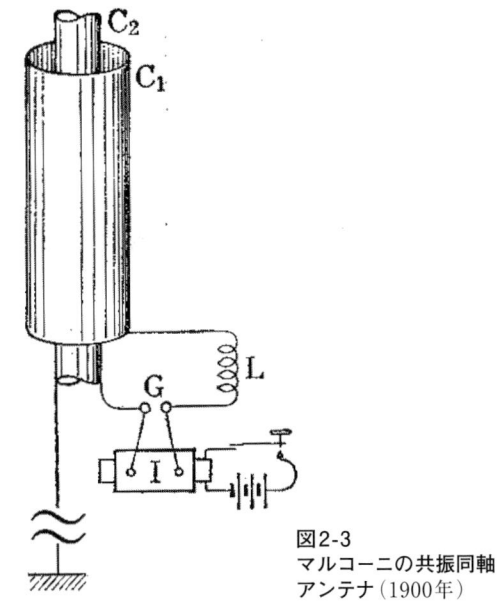

図2-3
マルコーニの共振同軸
アンテナ（1900年）

のAの先が不明なので，このとき彼がワイヤだけのアンテナ・エレメントを使っていたのかは，残念ながら不明です．

　図2-2の二つのCはコンデンサです．この絵からは写真2-2のライデン瓶を想像してしまいます．これは，ヘルツも実験用の電源として使った摩擦電気（静電気）を貯める瓶で，ガラス瓶の内側と外側に金属箔が貼ってあり，コンデンサの原型ともいえる構造です（平賀源内が復元したエレキテルにも使われていた構造）．

　図2-2は，その後の同調回路に発展しますが，aの火花ギャップはヘルツと異なり，アンテナ・エレメントには接続されていません．つまり，火花ギャップはアンテナの一部というより，電磁波を発生する部品としてようやく認識されるようになったわけです．

マルコーニの共振アンテナ

　マルコーニは混信に悩まされましたが，その後，同調回路を採用しています．有名な1900年の英国第7777特許は，この同調方式に関するものです．しかし，図2-1の共振アンテナを発明したロッジの特許を侵害していると訴えられました．のちにマルコーニはロッジの特許を買い取っています．1900年前後は，電波の商用化に向けて，共振アンテナと同調回路の実用化が急速に進みました．

　図2-3は，マルコーニが1900年に考案した「共振同軸アンテナ」です．図のIは誘導コイル，Gは火花

31

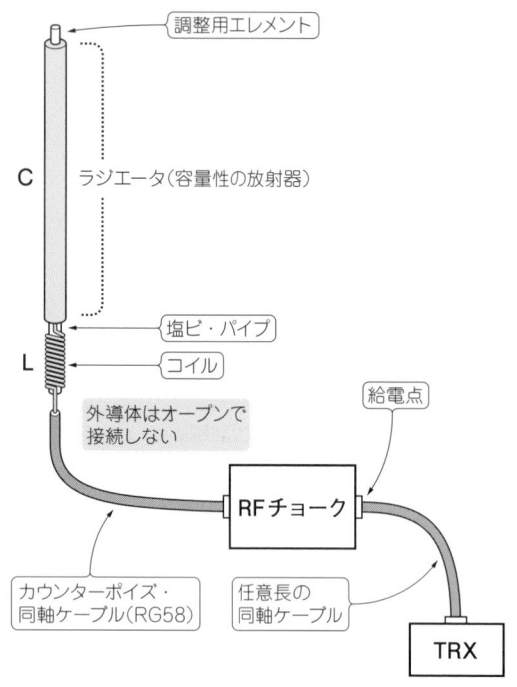

ギャップですから，ヘルツ以来の高周波発振回路です．またC_1とC_2はコンデンサを構成し，LのコイルとともにLC共振をとり，C_2に接続されたアース線は，アンテナ・エレメントの一部として放射に寄与しています．

またC_2はアンテナ・エレメントの一部とも考えられ，マルコーニのコンパクト・アンテナは，「同調回路（共振回路）＋アンテナ・エレメント」を構成していることがわかります．

そこで思い出すのは，ドイツのハム，DL7PE Juergenが考案した，図2-4のMicroVert（マイクロバート）です．マルコーニの構造は，アース線とC_2が放射エレメントの役割を果たしていますが，MicroVertは，RFチョークまでの同軸ケーブルの外導体外側を流れる電流が，放射に寄与しています．

つまり図2-3の共振同軸アンテナは，MicroVertやその亜種（？）の原型ともいえるしくみです．マルコーニは100年以上も前の1900（明治33）年にこれを自作しています．彼はまさに，アマチュア無線の開祖にふさわしいといえるでしょう．

図2-4　ドイツのハムDL7PE Juergenが考案したMicroVert
（マルコーニの共振同軸アンテナを参考にした？）

2-2　なぜ半波長なのか？

ブラウンの同調回路が提案されるまでは，アンテナの構造自体が持つC（キャパシタンス）とL（インダクタンス）で共振させる設計が続きました．Cは金属球や金属板などで作られたので，いかにも容量という形状です．またLはコイルですから，インダクタンスそのものでした．

1912（明治45／大正元）年に考案されたツェッペリン・アンテナは，細い電線のみに給電するアンテナの中では古く，ワイヤによる半波長ダイポール・アンテナの原型となったアイデアかもしれません．

ツェッペリン・アンテナの構造

図2-5，図2-6は，1912年にドイツのP・ルードウィヒによって考案されたツェッペリン・アンテナです．ツェッペリンとは，1900年に初飛行された飛行船の名前で，当初は船体から導線を吊り下げた，図2-5のような短波帯のアンテナを使っていました．

飛行船は水素ガスを詰めて浮揚させるため，船体に接地するタイプのアンテナでは火花が引火するおそれがありました．このため，ルードウィヒは図2-6に示すような構造を考案したというわけです．

図2-6のAからBまでは平行2線のように見えますが，B位置からDまでは1本線です．ABをはしごフィーダ，BDの長さを半波長と考えれば，現代でハムが使っている図2-7のツェッペリン・アンテナとまったく同じ構造であることがわかるでしょう．

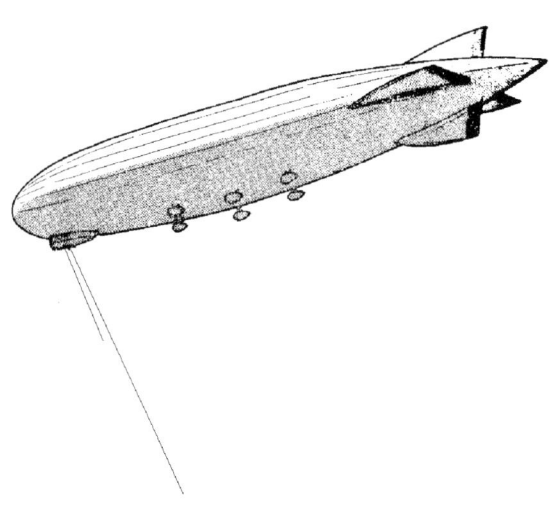

図2-5　飛行船ツェッペリン号のアンテナ

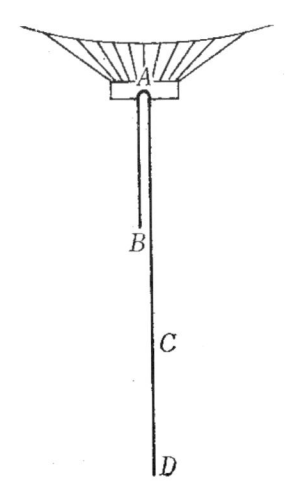
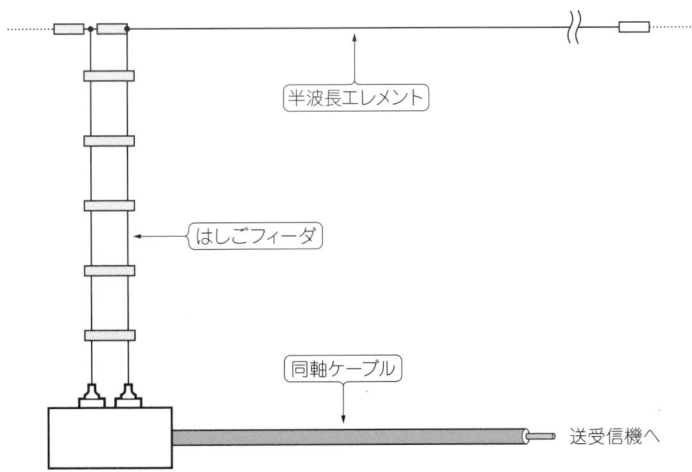

図2-6　ツェッペリン・アンテナの構造　　図2-7　ハムが使っているツェッペリン・アンテナの構造

飛行船で使われたダイポール・アンテナ

　図2-8は，飛行船ツェッペリンで使われたもう一つのタイプのアンテナで，これは今日の半波長ダイポール・アンテナそのものです．

　当初は，図2-5，図2-6のような導線を吊り下げるタイプでしたが，その後，図2-8に示すように，船体にしっかり固定するようになりました．

　そもそもヘルツが世界で初めて実験したヘルツ発振器のアンテナは，非接地系でした．今ではヘルツ・ダイポールとも呼ばれていますが，その後，しばらくはマルコーニの接地系アンテナが主流となりました．

　しかし，短波帯が通信に使われるようになってからは，事情が一変したといえるでしょう．飛行船との通信（エアー・モービルの元祖？）に適した長さの短波帯アンテナがいろいろ試された結果，図2-8の半波長ダイポール・アンテナに至ったという経緯は，歴史のおもしろさを再確認できる事実でしょう．

電界・磁界と電線の電気振動

　線状のダイポール・アンテナの寸法はなぜ半波長なのかというわけは，電気振動つまり共振現象に関係しています．

　吊り橋は，その固有振動によって異常に大きく揺れ，ときには崩落することもあります．これは楽器の弦の固有振動と同じ現象で，この振動現象は電気系でも起こります．

　八木・宇田アンテナの発明者，八木秀次博士が留学先で師事したドイツの物理学者バルクハウゼン（1881-1956年）は，1932（昭和7）年に上梓した振

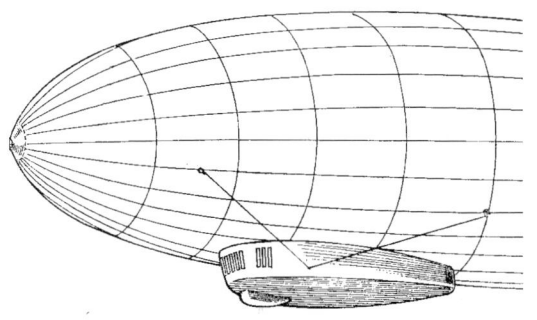

図2-8　飛行船の半波長ダイポール・アンテナ

動学の入門書の中で，電気振動について次のように述べています．「すべての電気系は厳密に無数の自由度と固有振動を有している」．その理由は，「電気が流れる部分は電界と磁界を有し，広義の容量ならびに自己誘導係数を有するからである」とあります．

　この説明は少し注釈が必要でしょう．まず電界とは空間に広がる電位の勾配で，ビジュアル的には図2-9のように電気力線で表されます．また，磁界は電流の周りに広がる磁力線で表され，図2-10はその発案者であるイギリスの物理学者ファラデー（1791-1867年）のスケッチです．

　キャパシタンスC（容量）は電界，またインダクタンスL（自己誘導係数）は磁界に関連しています．それは，コンデンサに電気が貯まり，コイルは電磁石になることからも理解できます．

　以上をもとに考えると，バルクハウゼンは「空間に分布する電界と磁界は，もともと自由に固有振動数を持つ可能性を秘めている」，あるいは別の表現

33

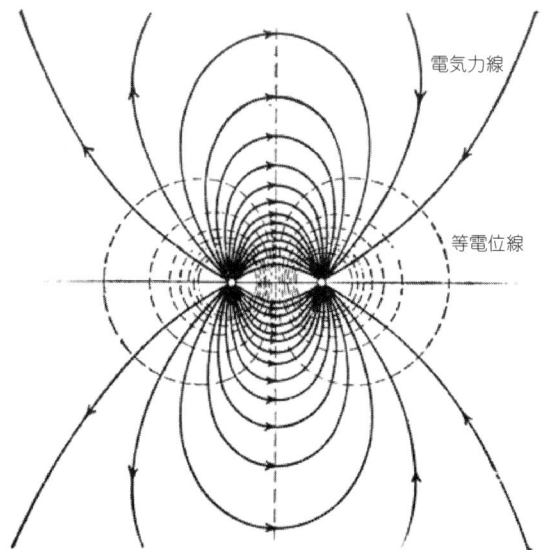

図2-9 プラスの電荷（左）とマイナスの電荷（右）による電気力線と等電位線

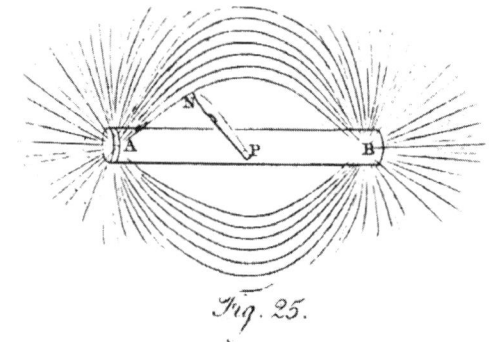

図2-10 ファラデーによる磁力線のスケッチ

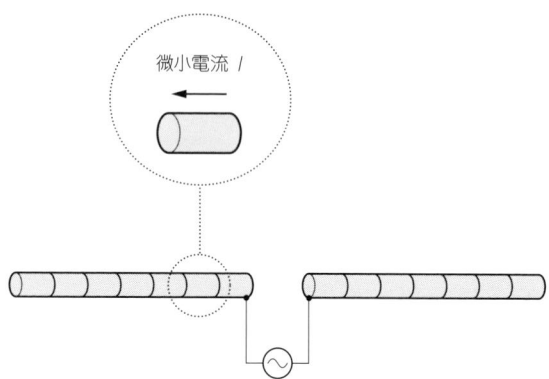

図2-11 線状アンテナの微小電流素子

では，「LC共振のLとCの組み合わせは無数である」と述べているのでしょう．

集中のLCと均等のLC

しかし，ある場所に集中して大きいLまたはCがあれば，一つの自由度を有する系となり，一つの固有振動を持ちます．これは，定まった値のLとCによる固有振動数または共振周波数は一つだけということです．

これに反して，「長い導体にわたってLとCが均等に分布しているときは，それぞれの部分は隣の部分とのみ結合される小さい振動体を形成する」とも，彼は述べています．

図2-11は，このことを説明する現代の教科書にある絵です．線状電流を細かく分割して，それぞれの部分からの放射電磁界の和を求め，空間の電磁界分布を得るという方法として，今日でも用いられています．

バルクハウゼンは，線状に連なる均等な微小振動体を考えることで，楽器の弦や笛の空気振動にまったく類似するものとして，機械的な振動系をもとに，電気系の振動（共振）の式を導いたのでした．

また，振動周期T_0の式は次のとおりです．

$$T_0 = 2\pi\sqrt{LC}$$

これは，1855（安政2）年にW・トムソン（ケルビン卿：1824-1907年）が得た「トムソンの公式」として紹介されています．

図2-12は，バルクハウゼンが説明している線状電流の基本振動の絵です．両端が開放された導体棒（彼の説明では両端を絶縁した電線）に流れる電流の強さを実線で，電圧の強さを点線で，それぞれの場所における棒軸から曲線までの距離で示しています．

a.から順にd.まで，さらにa.へ戻るまでの時間的な変化を追うと，次のようになります．

a. 左が正，右が負に荷電されて，電流はゼロ．
b. 荷電は，電流が左から右へ流れることによって平均される．
c. しかし電流はこのときすぐに停止せずに，さらに流れて右端を正，左端を負に荷電し，これによって生ずる反対方向の起電力によって初めて静止する．
d. こうして導体棒は，再び最初と同様に，（その方向を反対に）放電し始める．

したがって，a.の状態が再び現れて，これらを繰り返すというわけです．

そうして，電流と電圧は導体棒の各所において，時間とともに正弦波形的に変化します．そこで「電

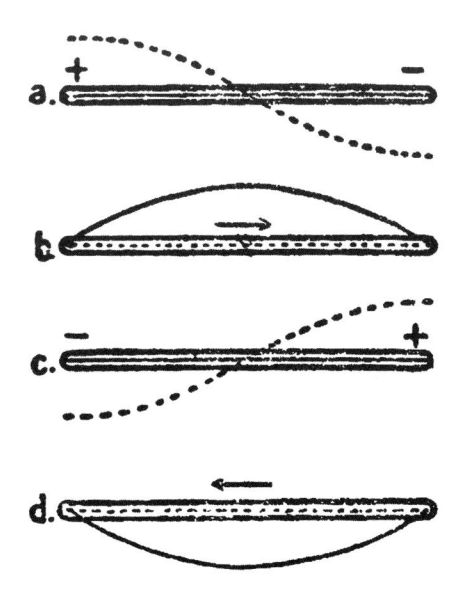

図2-12　両端開放の線状電流の基本振動

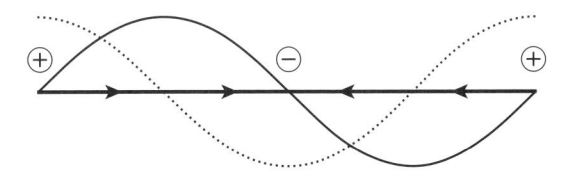

図2-13　第1の高調波振動

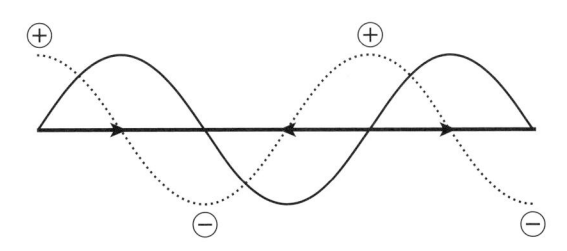

図2-14　第2の高調波振動

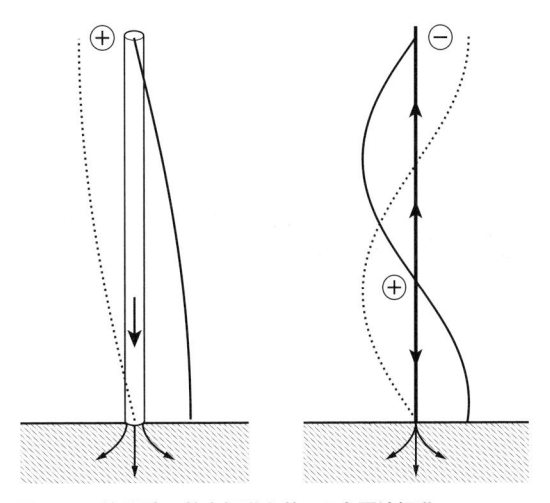

図2-15　接地系の基本振動と第1の高調波振動

圧がゼロのときには電流が最大，また電流がゼロであれば電圧が最大」となります．

また，「振幅は，電流に対しては導体棒の中央が最大で，電圧に対しては端が最大」です．

バルクハウゼンによる上記の解説は，今から100年以上も前に書かれたものですが，本書においても，半波長ダイポール・アンテナの共振動作を理解するうえで，もっとも基本的で重要な説明なのです．

図2-13は，半波長の波が二つ乗った第1の高調波振動を表しています．また，**図2-14**は，半波長の波が三つ乗った第2の高調波振動です．

これらは，実際のダイポール・アンテナでも使われることがあり，高調波アンテナとも呼ばれています．また，導体棒（エレメント）の長さが変わらなければ，共振の周波数は，1:2:3……の比になることもわかるでしょう．

図2-15は，接地したエレメントの説明です．電気をよく伝える所に接地すれば，電流はそこから自由に流れるので，そこに抵抗を感じない（hi）わけです．

2-3　コンパクト化で何が変わるのか？

半波長ダイポール・アンテナの寸法を小型化する手法は，マルコーニをはじめとする接地系の小型アンテナが参考になります．T型アンテナは，先端の部分がキャパシティ・ハットと呼ばれるとおり，ヘルツにはじまる，先端に装荷される容量と同じアイデアです．

筆者らは長年アパマン・ハムとしてコンパクト・アンテナを実験しています．一般的に小さくするほど性能が低下するため，寸法と性能評価値の関係を調べてきました．

携帯電話の小型・内蔵アンテナ

写真2-3は，携帯電話に内蔵されている小型アンテナの一つで，エレメントが蛇行しているのでメア

写真2-3 携帯電話のメアンダ・アンテナ

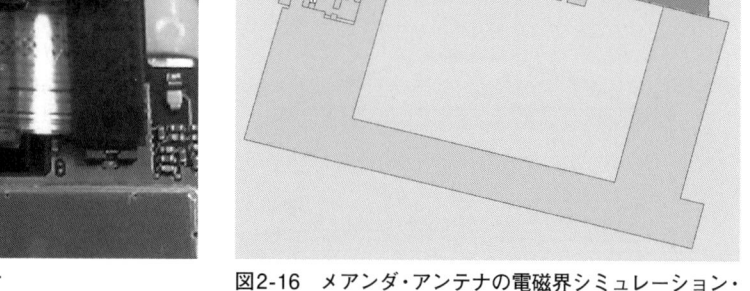

図2-16 メアンダ・アンテナの電磁界シミュレーション・モデル（Sonnetを使用）

ンダ・アンテナとも呼ばれています．

800MHz帯用のアンテナなので，直線状の接地系アンテナであれば，波長375mmの1/4で約94mmになります．この寸法では携帯電話の上部に収まらないので，ジグザグに曲げて小型化しています．

図2-16はこのアンテナの電磁界シミュレーション・モデルですが，回路基板やケース類は省略しています．

図2-17は，シミュレーション結果の入力インピーダンスです．800MHzにおけるR（レジスタンス）は1.9Ωと，かなり小さい値になりました．また，X（リアクタンス）は$-j158$Ωなので，容量性を示しています．

アンテナの入力インピーダンスとは，給電点から見込んだ電圧と電流の比です．バルクハウゼンは，図2-15の接地系の基本振動動作では，$R=36$Ωであると述べています．

小型アンテナのRとX

ハムのアンテナは，一般に特性インピーダンス[*1]が50Ωの同軸ケーブルで給電するので，市販アンテナの入力インピーダンスは50Ωになるように設計されています．

一方，携帯電話やワイヤレス電話，小型端末などのRF（高周波）モジュールの出力インピーダンスも50Ωが多いので，Rが1.9Ωのアンテナに同軸ケーブルを接続するわけにはいきません．

またアンテナは，共振している周波数ではXがゼロであることが望ましいので，図2-16，図2-17のままでは，電波はほとんど放射されないでしょう．

例えば，図2-18に示す2m長の接地系エレメントを電磁界シミュレーションすると，7MHzの入力インピーダンスは$4-j976$Ωになりました（Sonnetを使用）．

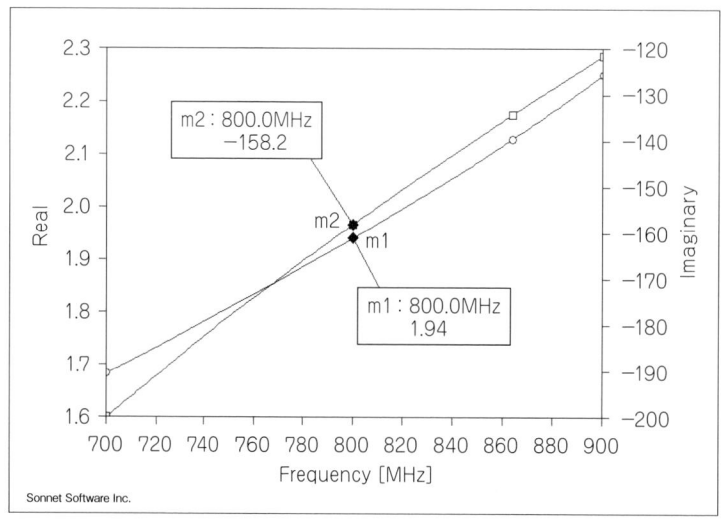

図2-17 メアンダ・アンテナの入力インピーダンス

*1 特性インピーダンスは，伝送線路の電圧と電流の比，あるいは伝わる電磁波の電界と磁界の比で決まる固有のインピーダンスをいう．

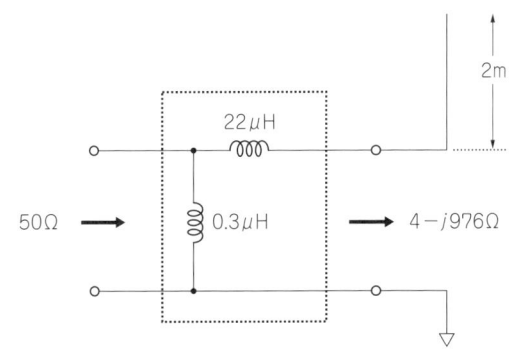

図2-18　2m長のエレメントを7MHzで使うための回路

フルサイズは10mなので，これは1/5に短縮されていますが，このとき図2-18の回路で50Ωに変換すれば，同軸ケーブルで給電できます．

メアンダ・アンテナの整合回路

図2-19は，図2-16のメアンダ・アンテナの給電点に回路を挿入したときの入力インピーダンスです．図2-18と同じように，直列に33.5nHのコイル，並列に19.8pFのコンデンサで，入力インピーダンスのRが50Ω，Xが0Ωになるように調整しています．

このような回路を整合回路と呼んでいます．これに特性インピーダンス50Ωの同軸ケーブルで給電したときの反射係数（リターン・ロス）は，図2-20のようになりました．

アンテナの放射抵抗とは？

前項で述べたように，エレメントをコンパクト化すると，Xが負の値を持つ容量性を示すようになります．

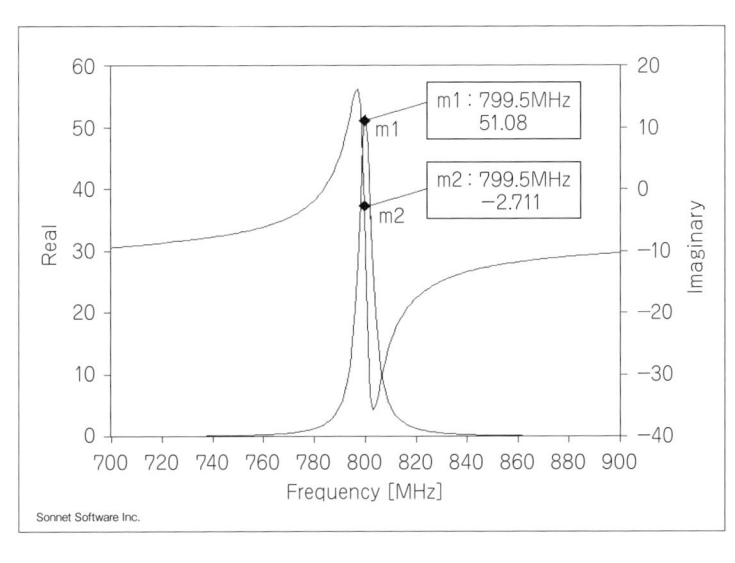

図2-19
整合回路付きのメアンダ・アンテナの入力インピーダンス

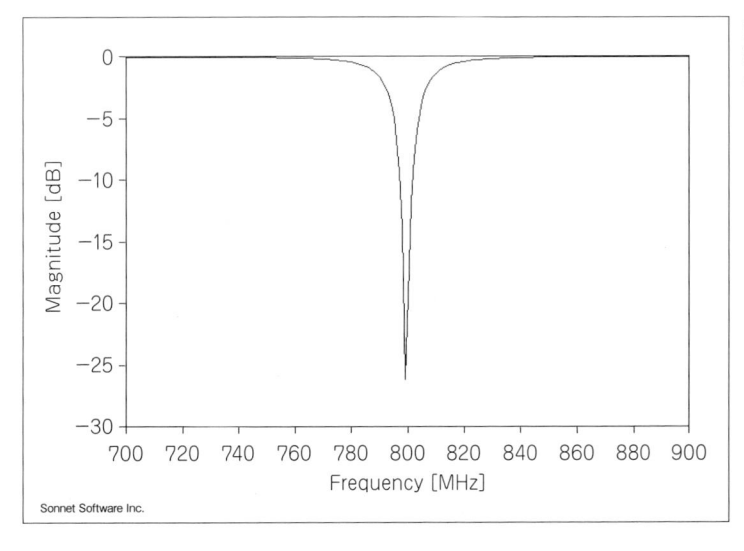

図2-20
整合回路付きのメアンダ・アンテナの反射係数（リターン・ロス）

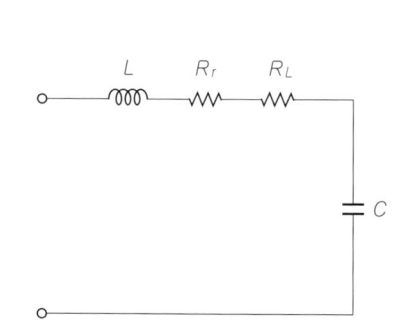

図2-21　ダイポール・アンテナの等価回路 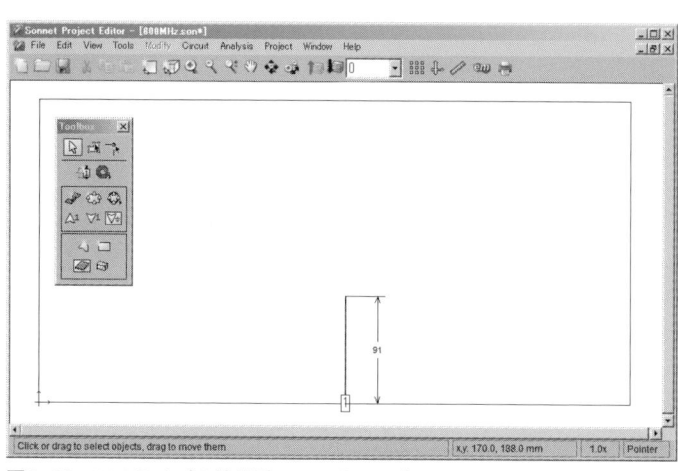　　図2-22　フルサイズの接地系アンテナ・モデル

　これはエレメントの両端に分布する，互いに異符号の電荷が接近することで，平板コンデンサの電極が近づくと容量が増す現象と同じように考えられます．

　一方，コンパクト化するとRが小さくなる理由を理解するためには，Rとは何かということを明らかにしておく必要があります．

　ダイポール・アンテナは，教科書では図2-21に示すような直列RLCの等価回路[*2]で表されます．

　観測点から見込んだ電圧と電流が同じであることを等価といいますが，アンテナを等価回路に置き換えると，放射電力は回路素子のRで消費される電力（これを有効電力という）と解釈できます．

　アンテナが共振しているときにはX_L（誘導性リアクタンス）とX_C（容量性リアクタンス）が等しく，入力インピーダンスのX（リアクタンス）は0となります．残りの純抵抗Rは，金属などの損失抵抗とは区別して，「放射抵抗」と呼ばれています．

　図2-21の等価回路では，R_rとR_Lに分けて描いており，R_rは放射抵抗，R_Lは損失抵抗を表しています．

　ダイポール・アンテナのエレメントは金属棒や電線なので，抵抗損であるR_Lは非常に小さい値です．したがって，入力インピーダンスのRは放射抵抗R_rと考えられます．

　さて，放射電力P[*3]は素子のR_rに消費されるものと考えれば，次の式が成り立ちます．

$$R_r = \frac{P}{I^2} = 80\pi^2 \left(\frac{\ell}{\lambda}\right)^2$$

※ここでIはアンテナの電流，ℓはエレメント長（単位はm）

　この式からわかるように，コンパクト・アンテナはエレメント長ℓが波長λに比べて小さいので，放射抵抗R_rも小さくなります．このことから，抵抗損R_Lを無視できると仮定した場合の入力インピーダンスのRも，小型化によって小さくなることがわかるでしょう．

帯域幅の変化

　携帯電話のメアンダ・アンテナは，フルサイズのエレメントをコイル状に巻いて小型化した構造とも考えられます．立体のコイルを押しつぶして2次元（平面）構造にしたとすれば，電荷が接近して容量（$-jX$）が増えるぶんを，コイルのインダクタンス（$+jX$）でキャンセルして，全体のリアクタンスXをゼロにしたとも解釈できるでしょう．

　このアンテナが800MHzで動作しているとすれば，直線のエレメントでフルサイズの接地系アンテナでは，図2-22に示すように，波長375mmの¼×0.97で約91mmになります．図2-23は入力インピーダンスですが，800MHzにおけるRは約32Ωです．

　また図2-24は，このアンテナと，先に述べた整合回路付きのメアンダ・アンテナの反射係数（リターン・ロス）のグラフを重ね合わせています．

　リターン・ロスはアンテナに加えた電圧が給電点に戻る反射の大きさを表しているので，V字形の頂点は，もっとも反射が小さい周波数，すなわちもっとも放射が大きい共振点の周波数を示しています．

　両者の大きな違いはV字の鋭さにあります．縦軸

[*2] 電気の世界では，複雑な構造を等価な回路で表すと問題を単純化できる．しかし等価回路はあくまで電圧と電流が同じだけなので，アンテナの周りに分布する電界や磁界と，等価回路の各素子が個別に対応しているわけではないことに注意が必要である．

[*3] ダイポール・アンテナから放射される全放射電力P[W]は，アンテナを囲む球の全表面について，電界と磁界の積（これをポインティング電力という）を積分して求めるが，その結果は右の式で表される．　　$P = 80\pi^2 \left(\frac{I\ell}{\lambda}\right)^2$ [W]

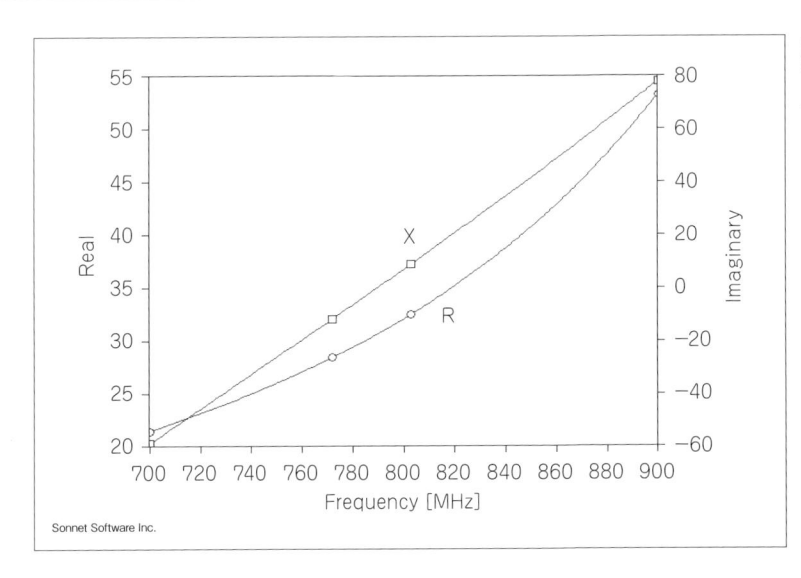

図2-23 フルサイズの接地系アンテナの入力インピーダンス

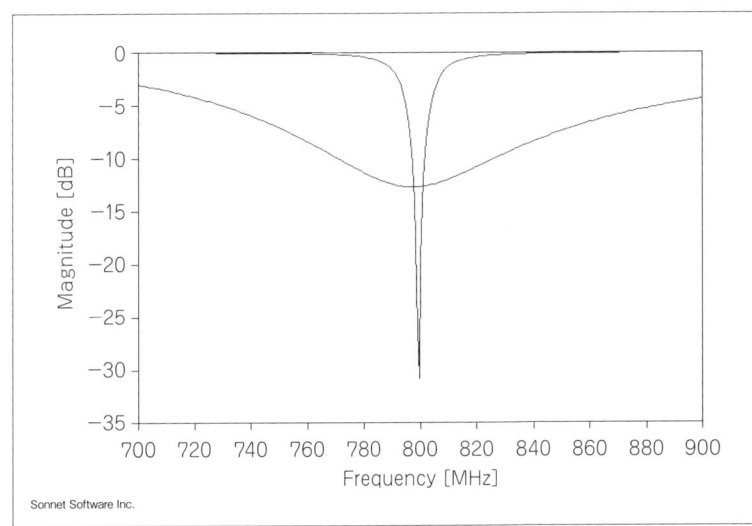

図2-24 フルサイズの接地系アンテナ（ゆるやかな曲線）とメアンダ・アンテナ（鋭いV字）のリターン・ロス

は反射係数S_{11}を次の式で対数変換していますが，−6dB以下の範囲を帯域幅（バンド幅）といい，アンテナが使える範囲としています（−10dB以下とする場合もある）．

$$リターン・ロス[dB] = 20 \cdot \log_{10}|S_{11}|$$

例えば，1Vを加えて半分の0.5Vが反射で戻ったとすれば，$20 \cdot \log_{10} 0.5 = -6$dBです．

極端に小型化すると帯域幅が非常に狭くなるので，QSYすると共振点から大きく外れて放射しなくなることもあります．

帯域幅と共振のQ

アンテナ単体を共振させるというアイデアは，歴史的には混信を避ける同調回路の発見から生まれました．

また，電波の放射は線状電流が源泉なので，共振現象を利用すれば簡単に強い電流が得られるということも手伝って，共振型のアンテナが主流になったのでしょう．

さて，共振の状態はQ値によっても判断できます．**図2-21**に示したダイポール・アンテナの等価回路のQ値は次の式で表されます．

$$Q = \frac{X}{R} = \frac{\omega_0 L}{R} = \frac{1}{R\omega_0 C}$$

※ここで$\omega_0 = 2\pi f_0$（f_0は共振周波数）

また，前節の「トムソンの公式」からもわかるように，

$$\omega_0^2 = \frac{1}{LC}$$

が成り立ちます．

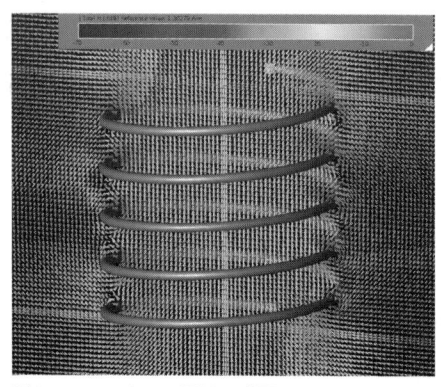

図2-25 コイルの周りの磁界ベクトル
コンデンサを付けて直列共振している(50MHz). キの字形の直線3本は, 空間の分割が密な部分(XFdtdを使用)

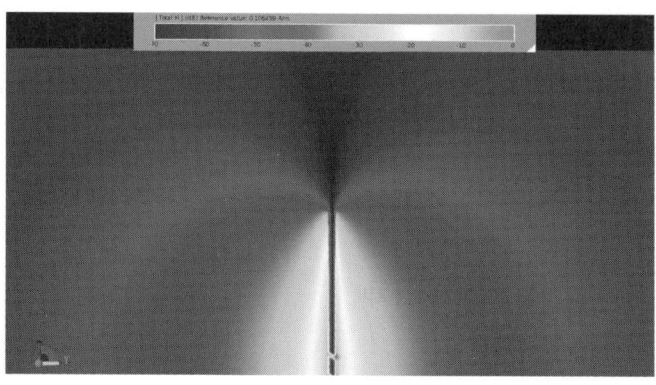

図2-26 底辺装荷の接地系アンテナの磁界強度分布(グラウンドは理想導体とした)

Qの値が大きいほど, 共振を表す図2-24のV字曲線は鋭くなり, このQを尖鋭度または選択度とも呼んでいます. フルサイズのアンテナは, ハム・バンドの範囲内でなんとか使えますが, コイルを装荷した市販の短縮アンテナは, カタログの帯域幅をチェックする必要があるでしょう.

コンパクト化で変わる放射効率

図2-25は, 直列コンデンサでLC共振している, 直径10cmのコイルの周りに分布する磁界ベクトルの分布です(電磁界シミュレータXFdtdを使用).

小さな円錐形は, 細かく分割した空間の磁界の向きと強度を表しています. これらをつないでいくと, 磁力線がイメージできます. コイルの金属面に平行にまとわりついて, ループ(閉曲線)になっていることがわかるでしょう.

図2-25はコイル単体のシミュレーションです. 図2-26は, 短い2m長エレメントの根元にコイルを挿入して, 7MHzで共振させたときの磁界強度分布を表示しています.

接地系アンテナのフルサイズは約¼波長で, これをモノポール・アンテナと呼んでいます. HF帯用のモービル・ホイップは一般的にこのタイプですが, 根元にコイルを付けて小型化する方式は, 底辺装荷のコンパクト・アンテナとも呼ばれています.

2m長のエレメントを7MHzで共振させるためには, 図2-18に示したように, 容量性のリアクタンス$-j976\Omega$をキャンセルする$+j976\Omega$のコイルが必要になります.

このコイルをエレメントに直列に装荷すれば, 純抵抗の4Ωが残って共振します. ここで問題なのは, コイルに集中する磁界によって損失を生じてしまうことです.

とりあえず50Ωへの変換回路は除いて考えると, 例えばコイルのQを200と仮定して, コイルの損失抵抗R_Lは前項の式から, $976/200 \fallingdotseq 4.9\Omega$とやや大きな値になります.

ところで送信アンテナは, 加えた電力の何%が実際に放射されるかが重要で, 放射効率η(イータ)は, 次の式で表されます.

$$放射効率\ \eta = \frac{R_r}{R_r + R_L} \times 100\ [\%]$$

※ここでR_rは放射抵抗, R_Lは損失抵抗

金属の損失抵抗を無視すれば, 放射抵抗R_rを4Ωとしてηを計算すると$4/(4+4.9) \fallingdotseq 45\%$なので, 放射される電力は加えた電力の半分以下になります.

コンパクト化で変わる性能

本項ではコンパクト化で何が変わるかを調べてきましたが, まとめると主に次のような性能が変化することがわかりました.

a. 入力インピーダンスのRは低下する.
b. ダイポール・アンテナやモノポール・アンテナのエレメントを小型化すると, 入力インピーダンスのXは容量性を示す.
c. 放射抵抗は小さくなる.
d. c.により, 損失抵抗の占める割合が大きくなり, 放射効率ηは低下する.
e. 50Ω線路で給電するためには整合回路が必要になる.
f. 整合回路の挿入損失分, 放射効率ηは低下する.
g. 共振のQは高くなり, 帯域幅が狭くなる.

2-4 コンパクト化のアイデア集

歴史に学ぶコンパクト・アンテナの手法に，金属球や金属板による容量（キャパシタンス）装荷があります．円錐形やハープ，扇のような形状もありますが，もっともシンプルなのはT型アンテナでしょう．

また，大型のコイルを装荷するタイプもあり，これを平面に押しつぶしたのがジグザグ・アンテナやメアンダ・アンテナです．

インダクタンス装荷アンテナ

フルサイズより短いエレメントにコイルを装荷して小型化したアンテナを，インダクタンス装荷アンテナとも呼んでいます．

図2-27の(a)は底辺装荷のモノポール・アンテナ，(b)はダイポール・アンテナで，いずれもX_Kは装荷するコイルのリアクタンスです．

例えば，7MHz用の2m長短縮モノポール・アンテナのリアクタンス$-j976\,\Omega$をX_Aとすれば，完全に共振しているときには図2-27に示すように，$X_K=|X_A|$となります．

コイル位置によるηの違い

装荷するコイルの位置は，根元や中間，先端の3種類があり，それぞれ，ボトム・ローディング（底辺装荷），センター・ローディング（中央装荷），トップ・ローディング（頂点装荷）と呼ばれています．

前節では，コイルのQを200と仮定したとき，ηが45%でした．この値は低いと感じるかもしれませんが，市販のモービル・ホイップに使われているコイルのQは低いので，例えば100の場合，ηは$4/(4+9.8)\fallingdotseq29\%$になります．また，実際には入力インピーダンスを50Ωへ変換する回路も必要なので，その挿入損失も含めると，アンテナ・システムとしてのηはさらに低下するでしょう．

ηは放射電力と入力電力の比なので，実測するためには，電波暗室でアンテナを回転して全放射電力を測定する必要があります．これは全球面走査法と呼ばれています．

しかし，LFやHF帯のアンテナは大型で電波暗室での測定には向かないので，実際にはηの測定は困難です．そこで本書では，電磁界シミュレータを使ってηを計算し，評価のめやすとしています．

図2-28は，図2-26と同じ2m長のエレメントの中央にコイルを装荷したときの磁界強度分布です．また，図2-29は頂点に装荷したモデルの磁界強度分布です．線状電流の周りには強い磁界が発生するので，これらの磁界強度分布から，エレメントの電流分布も想像できるでしょう．

リアクタンスが$+j976\,\Omega$のコイルは，7MHzでは$22\,\mu H$です．これらのモデルでは，直径10cm，長さ13.6cm，20回巻きの，自作の大型で低損失なコイルを想定しています．このコイルのQは，計算ツールによれば1067なので，コイルの損失抵抗は$976/1067\fallingdotseq0.9\,\Omega$と設定しました（計算ツールは**http://gate.ruru.ne.jp/rfdn/Tools/ScoilForm.asp#**など）．

またシミュレーション・モデルではコイルを集中定数として簡略化したため，電磁界シミュレーショ

(a) モノポール・アンテナ

(b) ダイポール・アンテナ

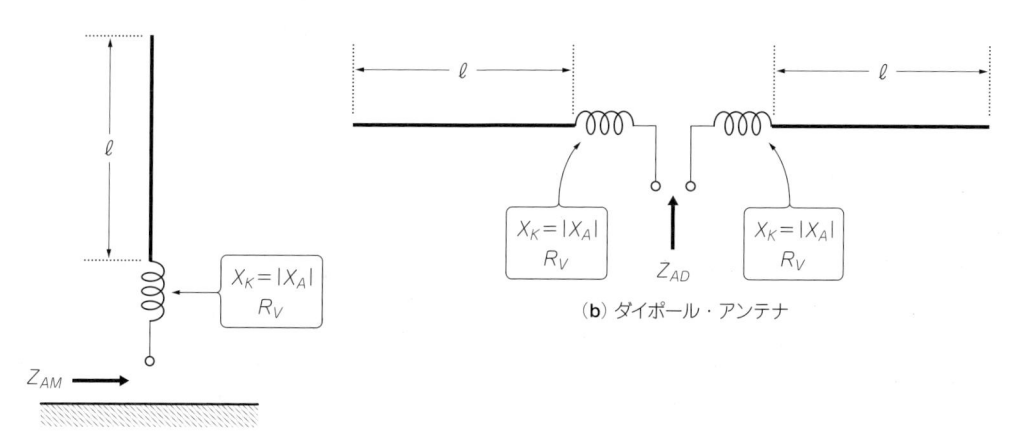

図2-27 底辺装荷のモノポール・アンテナとダイポール・アンテナ

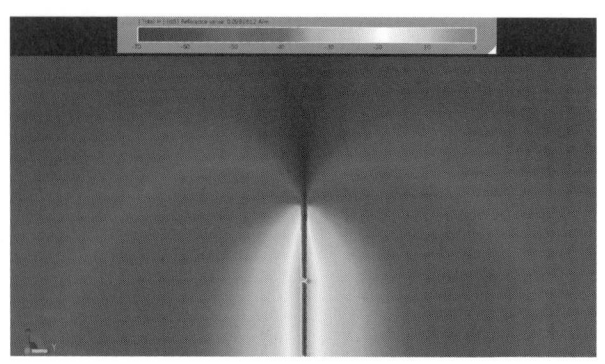

図2-28 中央装荷の接地系アンテナの磁界強度分布（グラウンドは理想導体）

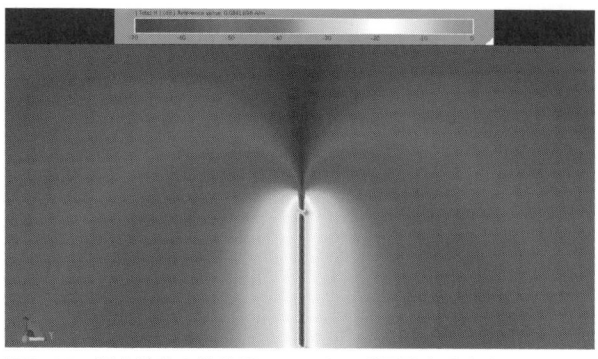

図2-29 頂点装荷の接地系アンテナの磁界強度分布（グラウンドは理想導体）

ンのηはあくまでめやすとなる値です．放射効率ηの結果は，底辺装荷10%，中央装荷20%，頂点装荷23%でした．

市販のモービル・ホイップ・アンテナでは，一般的に小型コイルが使われていますが，例えばコイルの直径1.6cm，長さ4cm，64回巻きで22μHです．このときQは200なので，コイルの損失抵抗を$976/200 \fallingdotseq 4.9\Omega$と設定すると，シミュレーション結果の$\eta$は，底辺装荷6%，中央装荷14%，頂点装荷18%でした．これらのモデルは，グラウンドの設定が理想導体なので，実際の大地接地ではηはさらに低下するでしょう．

以上のシミュレーションから，コイルの装荷位置によって共振周波数が変わってしまうことがわかりました．これらは厳密な比較ではなく，参考値と考えてください．また，底辺装荷の場合は図2-24からもわかるように，底部のコイルに特に強い電流が集中するので，損失がもっとも大きくなると思われます．

システム効率とは？

効率は，①システム効率や②放射効率で評価されます．

① システム効率＝放射電力／有能電力
② 放射効率＝放射電力／入力電力

ここで①の分母の有能電力（available power）とは，給電側（終段電力増幅回路）と負荷側（アンテナ）の整合が完全なときに給電される最大電力をいいます．実際には，接続点での反射や材料の損失分も無視できませんが，①の分母はこれらを含まない理想の電力なので，損失が大きいほど①は低下することになります．

一方，②の分母の入力電力とは，アンテナ本体に給電される正味の電力のことなので，一般に放射効率ηは，不整合の影響は含まない「アンテナ単体の効率」を意味しています．

キャパシタンス装荷アンテナ

図2-30は，NICT（独立行政法人 情報通信研究機構）が運用するJJY局の送信アンテナの構造を表しています．

電波時計に正確な時刻を伝える標準電波は，福島県・大鷹鳥谷山にある地上高250mのアンテナから40kHzが，また佐賀県と福岡県境の羽金山にある地上高200mのアンテナからは60kHzの2波が，それぞれ50kWで送信されています．

40kHzの電波の波長は7.5kmもあるので，$1/4\lambda$のモノポール・アンテナでも1.9kmほどになってしまいます．JJYのアンテナは，図2-30のような傘形の容量（キャパシタンス）を装荷した小型アンテナで，モノポールと同じようにグラウンド（大地）との間に給電する接地系アンテナです．

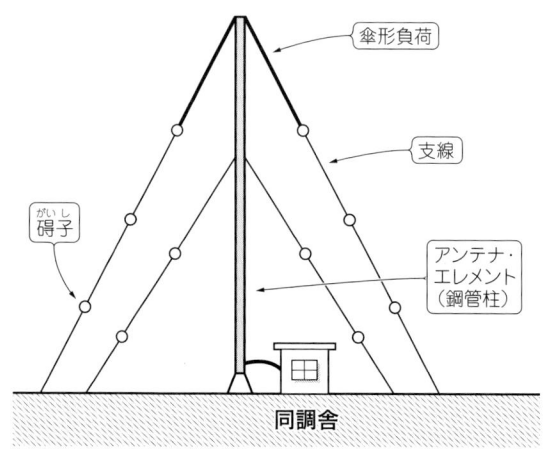

図2-30 傘形の容量を装荷したJJY局のアンテナ

第 2 章　フルサイズとコンパクトの違い

写真2-4　キャパシティ・ハット付きのマルチ・バンド（10/15/20/40m）モノポール・アンテナ14AVQ（Hy-Gain製）

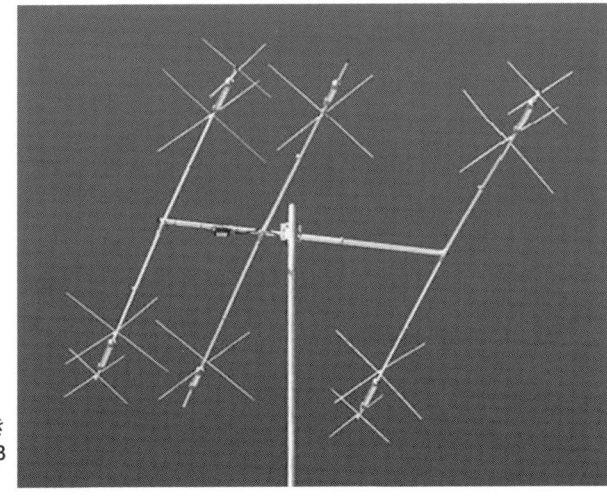

写真2-5　キャパシティ・ハット付きのビーム・アンテナMA-5B（Cushcraft製）

写真2-6　大型キャパシティ・ハット付きの6バンド・ダイポール・アンテナMFJ-1775（MFJ製）

　しかし数百mの長さでは40kHzや60kHzに共振させるには不十分なため，アンテナの根元にある同調舎の中には，大型のコイルやコンデンサを組み合わせた同調回路（共振回路）が設置されています．このアンテナの構造は，1900年代に開発されたT型アンテナが元祖で，現在でも市販のアンテナに使われている手法です．

　写真2-4は，1960年代からロングランの，Hy-Gain製4バンド（10/15/20/40m）バーチカル・アンテナで，先端に3本の容量（キャパシティ・ハット）が付いています．

　写真2-5はCushcraft製の5バンド（10/12/15/17/20m）3エレメント・アンテナです．大きいキャパシティ・ハットで小型化して，回転半径を9フィート（2.7m）に短縮したコンパクト・ビームです（10/15/20mは2エレメント，12/17mは1エレメントで動作）．

　写真2-6は，6バンド（2/6/10/15/20/40m）でQRVできる，MFJ製の大型キャパシティ・ハット付きダイポール・アンテナです．

T型アンテナの入力インピーダンス

　図2-31は，エレメント長3.42mのモノポール・アンテナです．電磁界シミュレータMMANA[*4]で計算した21.25MHzにおける入力インピーダンスは，$35.9 + j0.15\,\Omega$でした．

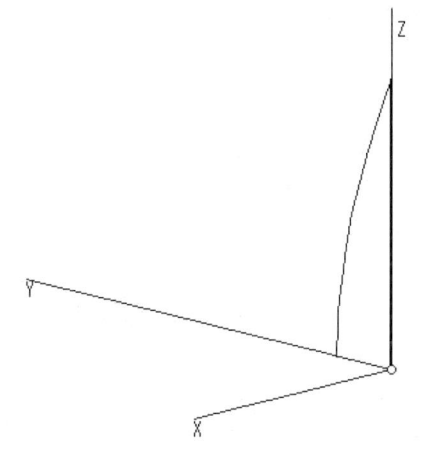

図2-31　モノポール・アンテナのシミュレーション・モデル
電流強度の分布を示している（MMANAを使用）

[*4] MMANAはJE3HHT 森 誠OMによるフリーソフト．参考文献：大庭信之著；アンテナ解析ソフトMMANA, CQ出版社．

図2-32 ダイポール・アンテナと等価なモノポール・アンテナの電圧と電流の関係

（a）モノポール

（b）ダイポール

図2-33　逆Lアンテナのシミュレーション・モデル

図2-34　T型アンテナのシミュレーション・モデル

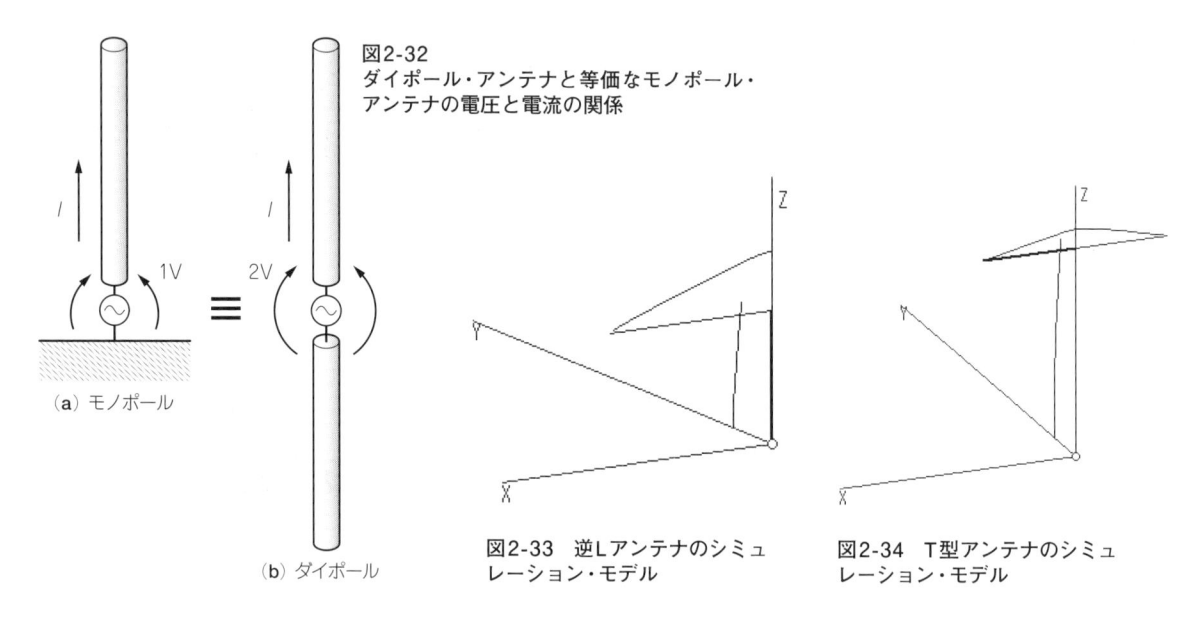

半波長ダイポール・アンテナのレジスタンスRの理論値は，よく知られているように73Ωです．図2-32はダイポール・アンテナと等価なモノポール・アンテナですが，電圧と電流の比（インピーダンス）はダイポール・アンテナの半分になります．MMANAの結果もリアクタンスXがほぼゼロで，レジスタンスRがダイポール・アンテナの理論値73Ωの半分なので，シミュレーション結果はよく一致しています．

また図2-33は，図2-31のエレメントを折り曲げて，水平エレメントを2mにした逆Lアンテナの MMANAモデルです．21.25MHzにおける入力インピーダンスは$14.4 - j25.3$Ωでした．

いずれも完全導体のグラウンド上にありますが，エレメントを折り曲げるとRは低下し，グラウンドとの間に電荷が貯まる構造になり，リアクタンスは容量性（$-jX$）を示します．

図2-34は，図2-33の水平エレメントを平行移動したT型アンテナで，垂直部を2m，水平部を1.85m

に設定したときに，21.25MHzにおける入力インピーダンスは$23.6 - j0.1$Ωになりました（リアクタンスはほぼゼロ）．

T型アンテナの周りの電磁界

図2-35は，図2-34と同じT型アンテナのモデルで，図2-36はその電界分布です．グラウンド板は4.4m×4.4mの銅板で，厚さ50cmで5m×5mのコンクリート上に置かれています．電界はT型エレメントがあるため，直線のモノポールよりもグラウンドに近い領域に集中しています（グラウンドとコンクリートは非表示にしている）．

図2-37は磁界分布です．磁界は電流の周りにループ状にまとわりつくので，エレメントに沿って強い磁界が観測されています．また，磁界ベクトルは金属板に平行なので，グラウンド板の表面に沿った磁界と，コンクリート内の磁界も観測されています．

なお，両図は給電点に電気を加えてから0.24μ秒後の分布を示しています．

T型アンテナの放射効率

XFdtdのシミュレーションでは，21.25MHzにおける入力インピーダンスは$17.6 + j1.4$Ωでした．このシミュレータでは効率が2種類表示され，放射効率ηは98.9％，システム効率は76.2％でした．

シミュレーションでは給電点に1Vを加えているので，アンテナの入力インピーダンスが仮に50Ωであれば50Ω給電では無反射になり，アンテナの入力電力の最大値Pは，次式から得られます．

図2-35　XFdtdによるT型アンテナのモデル

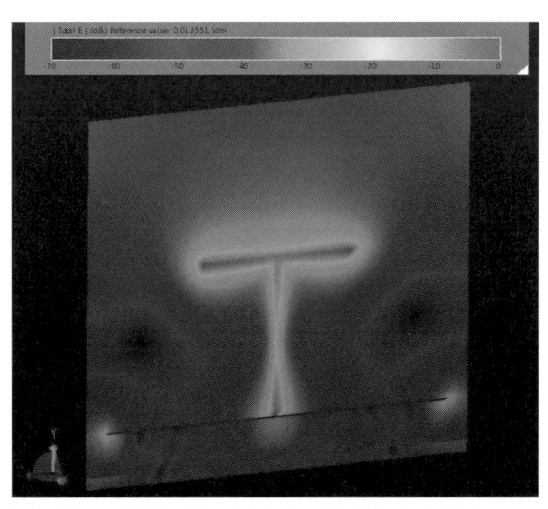

図2-36　T型アンテナの電界分布（給電0.24μ秒後）

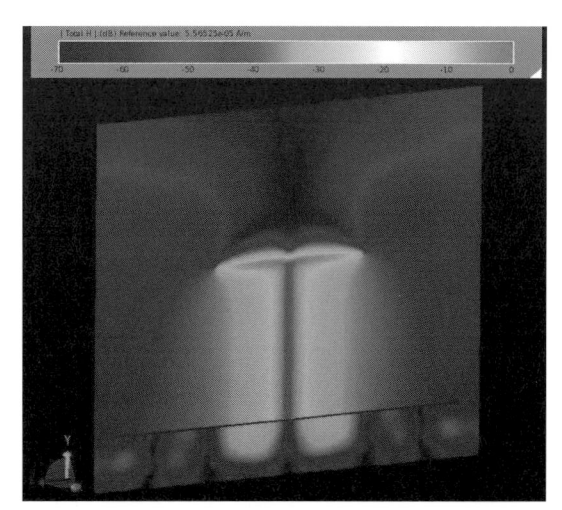

図2-37　T型アンテナの磁界分布（給電0.24μ秒後）

$$P = I^2R = [V/(R+R)]^2 R = V^2/4R$$

電圧 V が1V，R が50Ωの場合は，電力 P は2.5mWになります（実効値にするため，$V^2/8R$ で計算）．

実際にはアンテナと給電線の整合は完璧ではないので，正味の入力電力は約1.93mWになりました．

そこで，この値から損失電力を差し引いて残った放射電力（1.91mW）を正味の入力電力1.93mWで割った98.9%を放射効率としています．

一方，入力電力の最大値は2.5mWなので，放射電力1.91mWをこの値で割った76.2%をシステム効率としています．

両者の値はずいぶん異なるので，どちらをあてにすればよいのか迷います．放射効率 η の定義は次のとおりです．

$$\eta = \frac{P_{rad}}{P_{in}} = \frac{R_{rad}}{R_{in}} = \frac{R_{rad}}{(R_{rad}+R_{lost})} \times 100\,[\%]$$

※ここで P_{rad}：放射電力，P_{in}：入力電力，R_{rad}：放射抵抗，R_{in}：入力抵抗，R_{lost}：損失抵抗

シミュレーションでは入力電力と放射電力が得られるので，T型アンテナの η = 98.9%は上式の定義どおりに計算されます．

しかし，不整合による反射波はまったく放射しないと考えれば，次の式のように，戻りのぶんを最大値から引いた値になります．

$$P = 2.5 \times (1-|S_{11}|^2)\,[\text{mW}]$$

※ここで $|S_{11}|$ はアンテナの反射係数（反射電圧の割合）の絶対値を表す

図2-35のアンテナは，21.25MHzにおける反射係

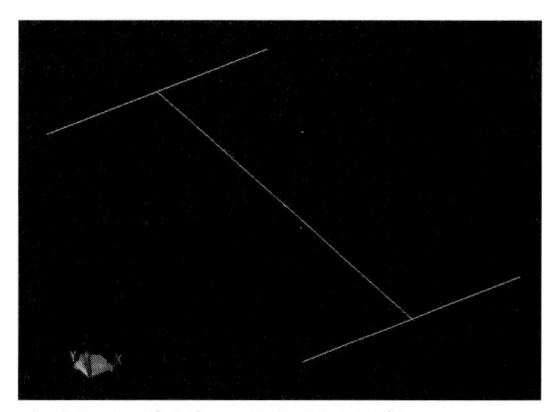

図2-38　T型ダイポール・アンテナのモデル

数が0.479なので，上式から正味の入力電力1.93mWが得られます．しかし，実際はアンテナから戻った電力の一部は再びアンテナへ送り出されるので，上記の式による値は最悪値と考えればよいでしょう．

以上をまとめると，
- 定義どおりの η = 98.9%は最良値
- 不整合による損失を含む値76.2%は最悪値

ということです．そこで，実際の η はこれらの間にあると考えられます．

T型ダイポール・アンテナ

T型アンテナはモノポール・アンテナの動作ですが，これを2本つなげてダイポール・アンテナにすると，図2-38のような短縮ダイポール・アンテナになります．

二つのT型のエレメント部には，コンデンサの両電極のように互いに逆符号の電荷が多く分布するので，

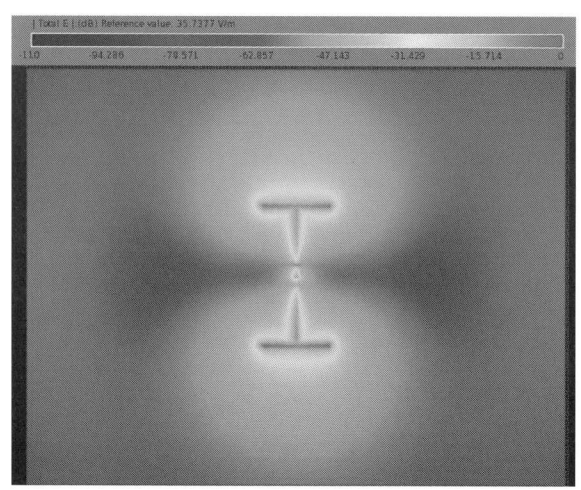

図2-39　T型ダイポール・アンテナの周りの電界強度分布（位相角：50°．表示レベルを調整している）

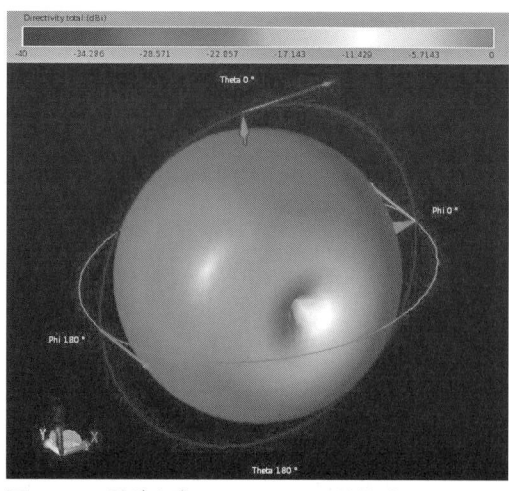

図2-40　T型ダイポール・アンテナの放射パターン

キャパシティ・ハット（容量環）とも呼んでいます．

　図2-39は，このT型ダイポール・アンテナの周りの電界強度分布です．両端のキャパシティ・ハットに，互いに異なる極の電荷が分布していることがイメージできます．

　シミュレーションの結果，21.0MHzにおける入力インピーダンスは$47.5+j0.68\Omega$になりました．また，放射効率ηは99.8%，システム効率は99.7%でした．両者の値はほぼ同じになりましたが，これは入力インピーダンスが50Ωに近いので，良好な整合が取れていることに因ります．

　また**図2-40**は，アンテナから放射する電波の強度を表す放射パターンです．**図2-38**の水平設置アンテナから強く放射されている電波は，中央の給電部を含むエレメントに直交する平面上で円形（無指向）になっていることがわかります．

　このシミュレーションは大地を含まない自由空間にアンテナを置いているので，完全なドーナツ状のパターンですが，これは直線状のフルサイズ・ダイポール・アンテナでも同様の結果になります．

　また，中央のエレメント方向にヘソがありますが，これはこの方向への放射は極めて少ないことを示し，ダイポール・アンテナに共通の特徴です．

リニア・ローディングによるコンパクト化

　モノポール・アンテナやダイポール・アンテナの先端は開放端（オープン・エンド）といわれており，先端は電流がゼロの節になります．電流の大きさは，端部から電流の腹に向かって正弦波的に分布するので，先端部分をU字形に折り曲げて小型化しても，半波長の共振現象は発生します．

　写真2-7は筆者がベランダで使っているエレメントの構造で，このような手法をリニア・ローディングとも呼んでいます．リニアとは「線形」または「線状」という意味があり，一般的には1回または2回折り曲げたタイプをいいます．さらに何回も折り曲げたものはメアンダ・ラインと呼ばれているようです．

　このエレメントは，垂直部6.7m，先端の2mを折り曲げて3階のベランダに2本設置し，ベランダのATU（オートマチック・アンテナ・チューナ）に接続しています．**図2-41**は電界強度分布で，最下端にあるATUより上に節があります．また**図2-42**は磁界強度分布で，これはエレメントに流れる電流の大きさに対応しているので，磁界（または電流）の腹が電界（または電圧）の節にあることがわかります．

　ワイヤ・エレメントの長さは，14MHzや18MHzにおける電流の腹が，根元のATUの位置よりも高くなるように決めています．

写真2-7　ベランダに設置したリニア・ローディングのエレメント

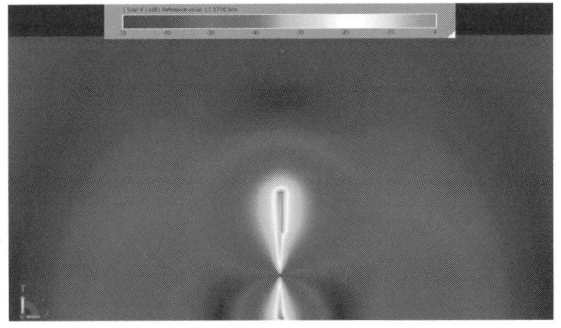

図2-41　折り曲げエレメントの電界分布（14MHz：位相角0°）

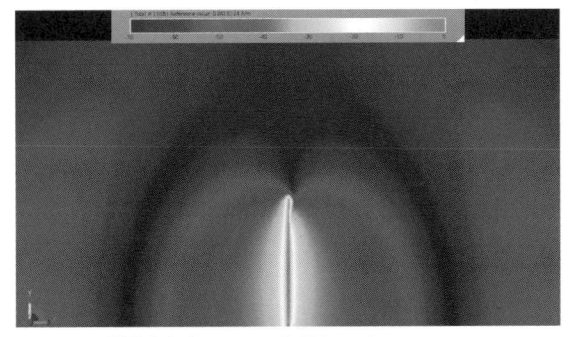

図2-42　磁界分布（14MHz：位相角90°）

写真2-8　50MHz用2エレメント・リニア・ローディングHB9CVアンテナ HB062LMX（ミニマルチアンテナ製）

先端を折り曲げると，2本の平行線に流れる電流の向きは互いに逆になります．また，線状電流の周りにできる磁力線は「アンペアの右ねじの法則」[*5]に従うので，互いに逆向きの電流部分で電磁界のキャンセルが起こります．

折り曲げによって低下する放射効率ηが心配ですが，整合回路を根元に付けたシミュレーションの結果は97％でした．エレメントの先端部の電流は小さいため損失は意外に低く，リニア・ローディングの手法はコンパクト化に適していると思います．

写真2-8は，リニア・ローディングを採用して小型化した市販のアンテナです．

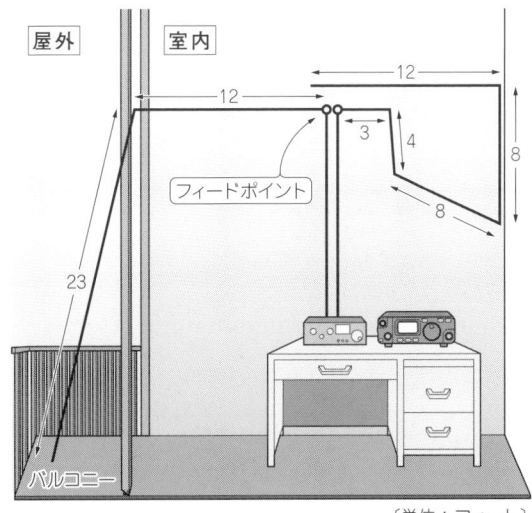

図2-43　WB2JNA Jefferyによる室内設置の折り曲げダイポール・アンテナ

ダイポール・エレメントの折り曲げ設置

ワイヤで作るダイポール・アンテナは，広い土地があれば水平に張りますが，アパマン・ハムや狭いスペースに張る場合は，図2-43のようにエレメントを折り曲げても共振します．

これは3階の室内にダイポール・アンテナを張って，片側のエレメントをベランダに出すという，WB2JNA局のアイデアです．エレメントは10.7m＋10.7mなので，7MHz用の折り曲げダイポール・アンテナです．給電線は5cm幅，0.9m長の平行2線で，アンテナ・チューナを使うと40mから10mバンドまでQRVできるそうです．

このアンテナは，給電点から1m弱でオペレートするので，出力電力は電波防護指針を基準にするべきでしょう．ダイポール・アンテナを室内に張るというのは大胆な設置方法ですが，片側のエレメントだけでもベランダに出すというアイデアで，放射に有利に働くでしょう．

折り曲げのバリエーション

周囲の住人を脅かすような大型アンテナは差しさわりがあるが，なんとかHFでもQRVしたい，という切実な声をよく聞きます．

ワイヤで作るダイポール・アンテナは，エレメントを適度に折り曲げることで，電波防護指針に基づく送信電力であれば，木造2階建てや3階建ての天

[*5] デンマークの物理学者エルステッド（1777-1851年）は，電線に電流を流すと磁針が動くという装置で，電流の周りに磁力が発生することを発見した．続いてフランスの物理学者アンペア（アンペール）（1775-1836年）は，「ねじの進む方向に電流の向きをとると，ねじの回転方向が磁力線の向きになる」というアンペアの右ねじの法則を発見した．

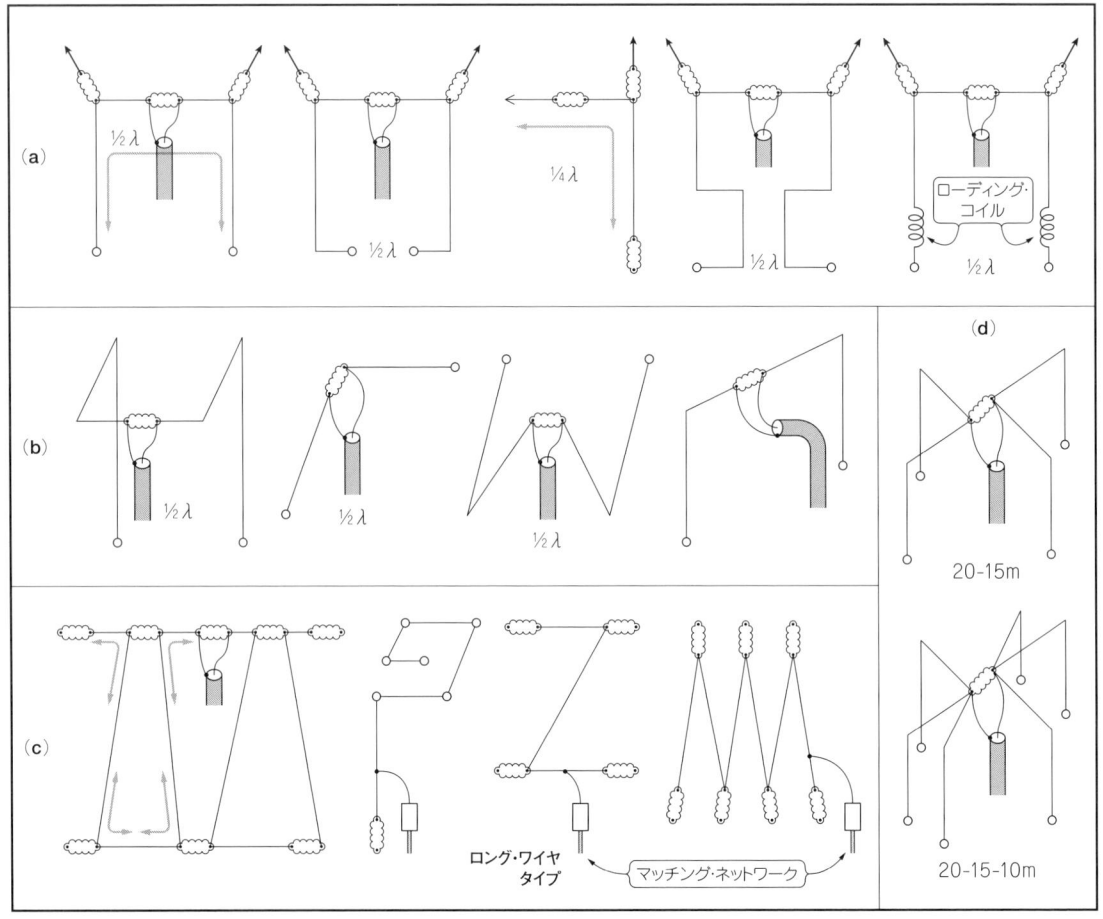

図2-44 折り曲げエレメントのバリエーション

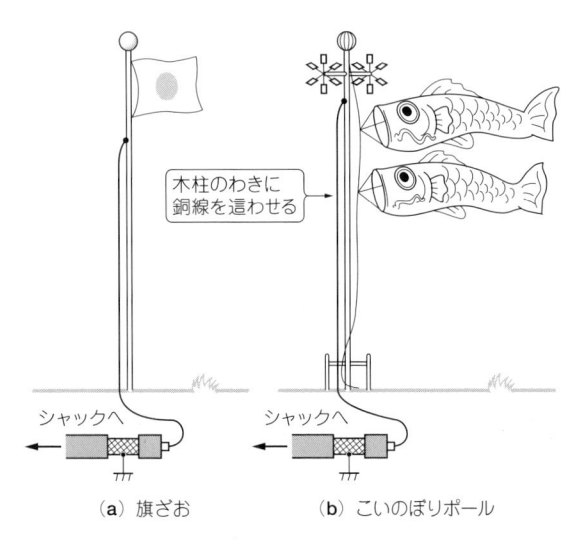

図2-45 カムフラージュ・アンテナ
(a) 旗ざお　(b) こいのぼりポール

井や屋根裏に張ることもできます．

　図2-44は折り曲げのバリエーションです．工夫しだいで屋外でも目立たない張り方ができそうです．
　1/2λ（半波長）ダイポール・アンテナは，給電点が電流の腹になるので，できるかぎり直線を保ち，両端に折り曲げ部やローディング・コイルを付けることで，放射効率の低下を抑えることができます．これは，1/4λのモノポール・アンテナについてもいえることですが，接地系の場合は良好なアースがポイントです．
　ダイポール・アンテナは，できるだけ左右対称に設置します．前節のように平行2線（はしごフィーダ）で給電しアンテナ・チューナを使えば，マルチバンド化もできるでしょう．また室内アンテナの場合は，電波防護指針だけではなく，防火上でもハイパワーでの運用は危険です．

隠密アンテナ？

　屋外であっても，例えば旗ざおに銅線を這わせて給電すれば，カムフラージュされたアンテナができあがります．また一般家庭では，こいのぼりポールなどに銅線を這わせる方法もあるでしょう（**図2-45**）．
　筆者は，これらのカムフラージュされたアンテナ

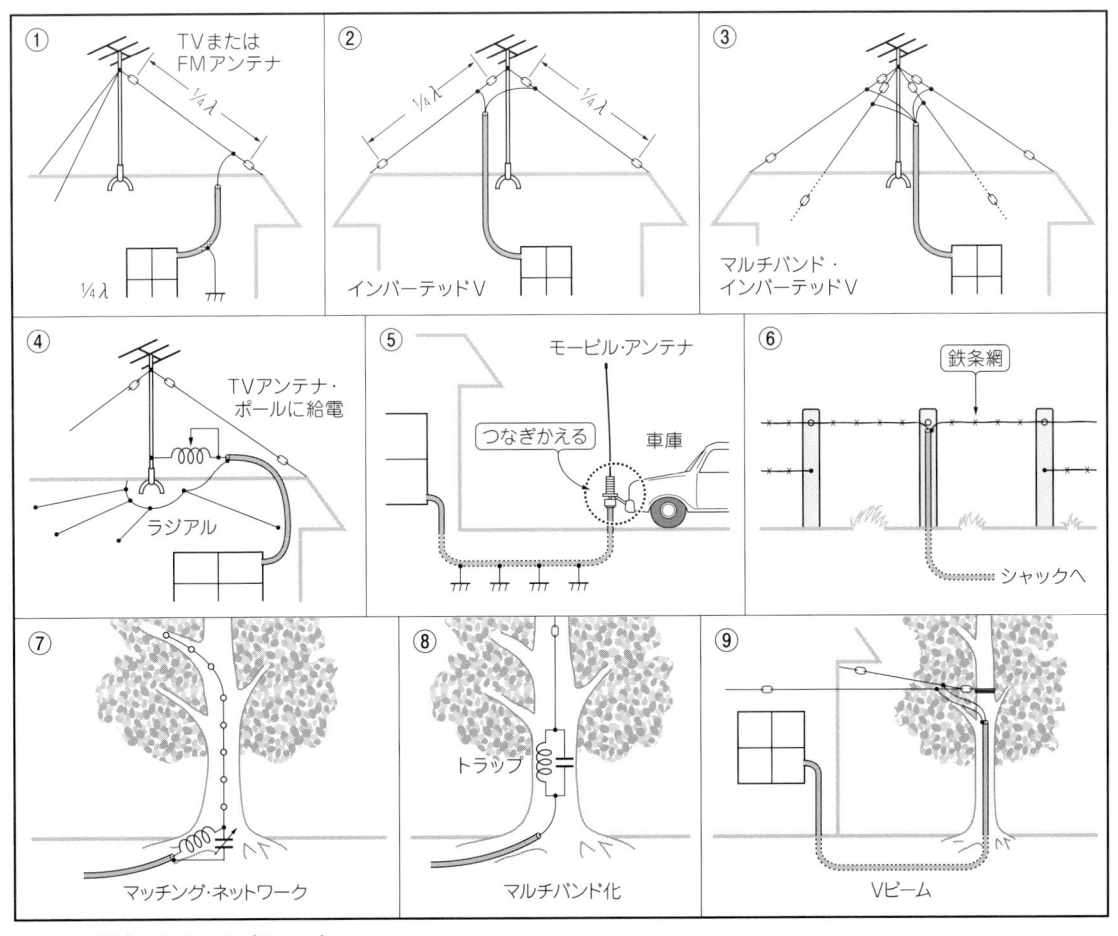

図2-46 隠密アンテナのバリエーション

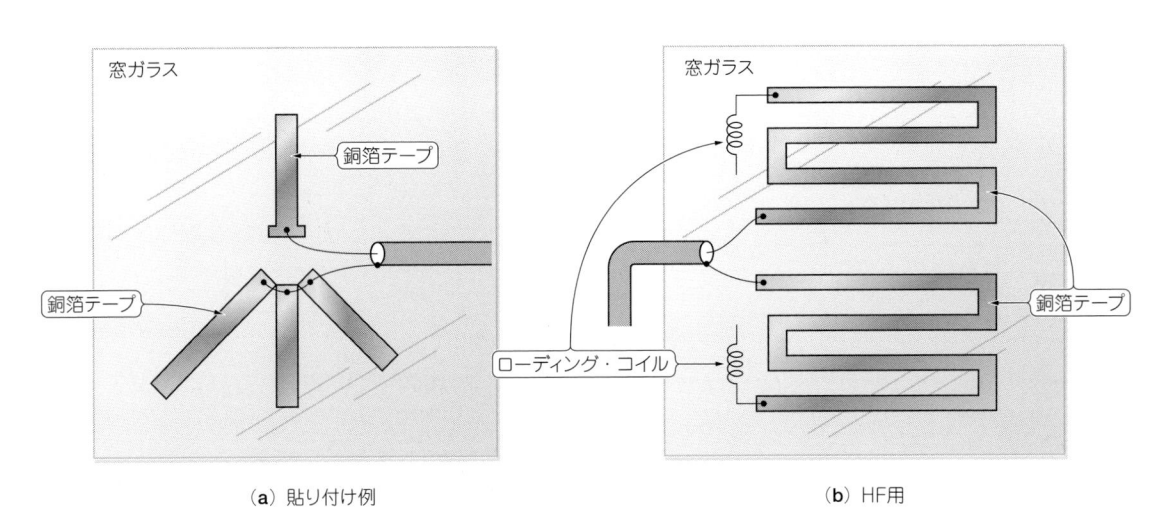

図2-47 窓ガラス・アンテナ
(a) 貼り付け例
(b) HF用

を隠密アンテナ（hi）と呼び，いろいろ試してきました．図2-46には苦肉の策（？）をまとめています．図2-47（a）と図2-47（b）は，超高層マンションなどのベランダが使えないケースで，窓ガラスに銅箔テープでアンテナを貼り付ける方法です．

また，図にはありませんが，いずれのケースもインピーダンス整合用の回路（アンテナ・チューナ）が必要になるでしょう．

第2章 Q&A 整合回路の設計

Q: フルサイズよりも短いエレメントの，ダイポール・アンテナを作る手順を教えてください．

A: 図2-48は21MHzの½λダイポールで，MMANAでモデリングした．21.2MHzの波長λは次の式から得られるね．

$$\lambda = \frac{3 \times 10^8}{21.2 \times 10^6} = 14.15 \, [\text{m}]$$

※ここで分母の3×10^8 [m/s]は光（電磁波）の速度

½λダイポールのエレメント長は半分の7.08mに設定したが，入力インピーダンスZ_{in}は次のようになった．

$$Z_{in} = 76.3 + j45.6 \, [\Omega]$$

アンテナの教科書では$73.1 + j42.6 \Omega$という値が紹介されているが，これはエレメントが限りなく細い理想導体を仮定した計算値だから，MMANAの値はよく合っている．

Q: リアクタンスはゼロではなく，正（誘導性）の大きな値です．このままでは21.2MHzで共振しないのではないでしょうか？

A: そのとおり．誘導性のリアクタンスは線状電流の周りに分布する磁界に対応している．これは磁界が余分に発生していることを意味しているね．

Q: そうか，½λダイポール・アンテナは，エレメントの寸法を96～97％に短くしますが，それは磁界を減らして$+jX=0$にするためですね．

50Ωの折り曲げダイポール・アンテナ

A: 図2-49は，エレメントをコの字形にした½λダイポール・アンテナだ．水平部を4m，2本の垂直部を1.54mにしたところ，入力インピーダンスZ_{in}は次のようになった．

$$Z_{in} = 48.0 + j1.0 \, [\Omega]$$

Q: これは50Ωの同軸ケーブルで直接給電できて，しかもコンパクト・アンテナです．エレメントの形状や寸法を変えると，入力インピーダンスはずいぶん変化しますね．

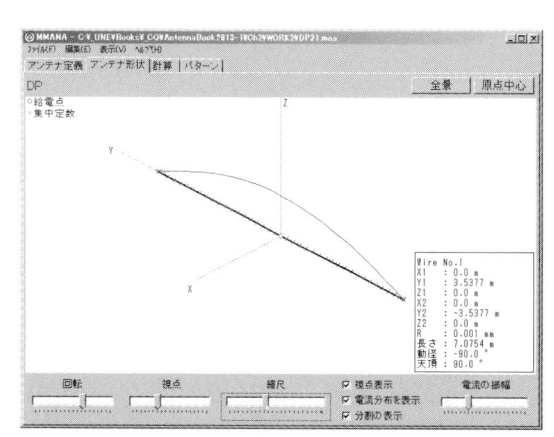

図2-48 MMANAによるダイポール・アンテナのシミュレーション・モデル

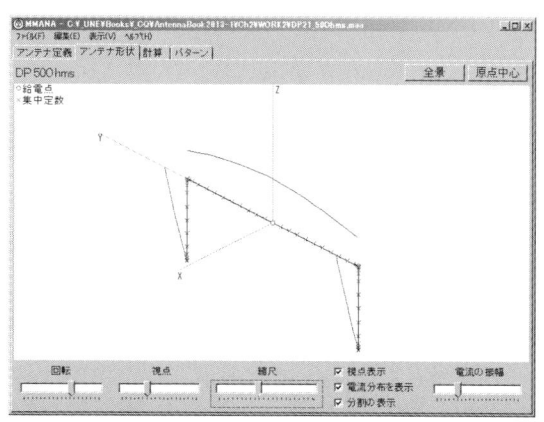

図2-49 入力インピーダンスが50Ωになる折り曲げダイポール・アンテナのモデル

第2章　フルサイズとコンパクトの違い

(a) 外観　　　　　　　　　　　　　　　(b) 内部構造

写真2-9　Balun Designs社（www.balundesigns.com）の1：4バラン

例えば，直径10mmのアルミ・パイプで，エレメント長3mの場合は，21.2MHzにおける入力インピーダンスは$9.2 - j702$ Ωになった．共振させるためには，$+j702$Ωのコイルを装荷する必要があるが，コイルのLは次の式で得られる．

$$L = \frac{702}{(2\pi \times 21.2 \times 10^6)} = 5.27\,[\mu H]$$

シミュレーションで確認するために，半分の$L = 2.6\,\mu H$を二つ，底辺装荷にしたモデルでシミュレーションしてみました．図

2-50のモデルでは，$L = 2.72\,\mu H$，LのQを200に設定したとき，入力インピーダンスは$13.7 - j2.7\,\Omega$になりました．

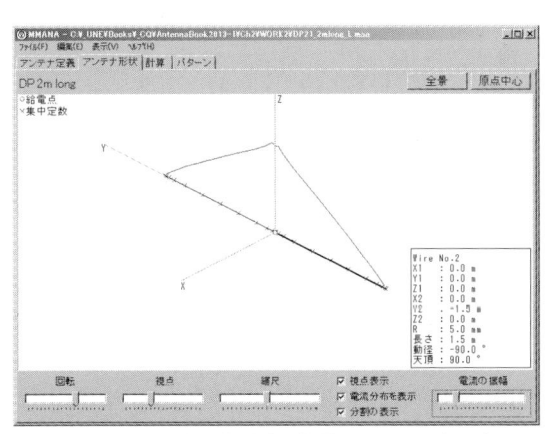

リアクタンスはほぼゼロになったので，あとはレジスタンスRを50Ωに変換する必要があるね．アンテナ・チューナ（アンテナ・カプラ）を使う方法もあるが，1：4バランを使ってインピーダンスを変換するという方法もある．

写真2-9(a)と写真2-9(b)は，Balun Designs社の1：4バランModel 1413tだ．入力インピーダンス12.5Ωのダイポール・アンテナ（平衡回路）を50Ωの同軸ケーブル（不平衡）に変換できるが，トロイダル・コアを使って自作してみてもいいね．

図2-50　コイルを給電点近くに装荷した3m長ダイポール・アンテナのモデル

51

Chapter 3 章　フルサイズの性能限界

コンパクト・アンテナの性能を評価するためには，フルサイズ・アンテナの特性値やその性能限界をよく知って，それらと比較するという方法があります．一般には，½λダイポール・アンテナを基準としていますが，仮想的な等方性（アイソトロピック）アンテナを基準にして比較することもあります．

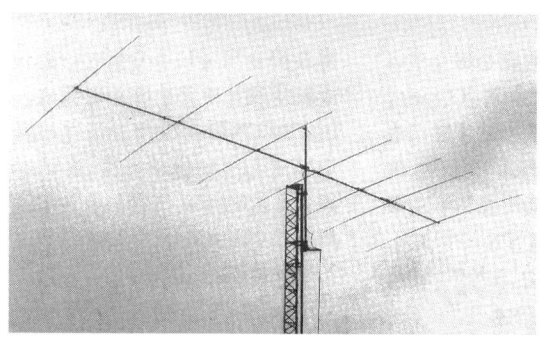

7エレメント八木アンテナ CL15DXX（クリエート・デザイン）

3-1　1W入力で何W放射できるのか？

電線で作る½λダイポール・アンテナは，導体損の総量がわずかなので，給電線との整合さえ取れていれば，放射の効率が100％に近い理想的なアンテナです．

そこで，これをベースにしたコンパクト・アンテナは，やはり高効率が期待できますが，小型化の度合いによっては失われる性能に違いがあります．

限られたスペースで動作させるためには，何を犠牲にするのかを検討するために，まずフルサイズ・アンテナの特性値や性能の限界をよく知っておく必要があるでしょう．

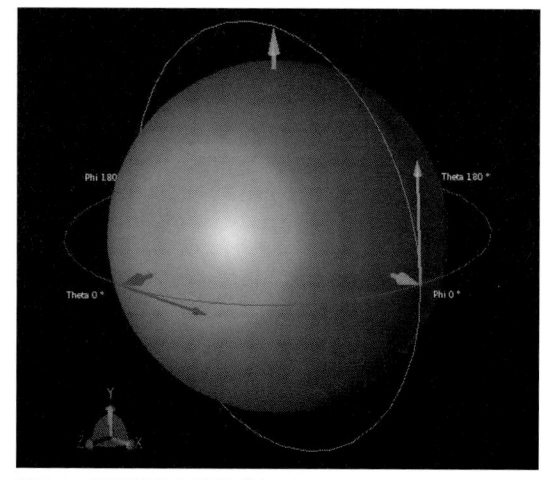

図3-1　ほぼ球体の放射パターン

アンテナの利得とは？

ある企業でアンテナ設計のコンサルティングをしていたとき，デジタル回路の技術者に「アンテナってふしぎですね．利得が2倍だと1W入力で2W出るのですか（単なる金属なのに……）？」と問われたことがありました．

アンテナの利得はゲイン（Gain）とも呼ばれているので，ネーミングの先入観からか，増幅器の利得を思い浮かべるのかもしれません．しかし結論からいえば，1W入力ならば最大1Wの放射で，このときの放射効率 η は100％（1倍）です．

アンテナの利得とは，基準アンテナに比べて，特定方向へその何倍強く放射しているかという相対的な評価値です．図3-1の放射は球体ですが，この仮想的な等方性（isotropic）アンテナに電力を加えたときは，どの方向へも等しく電力の平均値が放射されます．

この球体をゴム風船と考えれば，力を入れて手で絞ると図3-2のように飛び出します．ここで，ある方向へ強く飛び出るけれども，電力の総量1W（風船の空気量）は変わらないことに注意してください．

図3-3は，½λ（波長）ダイポール・アンテナと等方性アンテナの電力放射パターンです．P_d を½λダイポール・アンテナの放射電力，P_i を等方性アンテ

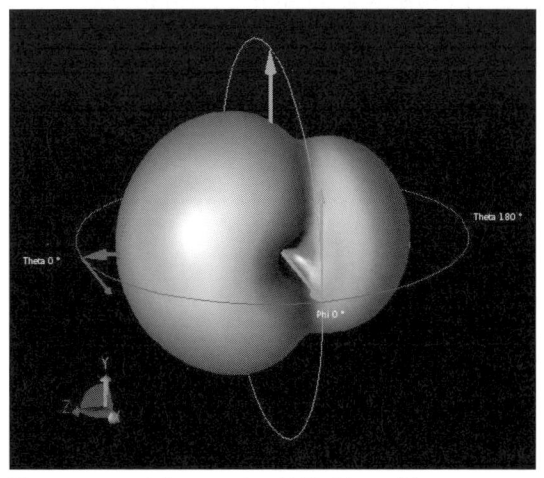

図3-2 2エレ八木アンテナの放射パターン例
中央付近を手で絞ったゴム風船をイメージする

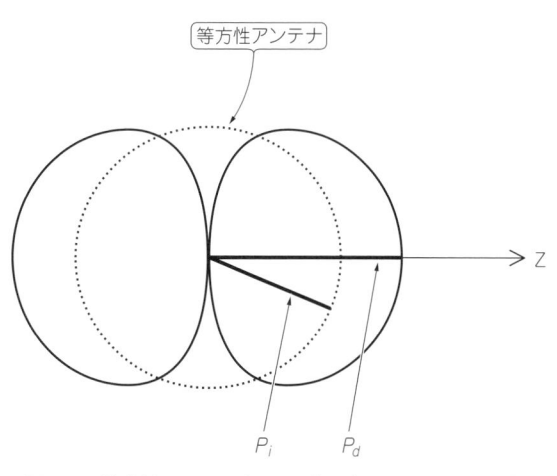

図3-3 等方性アンテナと½λダイポール・アンテナの電力放射パターン

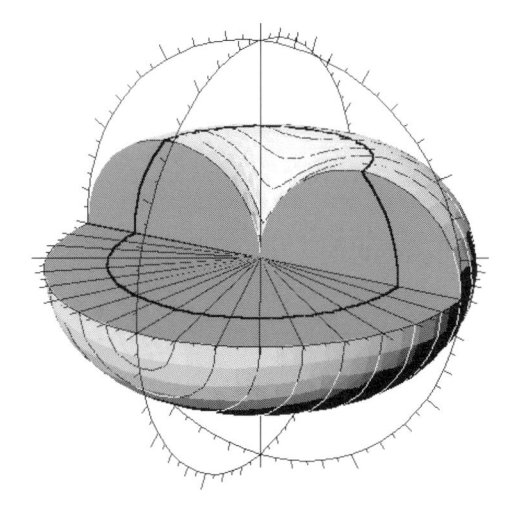

図3-4 垂直設置½λダイポール・アンテナの放射パターン
（¼を切り取った図）

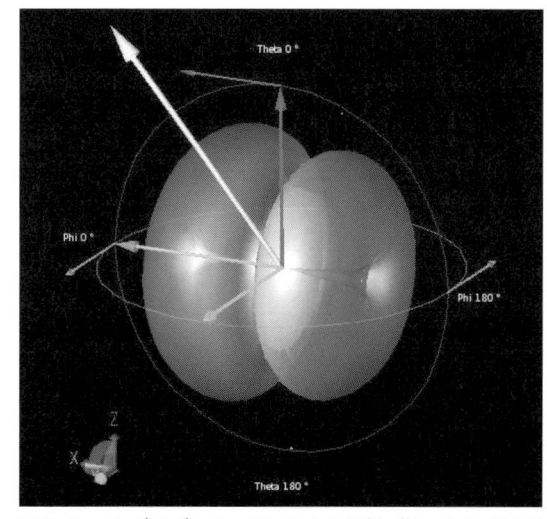

図3-5 1λダイポール・アンテナの放射パターンとボアサイト（白矢印）

ナの放射電力とすれば，これらの比をdB（デシベル）[*1]に変換したのが絶対利得です．

絶対利得はdBi（iはisotropicの頭文字）で表します．例えば，½λダイポール・アンテナの利得は2.15dBiになります．また，等方性アンテナを基準にした等方性アンテナの利得は1倍（＝0dBi）です．

図3-4は，大地の反射を含まない垂直設置の½λダイポール・アンテナの放射パターンで，太ったドーナツのような形をしています．断面は8の字を横にしたような形状ですが，これは**図3-3**の放射パターンに対応しています．

比較の基準が½λダイポール・アンテナのとき，利得値はdBdと明記します（dはdipoleの頭文字）．つまり，同じアンテナの利得でも，dBi値のほうがdBd値よりも2.15だけ大きいので，一般に八木アン

テナなどのカタログ値は，dBdではなくdBiが採用されています．

以上をまとめると，等方性アンテナと比較する場合が絶対利得（G_a），½λダイポール・アンテナとの比較が相対利得（G_r）で，両者の間には次の関係が成り立ちます．

$$G_r = G_a - 2.15\text{dB}$$

ボアサイトとは？

図3-5は，第2章の**図2-12（a）**で示した1λ高調波ダイポール・アンテナの放射パターンで，利得は3.5dBiになりました．

利得はもっとも強い方向の電界または電力で計算するので，**図3-5**では白い太矢印の方角が最大です．

[*1] 電気の世界でよく使われるdBは，電力比の常用対数値（bel）の10倍（deci）で，例えば電力比2倍は3dB（10×log₁₀2＝3）．電圧比n倍の場合は20×log₁₀n[dB]である．

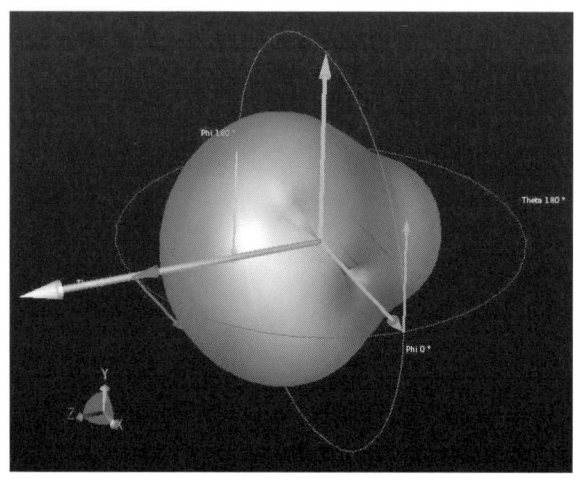

図3-6 水平設置4エレメント八木アンテナのメイン・ローブ（利得：8.9dBi）

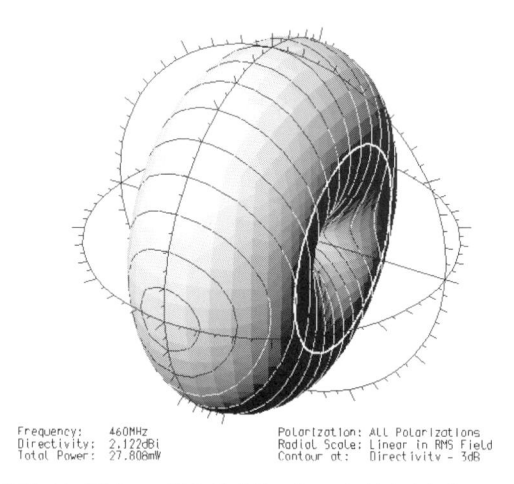

図3-7 300mm長のダイポール・アンテナのシミュレーション（空間に水平設置したときの放射パターン）

この最大方向をボアサイト（boresight）といい，強い指向性を持つビームをメイン・ローブ（main lobe）といいます．これは図3-6の八木アンテナの放射パターンを見れば明らかです．

ボアサイトの放射量と，その反対方向との比がF/B（前後比：Front Back ratio）といわれ，やはりdBで表します．また，最大利得から3dB落ちた点を挟む角度が半値角で，これはビームの鋭さを表すことになります．

dBで扱うメリット

dBは音圧のレベルにも使われています．耳の鼓膜は小さい音から大きい音まで反応して，その感度は音圧の対数に比例します．一方，電気の世界もμVから数十万Vと桁が大きいので，dBで比較すると便利なのです．

高周波回路では電力比がよく使われます．アンプのゲインは何dBなどといいますが，マイナスdBもゲインと呼び，負のゲインもあります．例えば－3dBのゲインは電力では½倍ということなので，これは減衰量が3dBという意味です．

さてdBにはまだ便利な点があり，掛け算が足し算で済むというメリットがあります．例えば同軸ケーブルの損失はkmあたりのdB値がわかるので，バランやコモンモード・フィルタ（CMF）の挿入損失のdB値がわかれば，これらを足すことで，アンテナ給電の全減衰量が計算できます．

例として，損失がそれぞれ0.1dB（バラン），0.2dB（ケーブル），0.2dB（CMF）のとき，全損失はすべてを足した0.5dB（－0.5dBのゲイン）になり

ます．－0.5dBの電力比は0.891＝89.1％となるので，100Wの送信機だとすると，アンテナには89.1W給電されることがわかるでしょう．

真の利得と放射効率ηの関係

指向性利得（G_d）は，名称が示すとおり指向性パターン（あるいは放射パターン）によって決まる値です．これは，特定方向への電力密度と全放射電力を，全方向について平均した値との比で得られる値で，その最大値をdirectivityともいいます．

一方，電力利得（G_a）は，やはりその名称が示すとおり，測りたいアンテナと基準アンテナに加えた電力に対する比較なので，両者は区別されています[*2]．

電磁界シミュレータではアンテナの材料をすべて無損失に設定できますが，このときは$G_d = G_a$になります．しかし実際のアンテナには損失があり，それによって放射効率ηが決まるので，両者には次の関係が成り立ちます．

$$G_a = \eta G_d$$

したがって，電力利得を「真の利得」ということがありますが，それはη次第ということになります．

ダイポール・アンテナは何W放射できるか？

アンテナから放射される電力は，アンテナのηによって決まることがわかりました．そこで，ダイポール・アンテナの導体損によって失われる電力を計算して，何W放射できるか検証してみましょう．

図3-7は300mm長のダイポール・アンテナのシミュレーション例で，金属の表面抵抗値を0.05Ω/m^{2}とし

[*2]「空中線の利得」とは，与えられた空中線の入力部に供給される電力に対する，与えられた方向において同一の距離で同一の電界を生ずるために，基準空中線と入力部で必要とする電力の比（電波法施行規則第2条の74）と定義され，電力利得を意味している．

ています．空間に水平設置したときの放射パターンを表示しており，左下に指向性利得（directivity）の計算値が2.122dBiと表示されています．このとき，放射電力P_{rad}は27.8mWで，エレメントの導体損による損失電力P_{lost}は0.6mWでした（表示はされていない）．

さて，放射電力P_{rad}と損失電力P_{lost}によって得られる放射効率ηは，次の式で定義されます．

$$\eta = \frac{P_{rad}}{P_{rad}+P_{lost}} \times 100\,[\%]$$

この式に前述の値を代入すると，ηは97.9％となります．したがって，このアンテナに1Wの電力を加えると，0.979W放射されると考えられ，ダイポール・アンテナは非常に放射の効率が高いことがわかりました．

3-2 ダイポール・アンテナの性能限界

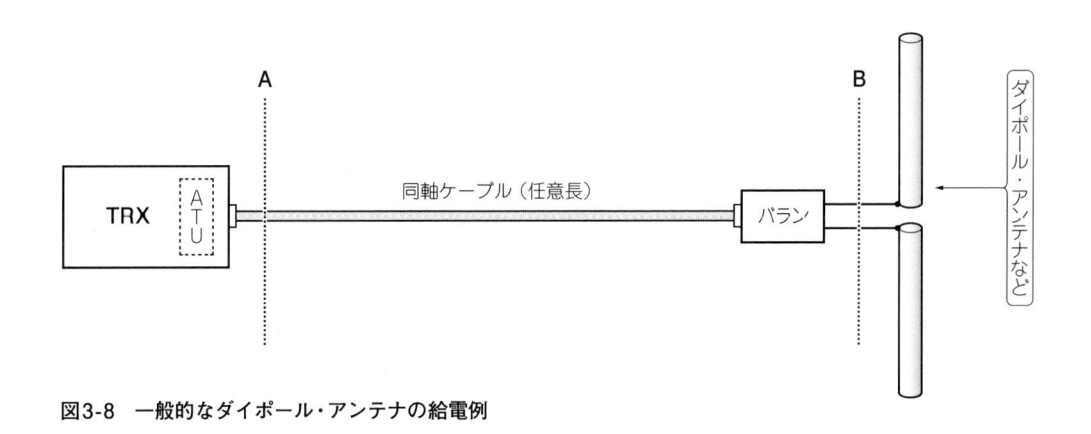

ダイポール・アンテナの放射効率ηは，銅などのエレメントであれば，ほぼ100％に近い高効率が得られることがわかりました．しかし，これはアンテナ単体について言えることで，長い同軸ケーブルで給電すれば，その損失によって最終的な放射電力は少なくなるでしょう．

そこで，給電系の損失が無視できない場合は，第2章で述べた「システム効率」で評価する必要があります．

ダイポール・アンテナとシステム効率

図3-8は，ダイポール・アンテナに給電する一般的な接続例を示しています．AB間の同軸ケーブルやバランによる損失分が無視できない場合は，アンテナ単体の放射効率だけではなく，システム効率で評価する必要があります．

第2章で述べたシステム効率の定義は次のとおりです．

システム効率＝放射電力／有能電力

ここで，分母の有能電力（available power）とは，給電側（終段電力増幅回路）と負荷側（給電線路＋アンテナ）の整合が完全なときに給電される最大電力をいいます．

実際には負荷側で反射や損失分があるにもかかわらず，分母はこれらを含まない理想の電力なので，損失が大きいほどシステム効率は低下することになります．

図3-8のA点で反射が大きい場合に，それを損失分として考えればシステム効率はさらに低下し，最悪ケースの値を示します．しかし，実際には反射電力の一部は再びアンテナへ送り出されるので，現実の放射効率は，アンテナ単体の放射効率とシステム効率の間にある値なのでしょう．

また，トランシーバに内蔵されているチューナでA点の整合をとると，電力はトランシーバへは戻りません．そもそもアンテナ本体とAB間の整合状態が悪化している場合は，B点での反射は依然として大きいままでしょう．したがって，AB間には定在波が立つことになりますが，放射には寄与しないことに注意が必要です．

大地による反射と放射パターン

さて，$\frac{1}{2}\lambda$ダイポール・アンテナ単体のηがほぼ100％のとき，利得は2.15dBiと考えてよいのでしょ

図3-8 一般的なダイポール・アンテナの給電例

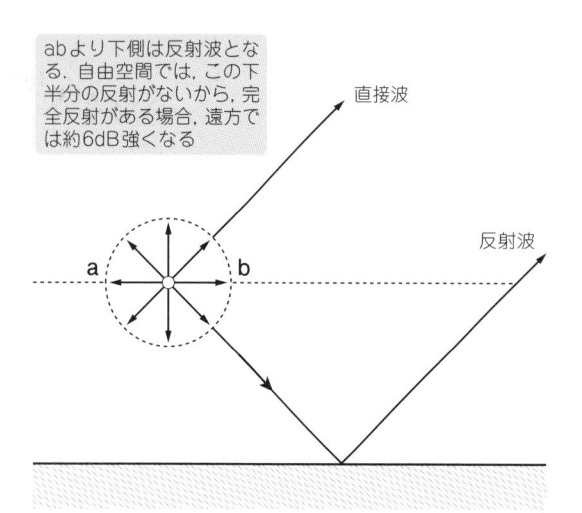

図3-9　ダイポール・アンテナの直接波と反射波

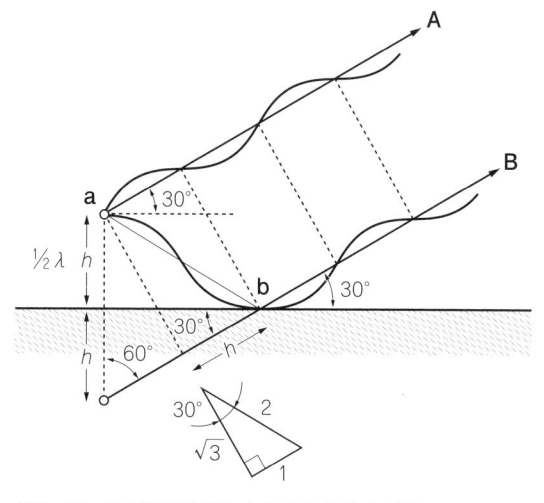

図3-10　½λ高に設置したときの打ち上げ角

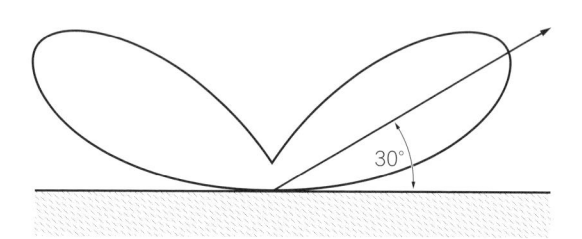

図3-11　½λ高に設置したダイポール・アンテナの放射パターン

うか？

　障害物のない空間（これを自由空間ともいう）にアンテナがある場合は理論どおりですが，実際には大地によって反射される電波や，大地の損失によって失われる電力も考慮した利得で評価する必要があります．

　図3-9は，大地からいくらか離した水平設置のダイポール・アンテナを，長手方向に見ています．自由空間では，点線の円で示すように全方向へ同じ強さで放射されますが，大地によって反射される電波があるので，アンテナを境に，上半分と下半分の空間に分けて考える必要があります．上半分に放射された電波は，自由空間と同じに直接波だけを考えればよいのですが，下半分に放射された電波は大地で反射され，反射波となって直接波と合成されることになります．

　大地を理想導体と仮定すると，図3-10に示すような仰角30°の方向に進む電波を作図することができます．

　アンテナは½λの高さに設置していますが，このとき直接波Aと反射波Bの位相は同じになります．そこで合成波は強め合いますが，30°以外の角度では位相がずれるので，合成波はこれより弱くなります．

　また，真下に進む波は，大地に到達するまでに180°，反射によって180°，さらにアンテナに到達するまで180°遅れて，合計540°（＝180°）ずれるので，直接波とは180°（逆相で）ずれることになり，天頂方向へは打ち消し合って，合成波がゼロになってしまいます．

　仰角30°は作図がわかりやすいのですが，すべての角度を連続的に考えると，図3-11のような放射パターンを想像することができるでしょう．実際の大地を考えると，天頂方向への放射が完全にゼロになることはなく，大地の導電率や誘電率によっても放射パターンは異なってきます．

ANNIEによるシミュレーション

　大地の性質を表す電気的な特性値は，導電率（conductivity）と誘電率（dielectric constantまたはpermittivity）です．また，一般的に誘電率は，媒質の誘電率と真空の誘電率の比である「比誘電率」の値を使います．

　表3-1に，代表的な大地の電気的特性を示します．

表3-1　代表的な大地の電気的特性

大地の種類	誘電率 ε	誘電率 [mS/m]
海　水	80	1000〜5000
湿　地	5〜15	10〜1
乾燥地	2〜6	0.1

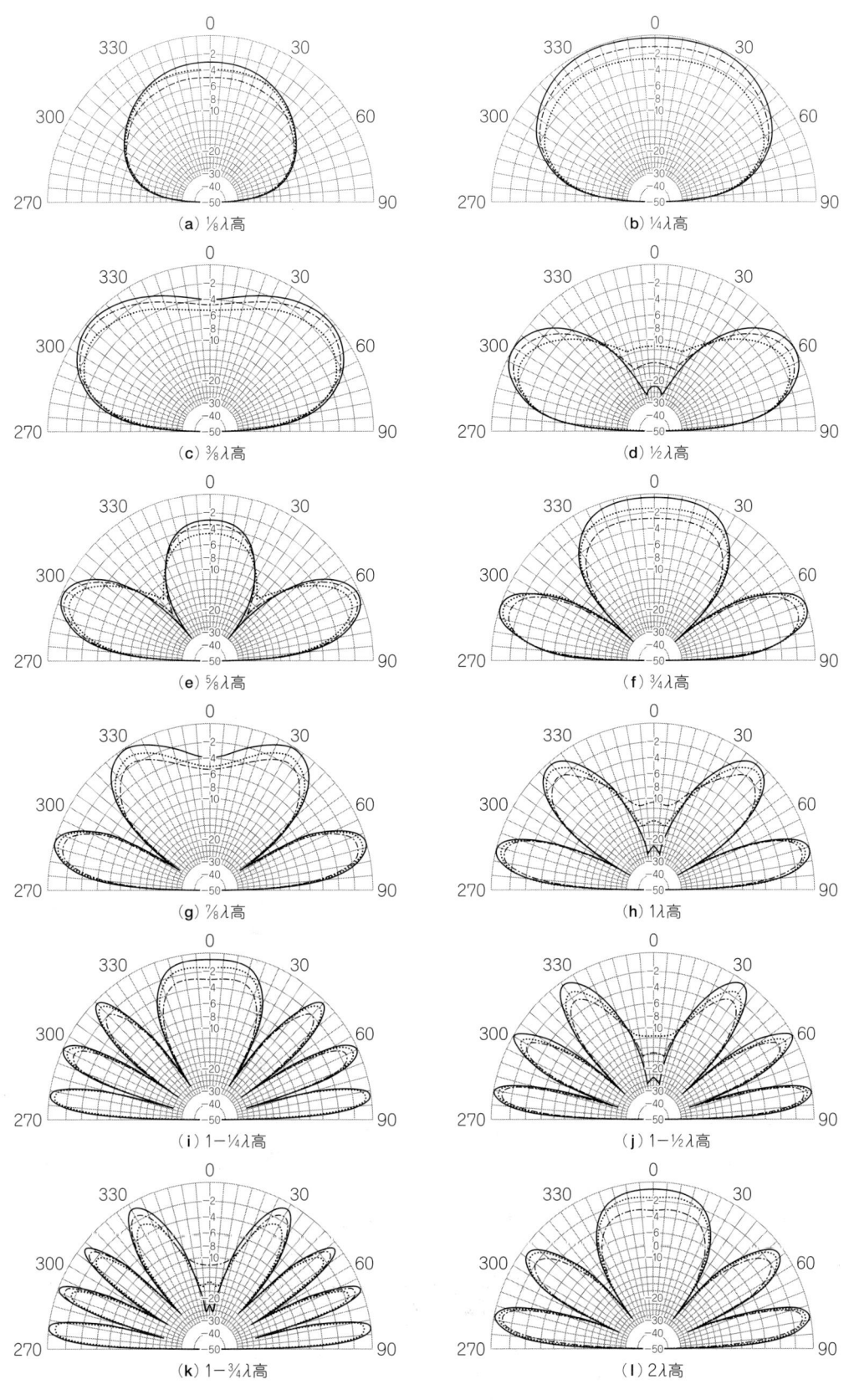

図3-12　ダイポール・アンテナの設置高と大地の状態による特性の違い（ANNIEによるシミュレーション）

図3-13
MMANAによるシミュレーション結果

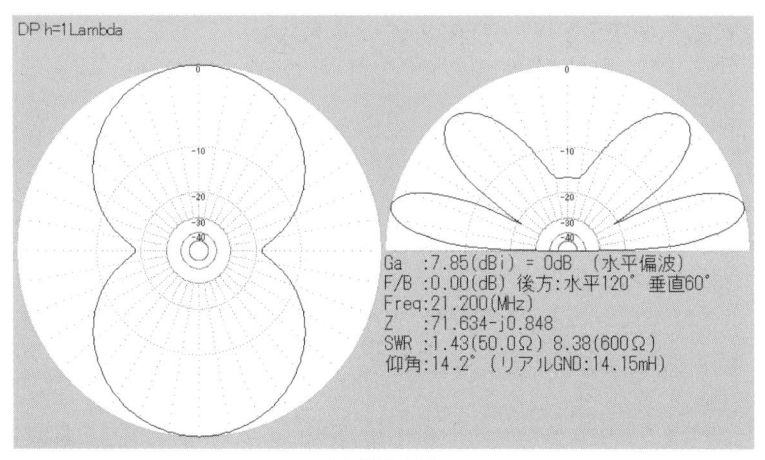

(a) 設置高1λ

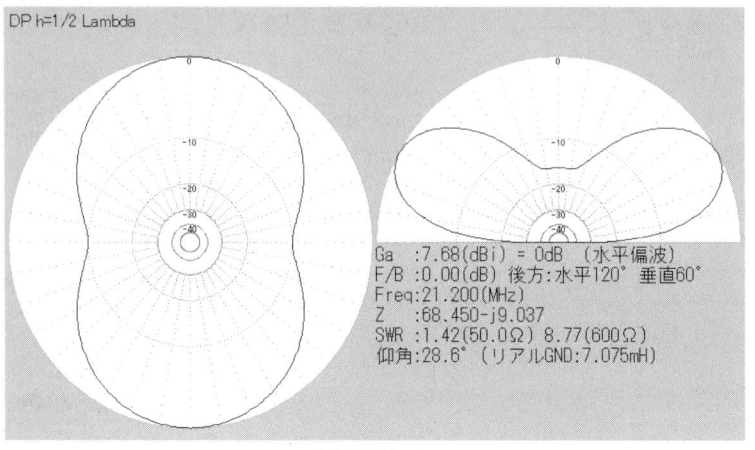

(b) 設置高½λ

　これらの値は，第2章で使ったMMANAでも設定できます．また，筆者らの旧友，AJ3K Dr.Jim RautioがプログラミングしたANNIEというアンテナ解析ソフトでも，これらを設定することで，大地の反射を考慮した放射パターンをプロットできます．

　ANNIEはARRLの Technical Merit賞を受賞しており，筆者らのWebページ（**http://www.kcejp.com/J/ham.html**）からダウンロードできます．これは1983年に開発され，Turbo PascalでIBM-PC用に書かれた古いプログラムです．「Annie.com」または「Annie-87.com」をダブルクリックすると，DOSウィンドウ上に立ち上がります［うまく動作しない場合は，"DOSBox"（**http://www.dosbox.com/**）を試してください］．

　さて，図3-12はANNIEでシミュレーションした，ダイポール・アンテナの設置高と大地の状態による特性の違いを示しています．設置高は，(a) ⅛λ，(b) ¼λ，(c) ⅜λ，(d) ½λ……の順に高くなっています．また，実線によるプロットは比誘電率 $\varepsilon = 30$，導電率 $X = 10$ で，これは大地の状態が良く，反射がより大きい場合の設定です．破線は $\varepsilon = 15$，$X = 1$ で中間的な状態，一点鎖線は $\varepsilon = 7$，$X = 0.1$ で悪い状態の設定です（Xは周波数［MHz］で割った値）．

　一般的に，利得はボアサイトにおける最大利得で評価します．図3-12でわかるように，設置高が異なるとボアサイトの仰角もさまざまで，例えば図3-12(a)⅛λでは天頂へ向かう放射が強くなっています．電離層による反射が期待できる場合，設置高が低くボアサイトの仰角が大きいダイポール・アンテナは，近距離のQSOに有利です．一方，DX QSOには低い打ち上げ角が有利なので，高利得を生かすために1波長程度は上げたいところです．

*3 モーメント法は，積分方程式を離散化して行列演算で連立方程式を解く一般的な解法で，電磁界問題以外にも，例えば数理統計学などでも使われている．
*4 MININECは，モーメント法によるパソコン用アンテナ解析プログラムで，Version 1は1982年に発表された．

MMANAによるシミュレーション

図3-13はMMANAによるシミュレーション結果です．図3-13(a)は設置高1λで仰角14.2°の利得が7.85dBi，図3-13(b)は½λ高で仰角28.6°の利得が7.68dBiでした．大地の設定は，比誘電率＝30，導電率＝10で，これらは大地の接地状態が良い場合の値ですが，放射パターンはANNIEの結果とよく一致しています．

MMANAは，ヘルプ・ファイルの基本マニュアルにも明記されているように，モーメント法[*3]のMINI NEC[*4]をベースにしたプログラムです．大地の特性値（導電率や誘電率）は反射波を計算するときに使われますが，ワイヤの電流分布を計算するときには大地を完全導体と仮定するので，大地の近くに設置したアンテナでは，入力インピーダンスの誤差がやや大きいようです．

一方，ANNIEはモーメント法ではなく，大地の反射係数を用いてアンテナから放射された電波の反射波を得ています．反射係数は，大地の誘電率，導電率，周波数の関数になっており，この方法はMMANAでも使われていると思われます．

3-3 八木アンテナの性能限界

八木・宇田アンテナは大正末期に発明され，英文の論文が発表されたのは1928（昭和3）年です．その翌年に仙台で20kmの通信に成功したUHF（670MHz）帯の八木・宇田アンテナは，現在，東北大学電気通信研究所に展示されています．

八木・宇田アンテナのしくみ

図3-14はA，Bエレメントとも¼波長の長さの金属棒を4本使ったアンテナで，それぞれを平行2線（リボン・フィーダ）でつないでいます．これは八木・宇田アンテナではありませんが，しくみを調べる出発点として説明します．

エレメント間隔は¼λで，Aのエレメントの電流はBよりも位相が90°進んでいます．これを図のように波の重ね合わせで考えれば，右方向へは同相の波で強め合い，左方向へは逆相（180°の差）の関係で弱め合います．したがって，すべてを合成したアンテナ全体の放射パターンは，図3-14(c)に示すように心臓形［カーディオイド（cardioid）・パターン］になります．

次に，図3-15はAB間の位相差を120°にしたときの放射パターンです．図3-14のカーディオイド・パターンと比較すると，右方向へ強く電波を放射しているので，指向性が増しています．

(a) アンテナの構造

(b) 波を重ね合わせる

(c) アンテナ全体の放射パターン
  （カーディオイド・パターン）

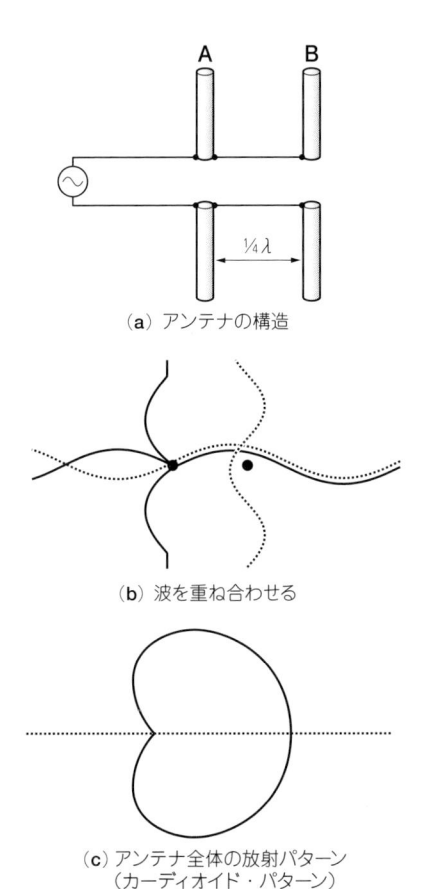

図3-14 2エレメントのアンテナとその放射パターン

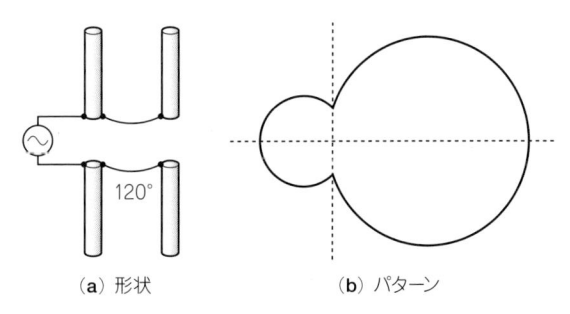

(a) 形状　　　(b) パターン

図3-15 2エレメントのアンテナ
AB間の位相差を120°にしている

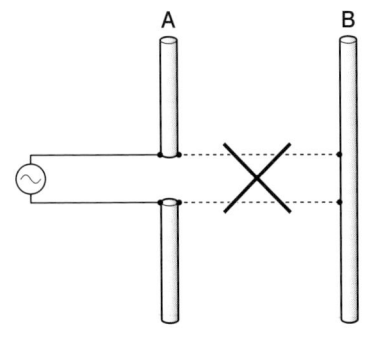

図3-16 AB間の給電線を取り除いた

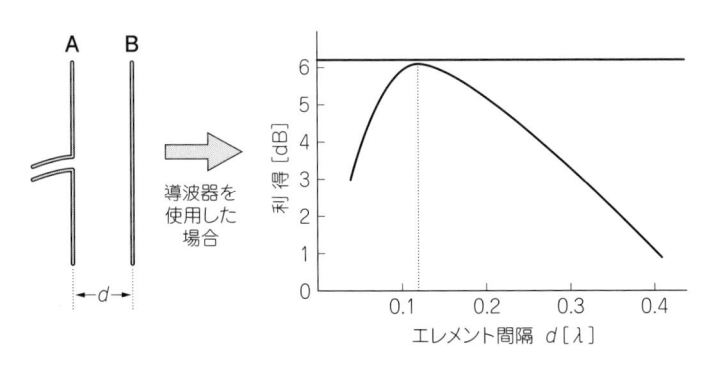

図3-17 2エレメント八木・宇田アンテナの利得

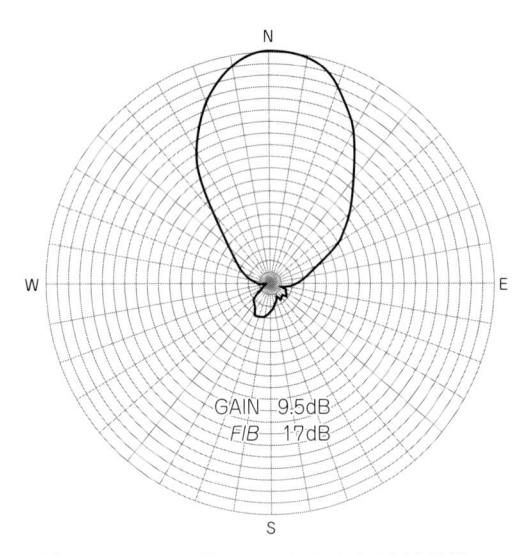

図3-18 21MHz用4エレメント八木の測定結果

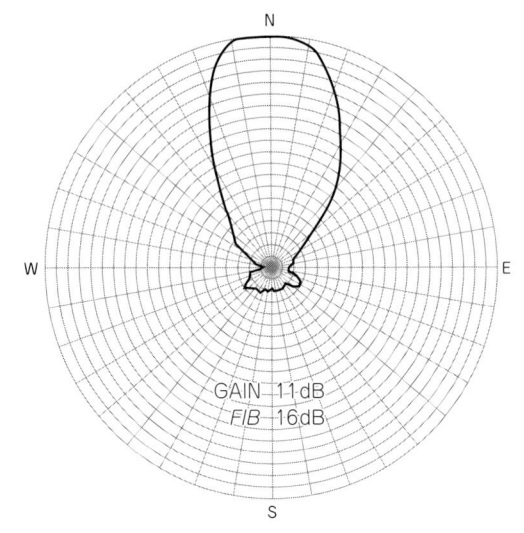

図3-19 21MHz用5エレメント八木の測定結果

東北帝國大学（現 東北大学）の八木秀次博士と宇田新太郎博士は，図3-16に示すようにAB間の給電線を取り除いて，図3-17のようにAからBへの電磁的な結合で誘導されるBの電流を使ったときにも，同じように指向性が得られることを発見しました．また，エレメントの数を増やして，それぞれの長さをわずかに変えると，指向性がもっとも強くなるように調整できることも発見しています．

八木・宇田アンテナ（以下，八木アンテナ）は，エレメントを増やすと利得も高くなります．図3-18は21MHz用4エレメント八木アンテナの測定結果で，利得は9.5dBです．また，図3-19は5エレメントの結果で，利得は11dB[*5]です．

MMANAに収録されている八木アンテナのサンプル・モデル（14MHz）は，自由空間の利得が4エレで8.7dBi，5エレで9.6dBiです．大地の反射を含むシミュレーション結果は，地上高20m，大地の比誘電率を5，導電率を5mS/mと設定すると，4エレの

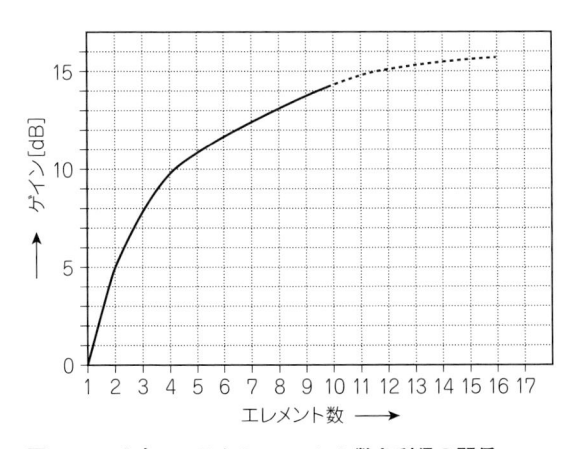

図3-20 八木アンテナのエレメント数と利得の関係
エレメント間隔を0.2λ均一として導波器を加えていった場合

最大利得：13.7dBi，F/B：19.4dB，5エレの最大利得：14.6dBi，F/B：11.4dBです．引用文献には測定環境が明記されていませんが，反射を含む結果なので，測定値に2.15dBを加えた利得値はシミュレーショ

[*5] dB表記は，基準アンテナが½λダイポールなのでdBdである
（引用文献：飯島 進；アマチュアの八木アンテナ，1978年，CQ出版社）．

ン結果に近くなりました．
　図3-20は八木アンテナのエレメント数と利得の関係です．エレメント数が増えれば利得も増えます．しかし，両者の関係は図のように頭打ちになるので，実際に八木アンテナを設置する場合，特に大型のHF帯用では適当なエレメント数に止めておいたほうが賢明でしょう．

八木アンテナの周りの電磁界

　図3-21は，3エレメント八木アンテナの磁界強度

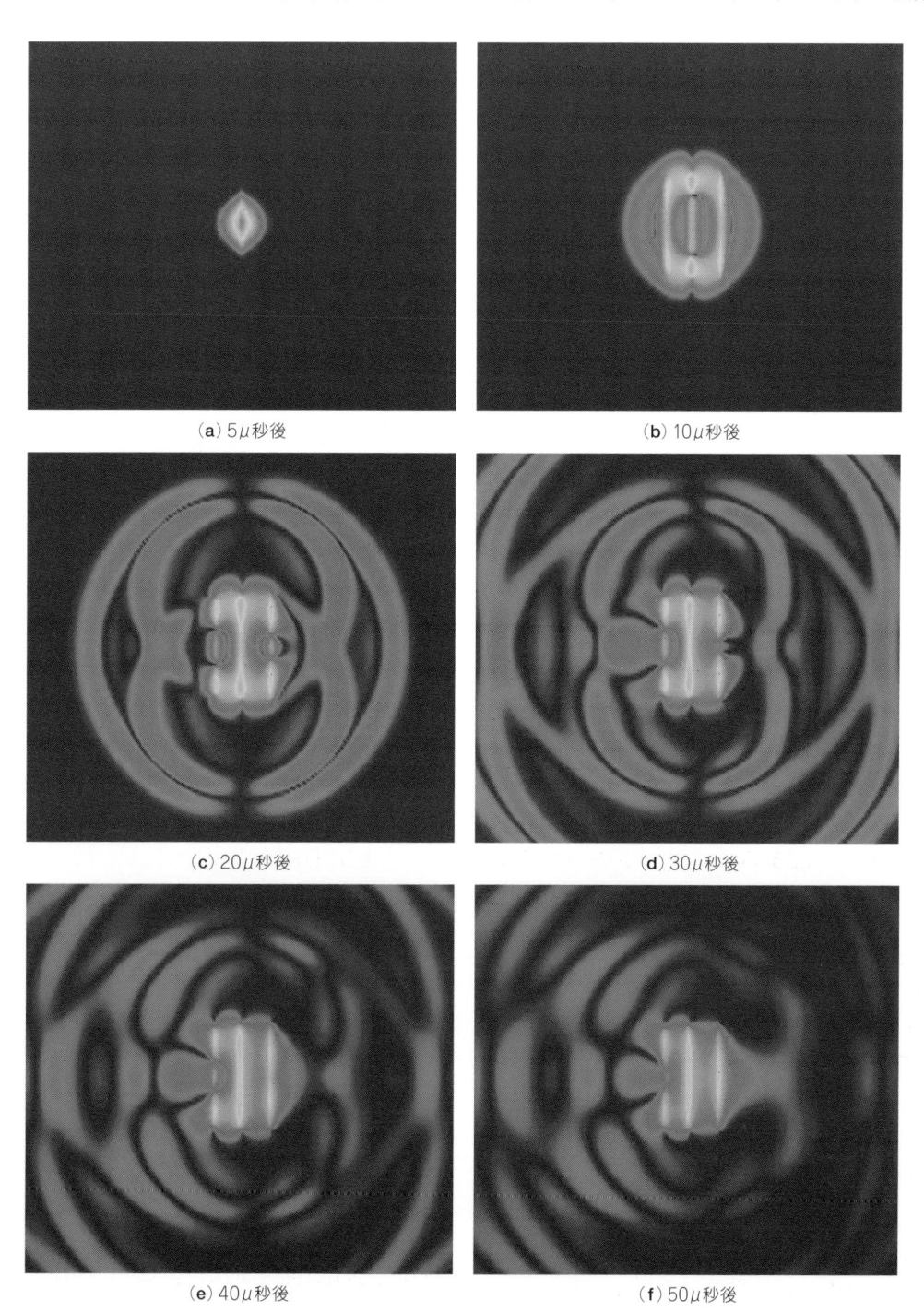

(a) 5μ秒後　　(b) 10μ秒後
(c) 20μ秒後　　(d) 30μ秒後
(e) 40μ秒後　　(f) 50μ秒後

図3-21　エレメントの電流分布を観るために，パルス励振後の磁界強度を表示（アンテナを含む平面）
表示のスケールは最小－70dB．アンテナの近くでは振動を繰り返し，1波長程離れたあたりから，押し出された電磁波の空間移動が始まるようす（XFdtdを使用）

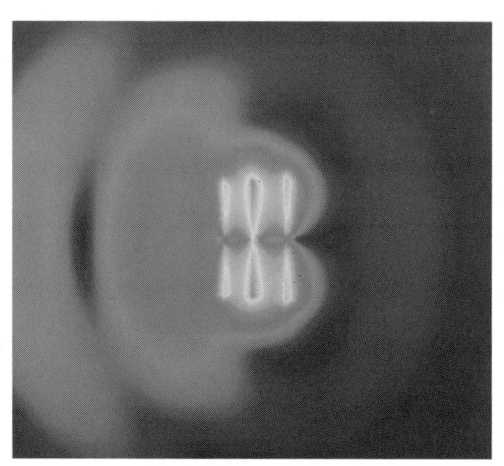

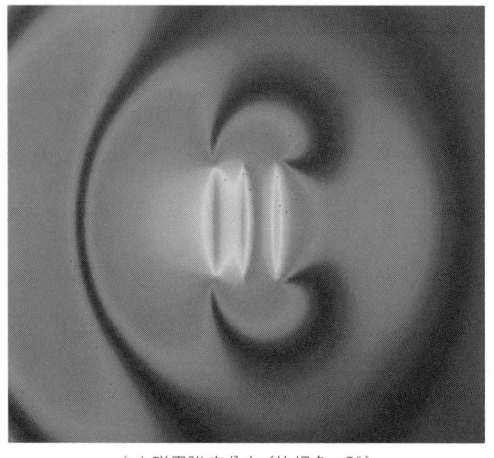

(a) 磁界強度分布（位相角：0°）　　　　　　　　　　(b) 電界強度分布（位相角：0°）

図3-22　正弦波を加えているときの強度分布
表示スケールは最小−70dB

分布の時間変化を示しています．給電エレメント（輻射器）から左（導波器）と右（反射器）のエレメントへ電磁エネルギーが移って，次第に左の方向へ強く押し出されていくようすがよくわかります．

導波器と反射器に流れる電流は，輻射器に流れる電流よりも遅れて発生しているので，それぞれのエレメントが共振するタイミングを調整すると，1波長ほど離れたあたりから押し出される合成電磁波の強さを増すことができ，また逆に減らすこともできるわけです．

図3-22は，正弦波（サイン波）を加えているときの電界と磁界の分布です．(a)磁界は電流が源で発生しているので，強度分布からエレメントの½波長の波をイメージできます．一方，(b)電界強度の分布からは，各エレメントの両端に異符号の強い電荷が貯まっていることをイメージできるでしょう．

4エレ，5エレ八木の周りの電磁界

図3-23は，4エレ八木，図3-24は5エレ八木に正弦波を加えたときの電界と磁界で，定常状態[*6]の分布を示しています（見やすい位相角を選んでいる）．

これらのアンテナは左側へ強く放射しており，アンテナから1波長程度離れた場所に電界の環が現れて，それが押し出されていくようすがよくわかります．輻射器は，中央給電の½波長ダイポール・アンテナと考えられるので，これは第2章で学んだ共振型のアンテナです．

アンテナの近くには電磁エネルギーが蓄積されていて，ある周波数で共振しているので，電界と磁界の位相には90°の差があります．したがって，図3-

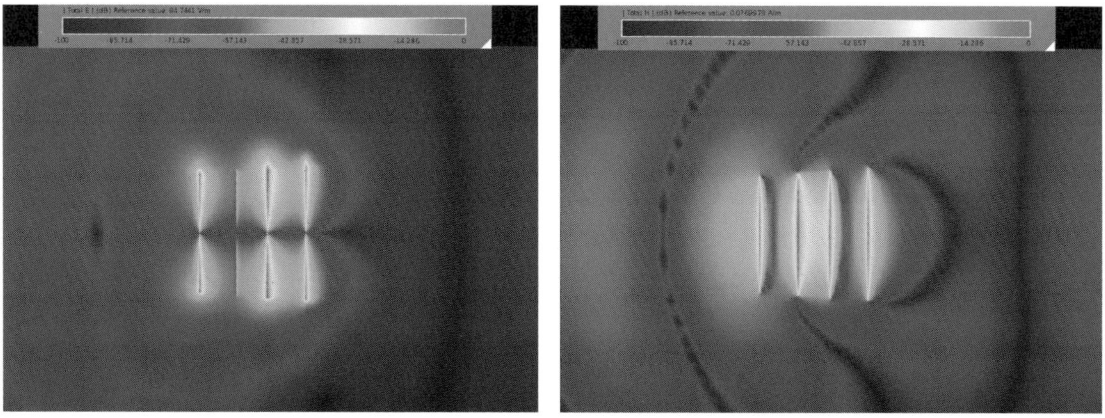

(a) 電界強度分布（位相角：5°）　　　　　　　　　　(b) 磁界強度分布（位相角：5°）

図3-23　4エレ八木に正弦波を加えたようす

*6 電気を加えてから電圧や電流が落ち着いた状態を定常状態といい，それまでを過渡状態という．

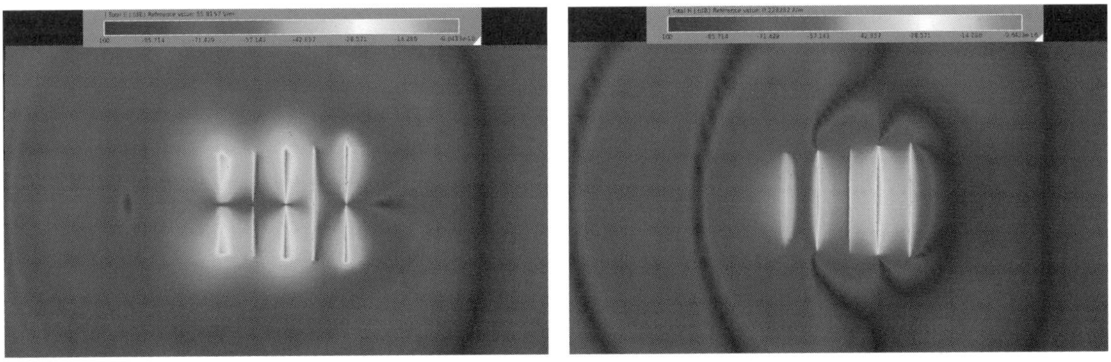

(a) 電界強度分布（位相角：95°）　　　(b) 磁界強度分布（位相角：95°）

図3-24　5エレ八木に正弦波を加えたようす

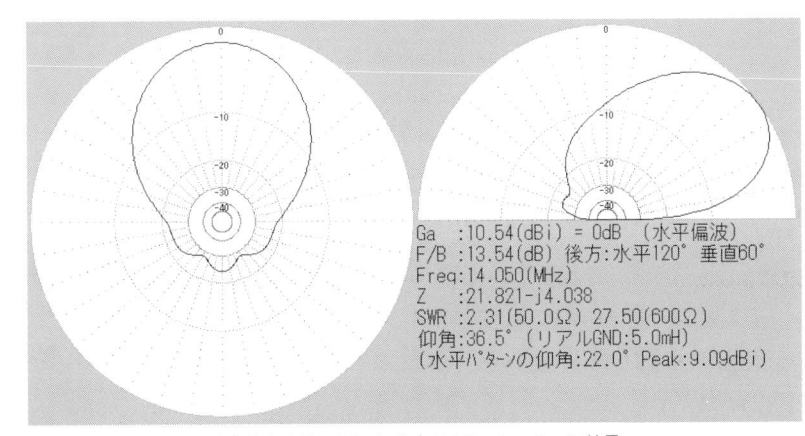

Ga ：10.54(dBi) = 0dB （水平偏波）
F/B ：13.54(dB) 後方：水平120° 垂直60°
Freq：14.050(MHz)
Z ：21.821-j4.038
SWR：2.31(50.0Ω) 27.50(600Ω)
仰角：36.5°（リアルGND：5.0mH）
（水平パターンの仰角：22.0° Peak：9.09dBi）

(a) 地上高5mの4エレ八木のシミュレーション結果

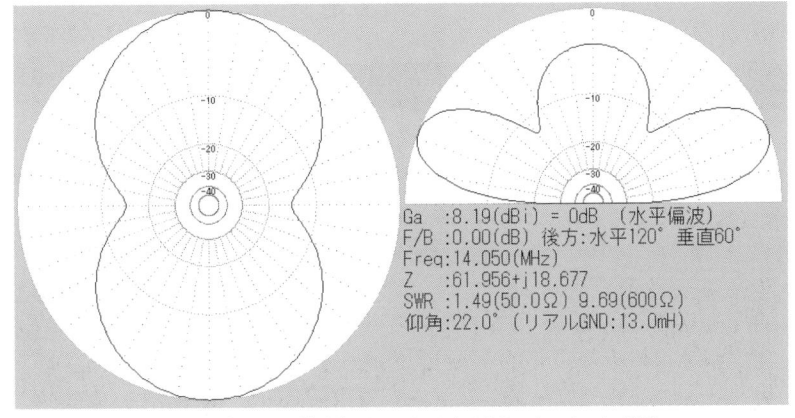

Ga ：8.19(dBi) = 0dB （水平偏波）
F/B ：0.00(dB) 後方：水平120° 垂直60°
Freq：14.050(MHz)
Z ：61.956+j18.677
SWR：1.49(50.0Ω) 9.69(600Ω)
仰角：22.0°（リアルGND：13.0mH）

**図3-25
4エレ八木とダイポール・アンテナ
の比較**

(b) 地上高13mのダイポール・アンテナのシミュレーション結果

23や図3-24でも，電界のピークと磁界のピークには90°の差があるわけですが，多エレメントの八木アンテナでは，各エレメントのピークに時間のずれがあります．

そこで，図3-23や図3-24は，それぞれの特徴がわかりやすい位相角（15°と95°）を選んで表示していることに注意してください．

低い設置高の八木アンテナ

ダイポール・アンテナと八木アンテナの利得は，比べるまでもなく八木アンテナに軍配が上がると，誰もが考えるでしょう．

図3-25は，(a)地上高5m（約¼λ）の14MHz用4エレ八木と，(b)地上高13mのダイポール・アンテナ

の利得を，MMANAでシミュレーションして比較しています（大地の比誘電率：5，導電率：5mS/m）．4エレ八木アンテナは，最大利得が仰角36.5°で10.5dBi，ダイポール・アンテナは22°で8.2dBiです．DXには低い打ち上げ角が有利ですが，4エレ八木は，ダイポール・アンテナのボアサイト（仰角22°）では，9.1dBiに低下してしまいます．

このように八木アンテナの指向性も，地上高がとれない場合は，DXに対する利得がダイポール・アンテナに近くなってしまうこともあるのです．ダイポール・アンテナの設置高の影響は，図3-12で詳しく描きました．八木アンテナのように自由空間における前方利得が高いアンテナも，設置高による放射仰角の違いは図3-12と同じような傾向がありますから，事前にMMANAやANNIEでシミュレーションしておけば，さまざまな距離のQSOで伝搬の違いが実感できるでしょう．

指向性は波の合成が作る

多エレメントのアンテナで指向性を得るためには，各エレメントを直接位相差給電する方法と，導波器と反射器に誘導電流を流して間接（？）位相差給電をする方法があります．

いずれも各エレメントからの波を合成して，「同相は強め合い，逆相は弱め合う」という原理を応用しているので，位相をきちんと調整する必要があります．

例えば近くに反射板を置いても，½λの距離では逆相の関係になり，前方への放射はかえって弱まります．

また，導波器のエレメントを近くにただ置いただけでは逆効果になることもあります．

電気の世界は基本理論に支配されているので，やみくもに実験しても無駄な骨折りに終わるのは，アンテナの世界でもまったく同じなのです．

3-4　等方性（アイソトロピック）放射は可能か？

絶対利得は等方性アンテナを基準にした利得です．一方，相対利得は½λダイポール・アンテナとの比較なので，測定で得られます．等方性アンテナがあれば絶対利得も測定できるわけですが，等方性の放射は可能なのでしょうか？

135kHz用のアンテナ

図3-26は，エレメント長22mのダイポール・アンテナを電磁界シミュレーションした結果で，136kHzの放射パターンです．コイルを装荷して共振させているわけではないため，放射は極めて弱く，波長2200mに比べれば点のように短いエレメントなので，放射パターンは球体に近くなっています．

第1章のテスラのように，東京スカイツリーを励振したら飛びそうですが，135kHz帯のアンテナは一般的に超小型なので，自由空間では無指向性に近いと考えられます．

どこから放射が始まるのか？

波長2200mの¼は550mなので，東京スカイツリーはモノポール・アンテナとして動作するでしょう．

しかし，電波の放射は1波長程度離れた領域から始まるため，フィールドで放射パターンを測定するためには，数波長離れて電界強度を測定する必要があります．

共振型アンテナは，アンテナの近くに強い電磁界が分布しており，この領域を「近傍界」と呼んでいます（ダイポール・アンテナは，⅙λの距離までが近傍界という説もある）．

近傍界は電磁エネルギーが蓄積されている領域で，電磁波はその先の「遠方界」を移動するのです．135kHz帯のアンテナを自作して指向性を得たという報告があると聞きますが，いったいどこまで離れて放射パターンを測定したというのでしょう？

微小ダイポール・アンテナの利得

ヨーロッパなどでは，微小ダイポール・アンテナを基準アンテナにした利得を表記することがあります．

微小ダイポールの利得は，理論値が1.76dBi（＝1.5倍）なので，½λダイポール・アンテナの2.15dBiより小さくなります（さらに詳しくは第4章で述べる）．

ここでいう「微小」の定義はあいまいですが，波長に比べて十分短いダイポール・エレメントと考えれば，どんなに小さくても有限長であるかぎり，放射パターンが真の球体であるアイソトロピック・アンテナは実現できないことになります．

＊5 デンマークの物理学者エルステッド（1777-1851年）は，電線に電流を流すと磁針が動くという装置で，電流の周りに磁力が発生することを発見した．続いてフランスの物理学者アンペア（アンペール，1775-1836年）は，「ねじの進む方向に電流の向きをとると，ねじの回転方向が磁力線の向きになる」というアンペアの右ねじの法則を発見した．

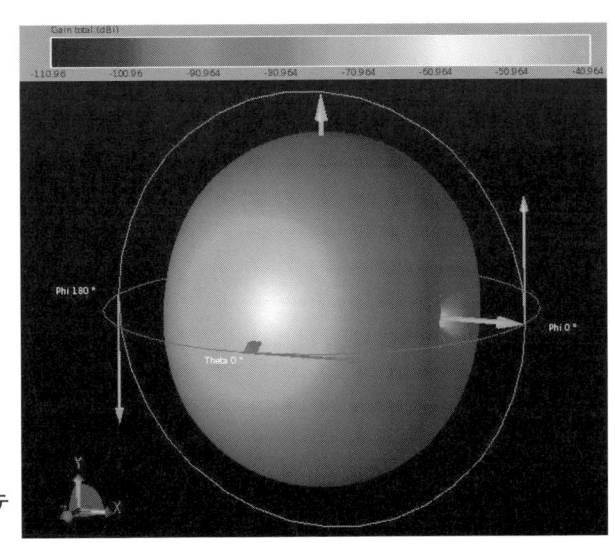

図3-26
エレメント長20mのダイポール・アンテナの放射パターン（136kHz）

基準アンテナが作れないので，絶対利得（＝アイソトロピック比）は「測定」できませんが，½λダイポール・アンテナを基準にした実測値に2.15dBを足せば，自動的にdBi値が得られます．

多くのアンテナ製品のカタログにはdBi値が使われていますが，それはdBdより大きい値で飛びそうな印象を与えるからだと思われます．

また，HF帯のアンテナは正確な実測が困難なので，dBiで表記することで，「これは測定値ではありませんよ」と暗に告げたいのかもしれません（hi）．

Column　八木・宇田アンテナを引き継ごう

八木秀次博士（1886-1976年）は，1925年，東北帝国大学工学部教授のときに八木・宇田アンテナの基礎理論を発表しました．

共同発明者の宇田新太郎博士（1896-1976年）は，後年「八木・宇田」という名称にこだわりましたが，特許出願が八木博士単独だったこともあって，世界的にはYAGI Antennaの名称で呼ばれています．

戦前は日本よりも世界で多く使われ，広島・長崎に投下された原爆の起爆装置に，超短波用の八木・宇田アンテナが使われていた事実は，上智大学の佐藤源貞先生によって見出されています．

八木博士は1946年に日本アマチュア無線連盟会長に就任，1952年には八木アンテナ株式会社社長に就任するなど，日本の無線工学を牽引しました．また，筆者らのQTHに近い旧 武蔵工業大学（現 東京都市大学）の学長をされていたこともあります．

東急線の駅に向かう途中に「急坂」と呼ばれている坂がありますが，住宅が少なかった時代には，おそらく大学が見通せて，アンテナの実験には最適なロケーションだったと想像できます．

筆者らは，この坂を勝手に「八木坂」と呼んでいますが，登り詰めるといつも，八木先生がアンテナ片手に，学生と通信実験をされているほほえましい姿が思い浮かんでくるのです．

第3章 Q&A 電磁界シミュレータは役に立つのか？

Q: 無償で使える電磁界シミュレータに，MMANAやSonnet Lite, ANNIE[*7]などがあります．シミュレータは信用できないというOMの声も聞かれますが，ハムのアンテナ設計に役立つのでしょうか？

A: 私が最初に使った電磁界シミュレータはMINI-NECで，1980年代に8ビットPCのApple Ⅱで動作した（図3-27）．これはパブリック・ドメインと呼ばれるコピー・フリーのプログラムだったので，世界中のハムがワイヤ・アンテナの設計に活用した．

Q: MMANAの解析エンジンはMINI-NECだそうですね．Sonnet LiteやANNIEも同じですか？

A: Sonnet Liteは，AJ3K Jim Rautioがプログラミングしているプロ用の電磁界シミュレータ，Sonnet Suitesの無償版で，モーメント法による多層基板向けのソフトだ．またANNIEは，やはりAJ3K局が書いたプログラムで，ワイヤ・アンテナの電流分布を計算して，大地（リアル・グラウンド）による反射係数から放射パターンを求める手法だ．

三つのシミュレータはそれぞれ手法が異なるが，基本となる電磁気学の理論は，マクスウェルが導いた「電磁方程式」だ．

Q: 同じ形状・寸法のアンテナを三つのシミュレータで計算した結果が一致すれば，これらの信頼性は確認できます．

A: 巧みな方法だね．電磁界シミュレータを30年近く使っている経験からいえば，アンテナを作る前にシミュレーションで十分検討すれば，時間の節約になることがわかった．

アンテナを作っていると奇妙な現象に出会うことがよくあるが，電波は見えないので，自分に都合の良い説明を展開しがちだ．その好例が**図3-28**で，1977年のQST誌（ARRL発行の月刊誌）に載ったW2KK（当時）R. A. Lodwigの記事で紹介されたア

図3-27 Apple Ⅱで動作したMINI-NECの起動画面

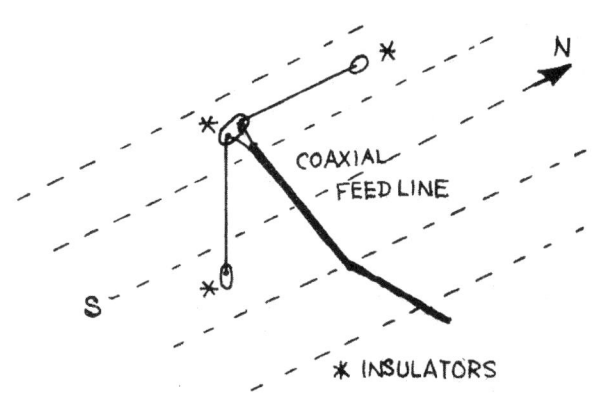

図3-28 1977年のQST誌に載った逆Lダイポール・アンテナ（？）

[*7] それぞれのダウンロード先は次のとおり．
MMANA http://www33.ocn.ne.jp/~je3hht/mmana/
Sonnet Lite http://www.sonnetsoftware.com/products/lite
ANNIE http://www.kcejp.com/J/ham.html （筆者のWebサイト）

ンテナだ．

「The Inverted L（逆L）Antenna」と題した解説は，水平置きの½λダイポール・アンテナの片側エレメントを垂直に設置している．彼の主張は「このアンテナはローバンド用にFBで，水平エレメントと垂直エレメントからさまざまな放射角の電波が得られ」，各バンドごとに40°〜73°といったような具体的な放射角を細かく解説している．

> 一般の逆Lアンテナは接地系ですが，これはダイポール・アンテナなので「非接地系の逆L（?）」です．だから，水平偏波と垂直偏波の両方で，さまざまな角度の放射があるのですね．

> やはりそう思い込んでしまうかな？　種明かしをすれば，これはQST誌の4月号の記事で"エイプリルフール"だったのだ．

図3-29はMMANAのモデルで，**図3-30**は自由空間における放射パターンの合算だ．確かに垂直成分のみの表示ではモノポール・アンテナに近く，水平成分のみを個別に表示すれば水平置きのダイポール・アンテナの放射パターンに近い．しかし……．

> 実際には両成分が合算されるので，彼が主張する「さまざまな放射角の電波が得られる」というのは真っ赤なウソですね．これは一本とられました．電波は見えないので，思い込みにとらわれやすい……．

> 『思い違いの科学史』（朝日選書）という本があるくらいだが，昭和9年には『理論物理学の錯誤』というトンデモ本が出版されている．これはアインシュタインの相対性理論は間違っていると主張した，屑屋極道氏（スゴイ名前，hi）の著書だ．
> 今でも懲りずに，この手の人々が相対性理論やマクスウェルの電磁方程式を修正し続けている．彼らは本当に「偉大な発見をした」と思い込んで公表するが，期待どおりに絶賛されないことに気づくと，自らの思い込みにはいっさい触れずに，世間の人間が無能であると考えてしまう傾向があるようだ．

> こうあってほしいという希望だけで突き進むと，トンデモ理論ができあがりそうです．早い段階で思い込みに気づくためにも，電磁界シミュレータは大いに助けになりますね．

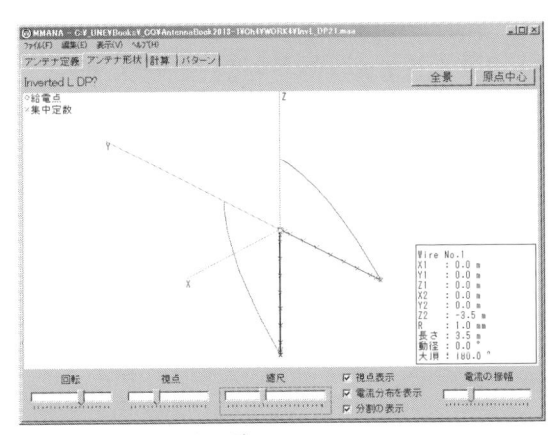

図3-29　MMANAのモデル

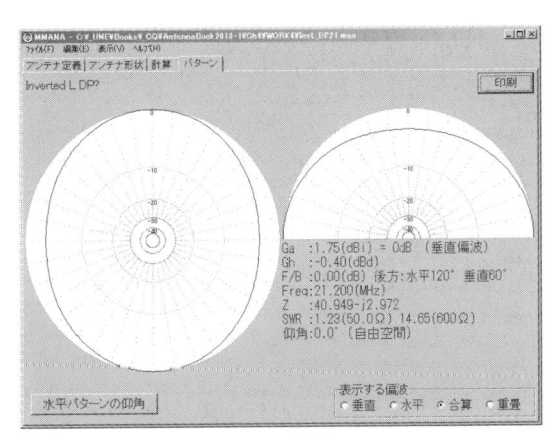

図3-30　自由空間における放射パターン

Chapter 4 コンパクト・アンテナの性能限界

コンパクト・アンテナとは，フルサイズ・アンテナよりも寸法が小さいアンテナのことをいいます．フルサイズは，一般に½λダイポール・アンテナの寸法です．ベランダにHF帯のアンテナを設置したいアパマン・ハムや，HF帯モービル・ハムのアンテナなら，コンパクト・アンテナの性能を"めいっぱい"引き出したいでしょう．

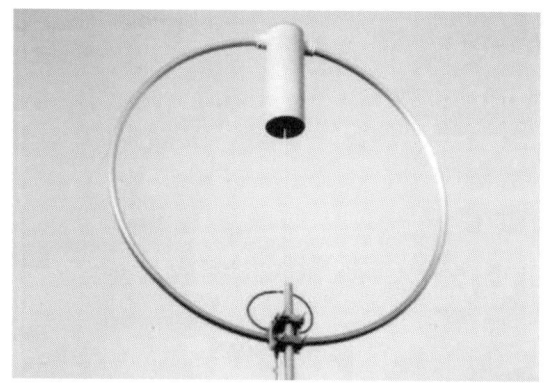

DK5CZ Chrisが製品化したマグネチック・ループ・アンテナ AMA-10D

4-1 微小ダイポール・アンテナの特性

究極のコンパクト・アンテナは，教科書に載っている「微小ダイポール」や「微小ループ」でしょう．これらを理論式で解析すると，意外にも性能の低下はわずかだというのですが……．これを信じてよいのでしょうか？

微小ダイポールのシミュレーション

2200m帯は2009年にアマチュア無線に割り当てられましたが，「135kHzは使えない」といった声も聞きます．しかし，これは極端に小型化したアンテナの性能を実証するために，最適なバンドといえるでしょう．

例えば「近傍界の電界と磁界が同相になる」と主張されている奇妙な共振型アンテナがありますが，もしそのとおりの動作であれば，2200m帯の通信距離は飛躍的に伸びるはずです．とりわけ，シミュレーションでは確証が得られないというOMには，実験に最適でチャレンジしがいがあるバンドでしょう．

さて，「微小」とはあいまいな表現ですが，ここでは波長に比べて十分短いダイポール・エレメントを考えましょう．例えば図4-1に示すモデルのように，エレメント長22mのダイポール・アンテナは，1/100λサイズの微小ダイポールといえます．

これは電磁界シミュレータSonnetによるモデルです．図4-2に示すように指向性利得は1.76 dBiになり，第3章で述べた微小ダイポール・アンテナの理論値と一致しました．放射パターンは図4-3に示す球座標で，θとϕ（Phi）の角度に応じた値をプロットしています．少しわかりづらいですが，もっとも外側の円はϕが90°で，球座標ではY-Z面上のプロットになります．そ

図4-1 微小ダイポール・アンテナのモデル
Sonnetを使用．広い解析空間が必要なことから，エレメントの幅を広くして離散化度を調整した

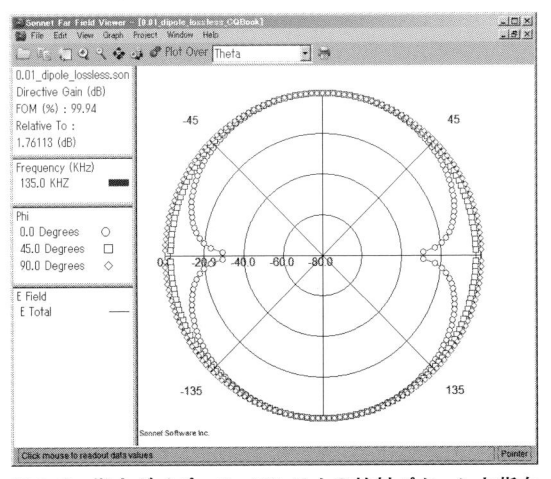

図4-2 微小ダイポール・アンテナの放射パターンと指向性利得（左上枠内に表示）

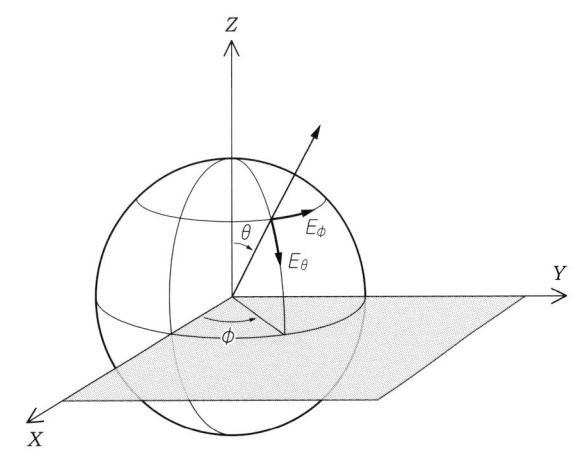

図4-3 球座標のθ成分とφ成分

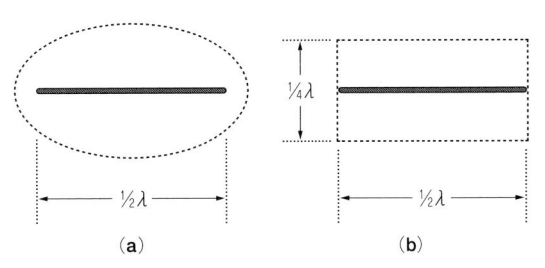

図4-4 ½λダイポール・アンテナの実効面積

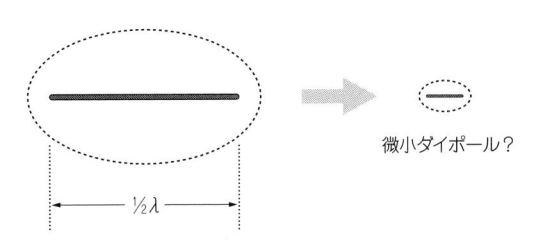

図4-5 微小ダイポールの実効面積はわずかなのか？

の内側のやはり円に近いものが$\phi=45°$のプロットで，水平方向にへこみがあるプロットは$\phi=0°$です．

図4-1は，横方向がX座標軸，縦方向がY座標軸なので，$\phi=0°$はX-Z面上のプロットです．フルサイズのダイポール・アンテナであれば，X-Z面上で8の字パターンのプロットになります．しかし，$\frac{1}{100}\lambda$以下の寸法にしても，有限長の微小ダイポールにはこの傾向が見られ，アイソトロピック・アンテナにはならないことがわかります．

ところで，135kHz帯用のアンテナを自作する場合は，現実的な寸法のエレメントにコイルを装荷したコンパクト・アンテナが一般的でしょう．その寸法は波長に比べて極めて小さくなるので，2200m帯で指向性利得をかなえるのは困難であることも納得できます．

クラウスによる理論値

アンテナ本のバイブルに，John Kraus著「ANTENNAS」（McGRAW-HILL International Edition）があります．900ページ近い本なので，筆者らは読破するというよりも辞書として（hi）愛読しています．

● アンテナの実効面積とは

電線のアンテナは，細い円柱の表面積がわずかです．しかしアンテナの「実効面積」は，エレメントの物理的な表面積ではなく，アンテナに電波が当たったときに，その周りのどれくらいの面積で，通過する電磁エネルギーを吸収できるかという指標に使われるものです．文章による定義は，「受信アンテナから取り出し得る最大電力が断面積A_e内に到来する電波の電力に等しいとき，A_eをこのアンテナの（最大）実効面積という」というものです．これには少し解説が必要でしょう．

図4-4(a)は，½λダイポール・アンテナの実効面積を点線で示しています．図4-4(b)はその近似として，ほぼ同じ面積を¼λ×½λの長方形で示しています．これらの絵から判断すれば，アンテナのエレメントを囲む領域に到来する電波をキャッチできるようなので，微小ダイポールの絵を描くと，図4-5に示すような限られた領域を通過する電波しか受信できないのではないかと心配してしまいます．それが真実ならとうに勝負がついており，実用的ではありませんが，本当でしょうか？

結論からいえば，クラウスの著書では，微小ダイポールや微小ループの実効面積は，なんと$0.119\lambda^2$

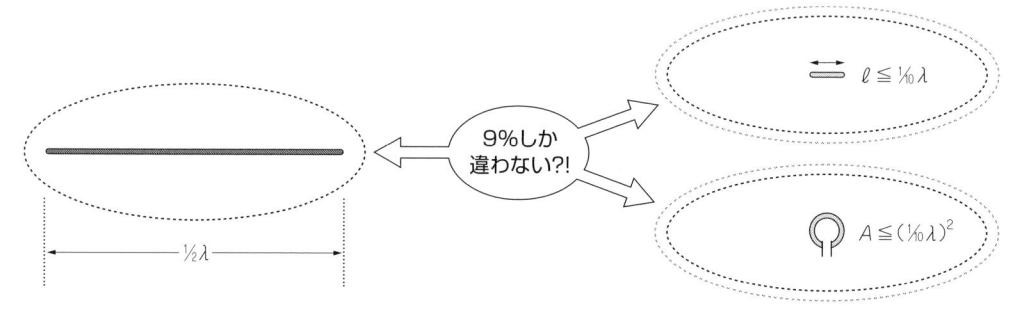

図4-6 微小ダイポールの実効面積は小さくない？

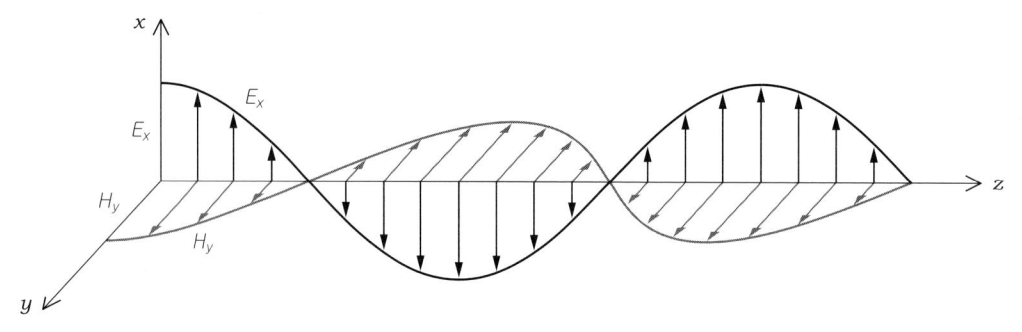

図4-7 空間を伝わる電界と磁界の波（平面波）

と示されています（詳しくは本章のQ＆Aを参照）．また，½λダイポール・アンテナの実効面積は次の式で表されています．

$$A_e = \frac{30}{73\pi}\lambda^2 = 0.13\lambda^2$$

これらの違いは，図4-6に示すようにわずか9％です．つまり彼の説によれば，½λダイポール・アンテナの寸法を1⁄10λ以下にしても，電波を受信する実効的な面積は9％少ないだけで済むというわけです．

これはアパマン・ハムに朗報で，事実であればコンパクト・アンテナを作る価値が十分あるというもの．大いに励まされる理論です．

● ポインティング・ベクトルとは

空間を伝わる電波は，電磁波ともいわれるとおり，電界と磁界が伝わる波です．第2章で紹介したバルクハウゼンの著述によれば，「空間に分布する電界と磁界は，もともと自由に固有振動数を持つ可能性を秘めている」ということでした．

図4-7は，自由空間を伝わっている電波の電界と磁界の変化を表しています．ある振動数を持つ電界と磁界の波で，矢印は電界と磁界の向きと大きさを示す電界ベクトルEと磁界ベクトルHです．これらは互いに直交しています．電磁波はz方向へ進み，両ベクトルは進行方向に垂直な面上にあって，位相がそろっています．送信アンテナから放射された電波は，球面状の波面が遠方に広がると，図4-7のように平面波と見なせるようになって空間を伝わると考えられます．

ベクトル積$E \times H$の単位は，電界[V/m]と磁界[A/m]の各単位から[W/m^2]になり，これをポインティング・ベクトル，または放射ベクトルと呼びます．これは単位面積を通過する電力を意味するので，電磁界によって運ばれる電力の流れを示すベクトルと考えられます．このため，ポインティング電力ともいわれます．

● 微小ダイポールの周りのポインティング・ベクトル

図4-8（a）は，整合が取れている1⁄10λ長の微小ダイポール・アンテナの周りのポインティング・ベクトルです．これによれば，微小エレメントから離れた空間にある電界ベクトルの向きが影響を受け，まるで小さい吸い口の電磁掃除機が周囲のホコリを吸い込んでいるようです．

図4-8（b）は，同じ寸法の微小ダイポール・アンテナですが，整合回路を除いてアンテナ素子（エレメント）を短絡状態にしたときの電界ベクトルです．こちらはアンテナが共振していないのですが，そのときにはエレメントに直交している限られたベクトルだけが，受信に寄与していると考えられます．

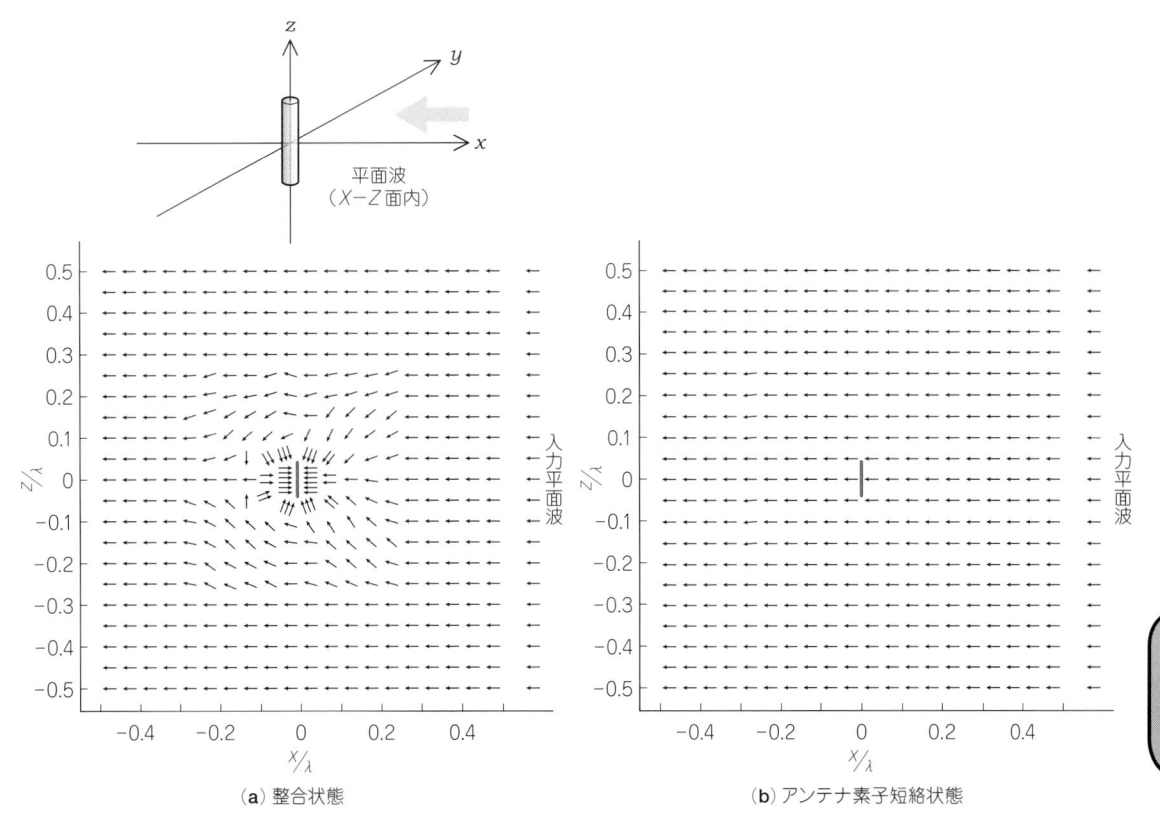

(a) 整合状態　　　　　　　　　　　　　　　　　(b) アンテナ素子短絡状態

図4-8　$\frac{1}{10}\lambda$ 長の微小ダイポール・アンテナの周りのポインティング・ベクトル

4-2　微小ループ・アンテナの特性

　微小ループ・アンテナは，教科書の解説によれば，等価な微小磁気ダイポールとして解析されます．したがって，前節で述べた微小ダイポールの特性は，そっくり使えるというわけです．しかし実際に製作するとなると，50Ωに整合を取る方法には違いがあり，周囲の影響もダイポール系とは異なることがわかります．

微小ループ・アンテナの定義

　アンテナの小型化については，過去いくつかの定義がなされてきました．
(1) H. A. Wheelerによる
　　アンテナ寸法 ≦ ½λπ
(2) R. W. P. Kingによる
　　アンテナ寸法 ≦ ¹⁄₁₀λ
(3) S. A. Schel Kunoffによる
　　アンテナ寸法 ≦ ⅛λ
現在は，(2)の¹⁄₁₀λが一般的に用いられているようです．

　微小ループ・アンテナの場合は，ループの長さが¹⁄₁₀λ以下とした定義が用いられているようです．図4-9(a)に直径が¹⁄₁₀λの円形微小ループの放射パターンを示します．また，同様に直径が大きくなるにつれてパターンが変わるようすも，図4-9にいくつか示します．

　ループが大きくなるにつれて，ループ面に対して垂直な方向へ指向性が強くなっており，サイド・ローブ（ビーム方向以外の電波の漏れ）の数も増えていくようすがわかります．

クラウスによる理論

　クラウスの著書によれば，波長に比べて十分小さいループ・アンテナは，図4-10に示すような微小磁気ダイポールと等価と考えられます．また，微小ループの電磁界を求める式を図4-11にまとめました．
　三つの式の中で，原点からの距離 R に着目すると，

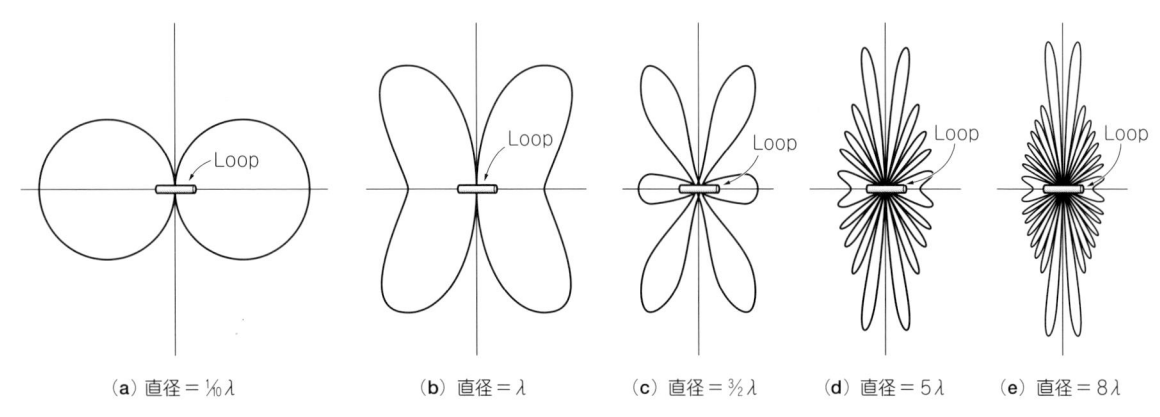

(a) 直径＝1/10 λ　　(b) 直径＝λ　　(c) 直径＝3/2 λ　　(d) 直径＝5λ　　(e) 直径＝8λ

図4-9　円形ループ・アンテナの大きさと放射パターンの違い

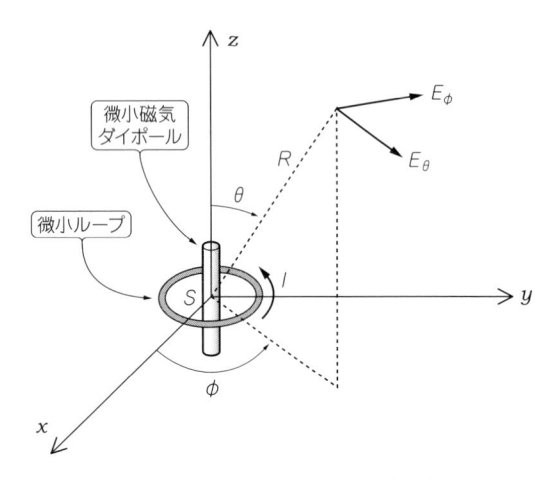

図4-10　微小ループと等価な微小磁気ダイポール

$$E_\phi = -\frac{j\omega\mu IS\exp(-jkR)}{4\pi} \times \left(\frac{1}{R^2} + \frac{jk}{R}\right)\sin\theta$$

$$H_R = -\frac{IS\exp(-jkR)}{2\pi} \times \left(\frac{1}{R^3} + \frac{jk}{R^2}\right)\cos\theta$$

$$H_\theta = -\frac{IS\exp(-jkR)}{4\pi} \times \left(\frac{1}{R^3} + \frac{jk}{R^2} - \frac{k^2}{R}\right)\sin\theta$$

$$E_R = E_\theta = H_\phi = 0$$

S：ループで囲まれた面積
I：ループ上の電流
k：伝搬定数
R：原点からの距離

図4-11　微小ループの電磁界を求める式

Rに反比例する項や，R^2に反比例，R^3に反比例する項に気づきます．

式の導出は電磁気学の教科書に譲るとして，ここでは電磁界の強さと距離の関係を，大まかにつかんでおきましょう．

まずR^3に反比例する項は「準静磁界（あるいは単に静磁界）」と呼ばれ，定常電流によって生じる磁界，つまり時間的に変動しない磁界のことです（微小ダイポールの場合は準静電界）．またR^2に反比例する項は「誘導電磁界」と呼ばれ，ファラデーが発見した電磁誘導のもととなる電磁界です．そして，最後のRに反比例する項は「放射界」といい，遠方界と呼ばれることもあります．

近傍界と遠方界

アンテナの極近くでは，準静電磁界や誘導電磁界が優勢となります．この領域の電界分布のパターンは，距離Rが増すと振動的に変化し，この近傍領域をフレネル領域ともいいます．一方，距離Rが増しても電界分布のパターン自体は変わらない遠方領域を，フラウンホーファー領域とも呼んでいます．

アンテナから距離Rを増して電界強度を測定すると，遠方領域ではRに反比例して単調に減少します．そこで，これらの領域の境あたりから電波の伝搬が始まると考えられますが，境界線はアンテナの形状・寸法によって異なり，はっきりとした線が引けるわけではありません．そこで目安として，アンテナから$\lambda/2\pi$または約$1/6\lambda$の距離を境にして，近傍界と遠方界の領域をイメージする慣わしのようです．

MLA（マグネチック・ループ・アンテナ）とは？

図4-12は，「Pettersonのループ」と呼ばれている微小ループ・アンテナで，K. Patersonによれば，このようなコンパクト・アンテナが実験・研究されたのは1957年ごろからだったようです．また一方，「Army Loop」と呼ばれていた軍仕様の微小ループ・

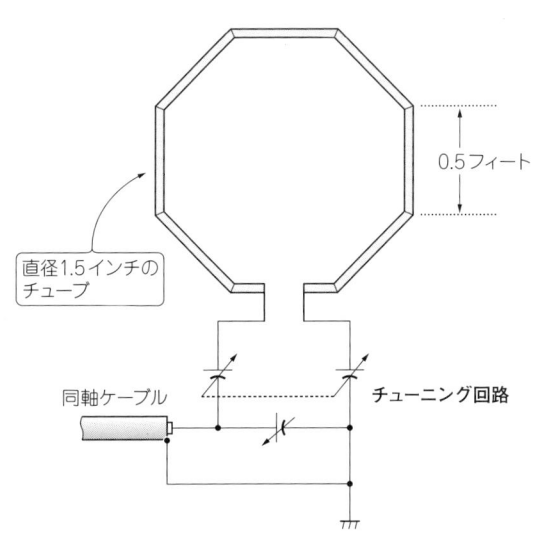

図4-12 Pettersonのループとチューニング回路

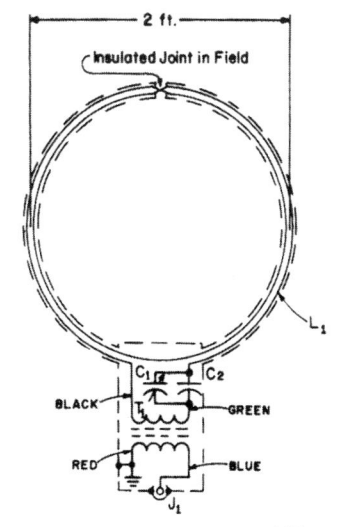

図4-13 W4UWの160mバンド受信用ループ

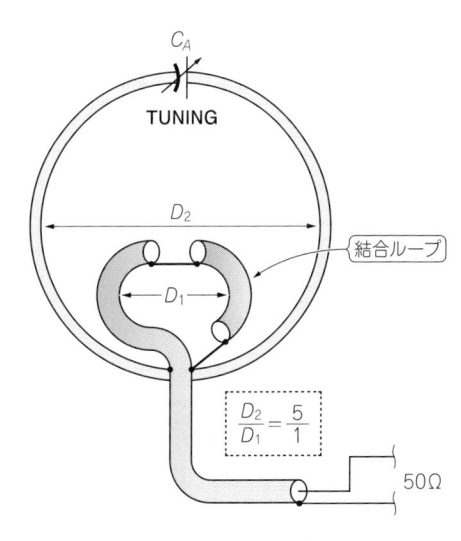

図4-14 DK5CZのAMAループの構造

アンテナがあります．これはどうやらベトナム戦争（1960～1975年）でも使われていたらしく，これがもとになって，アマチュア無線家がいろいろな実験を始めたという記録があります．

8角形の微小ループは，バリコンによるチューニング回路を介して給電されており，この方式がしばらくは主流になっていたようです．また彼は，この方式ではループ導体の損失やマッチング部分の接続損失をいかに減らすかが重要であると指摘しています．

さて図4-12のループ長は，動作させる周波数の波長に比べて十分短いので，電気回路としてはショート（短絡）状態です．共振すると強い電流が流れ続け，その周りには強い磁界（磁力線）が分布します．そこで，微小ループ・アンテナはマグネチック・ループ・アンテナ（MLAと略す）とも呼ばれています．

160mバンド受信用ループ・アンテナ

図4-13は，W4UW Richardが1969年のUS CQ誌に発表した160mバンド用のループ・アンテナです．日本の多くのハムも，1964年に許可された160mバンド用として図4-13のようなループを試しており，受信専用として直下型のプリアンプを使用しているOMも多いでしょう．

ループ部はシールドされていますが，磁界は金属に平行に這うので，上部にあるわずかなすき間から入り込んで，ループに電流が流れます．シールドは，ループ線路と近傍の金属物体との静電的結合を遮へいする効果があり，遠方から到達する電磁波のみを受信するためにあります．

この構造によって，磁界によって誘起される電圧だけ出力できるというしくみになっています．

DK5CZのAMAループ・アンテナ

DK5CZ Chris Käferleinは，一連のMLAを図4-14のような構造に発展させ，1983年から製造ラインに乗せて販売を開始しました．この給電方法はDL2FA Hans Würtzによって解析・設計されたものです．図4-15にその他の給電方法をまとめました．

生産されたタイプはAMAと名付けられ，160～10m用までをカバーしており，ヨーロッパを中心にかなり普及しています．給電用の結合ループ部分は，同軸ケーブルをうまく使って広帯域の特性が得られ

(a) 対称にコンデンサを配置
（キャパシティブ・カプリング）

(b) 非対称にコンデンサを配置
（キャパシティブ・カプリング）

(c) 対称インダクティブ・カプリング

(d) 非対称インダクティブ・カプリング

(e) 非対称導電カプリング

(f) 対称導電カプリング

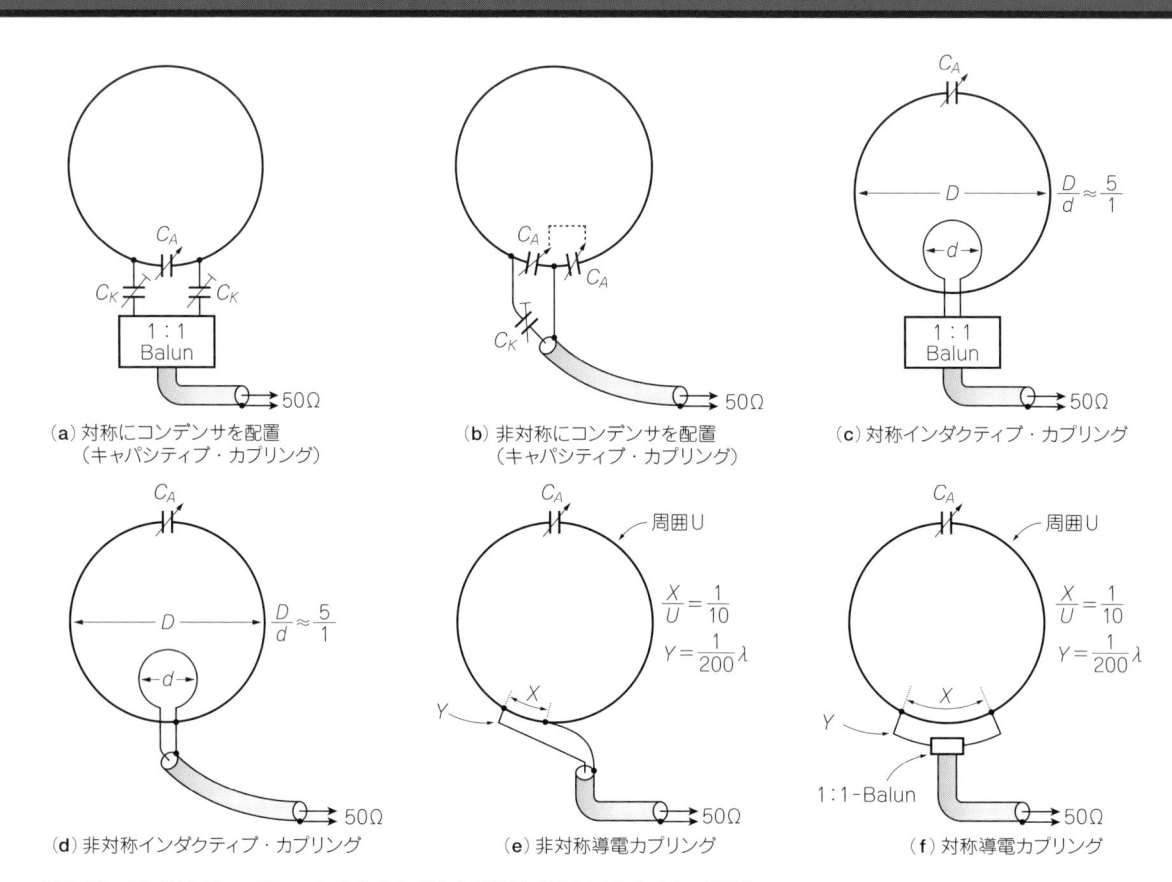

図4-15　DL2FA Hans Wurtzによるさまざまな給電法（図4-14を含めた7種類）

写真4-1
AMAループ・アンテナ

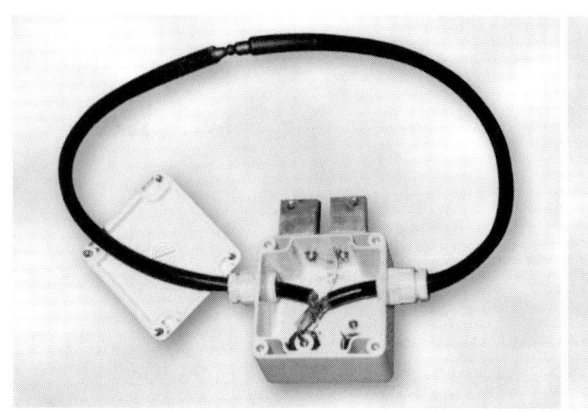

(a) 給電用の1回巻きループ

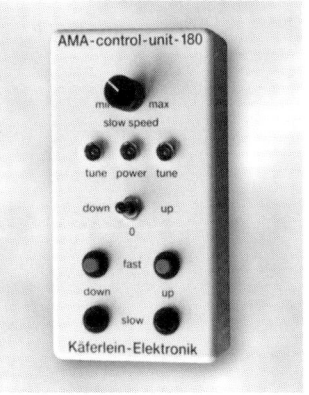

(b) コントローラ

る機構になっています．**写真4-1**は，(a)給電用の1回巻きループ，(b)コントローラです．筆者らはChris（2005年にサイレント・キー）からAMA-10Dを購入しましたが，日本から初めての注文ということで，当時さまざまな教示を受けました．

MLAのシミュレーション

微小ループ・アンテナは短絡回路なので大きな電流が流れ，給電点のインピーダンス（電圧／電流）は小さくなります．**図4-16**は1辺1mの正方形ループ・アンテナのシミュレーション・モデルです．7.1MHzにおける入力インピーダンスは，**図4-17**に示すように$0.18+j193.9\Omega$です．初期のMLAは，**図4-12**のPettersonのループや**図4-15**(a)，**図4-15**(b)のように，可変コンデンサ（集中定数素子）で整合を取る方式が主流だったようです．そこで，このモデルもコンデンサで50Ω整合を取れないか試してみました．

図4-18は，回路シミュレータで$0.18+j193.9\Omega$

74

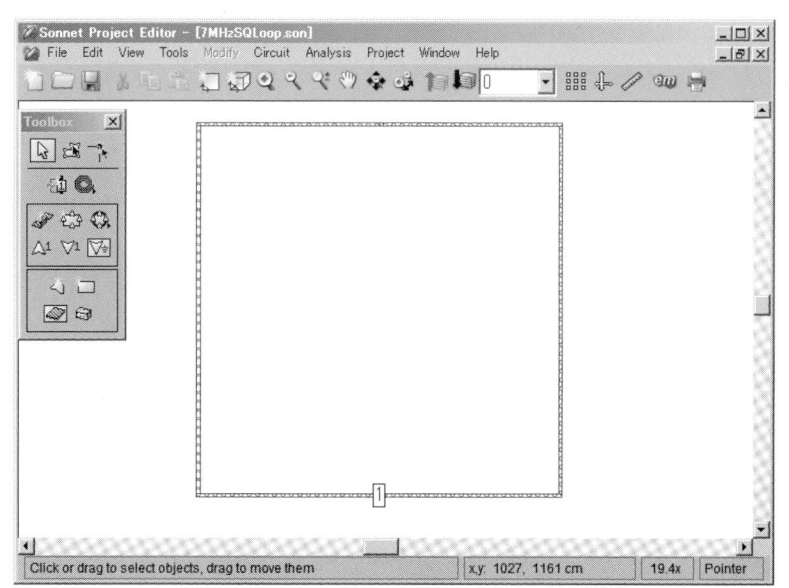

第4章　コンパクト・アンテナの性能限界

図4-16
1辺1mの正方形ループ・アンテナのシミュレーション・モデル（Sonnetを使用）

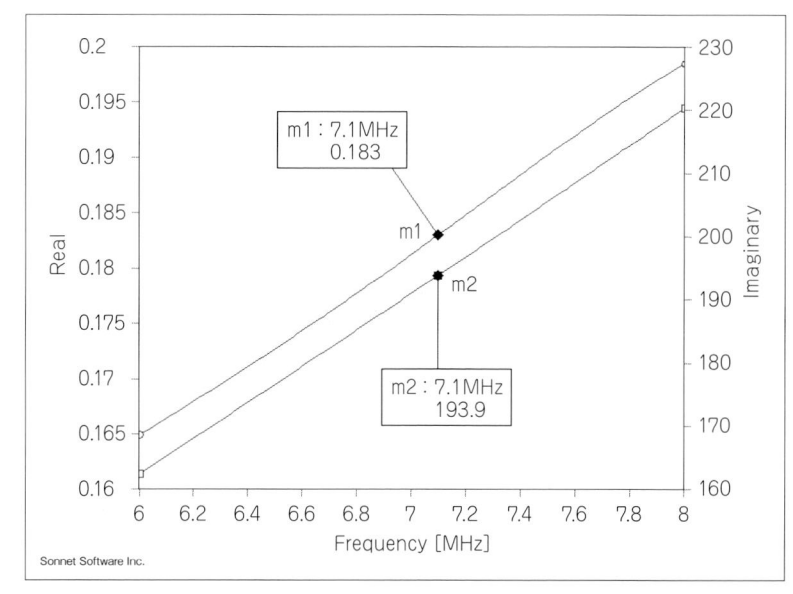

図4-17
正方形ループ・アンテナのインピーダンス

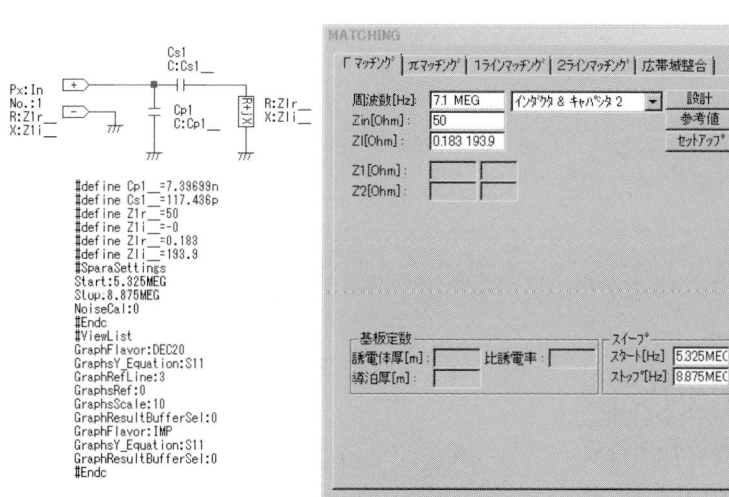

図4-18
回路シミュレータ（MEL S-NAP Design）で整合回路を設計した結果

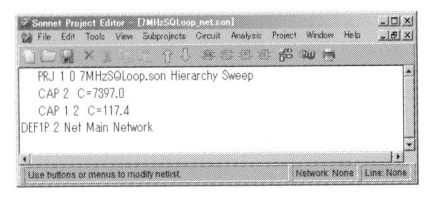

図4-19 SonnetのNetList
（簡易回路シミュレータ）

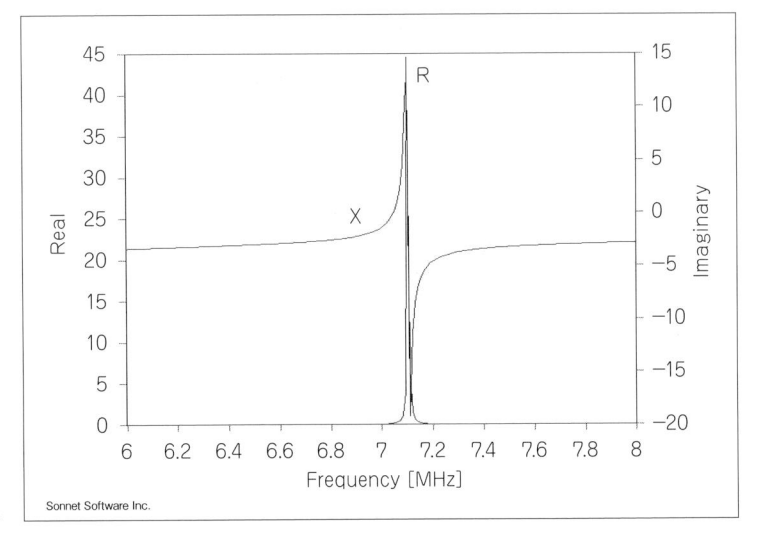

図4-20 整合回路付きの入力インピーダンス

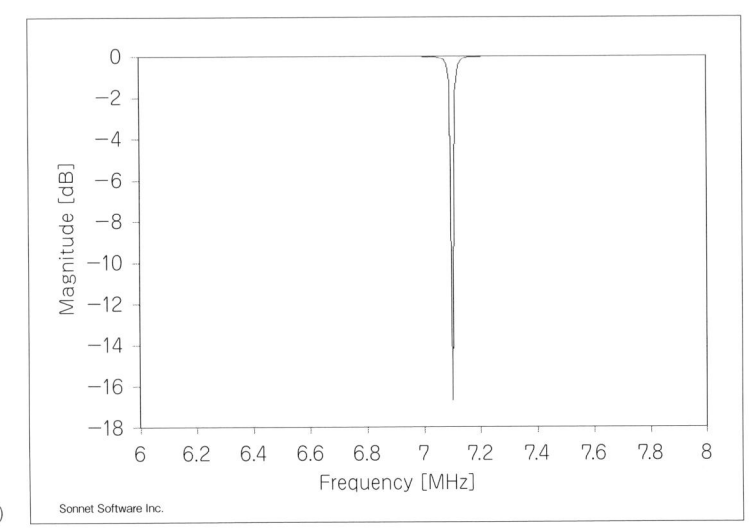

図4-21 反射係数（リターン・ロス）

を50Ωに変換する回路を設計した結果です．右端の$R+jX$はアンテナを見込んだインピーダンスなので，直列に117.4pF，並列に7.397nF（=7397pF）のコンデンサを挿入すれば，7.1MHzで50Ωに近づくはずです．

これを確かめるために，SonnetのNetList（簡易回路シミュレータ）を使って，給電部に整合回路を挿入します（図4-19）．図4-20は，結果の入力インピーダンスです．7.1MHzで純抵抗の45Ωになっていることがわかります．また，図4-21は反射係数（リターン・ロス）のグラフです．帯域が極めて狭く，共振のQが高いことがわかります．

インダクティブ結合のシミュレーション

AMAで採用された整合方法は，図4-14に示す

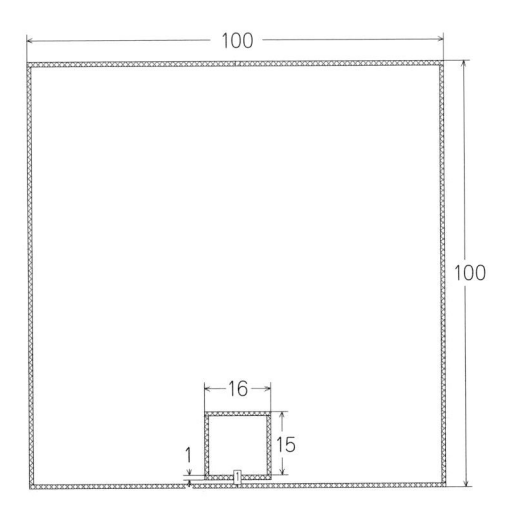

図4-22 1辺1mの正方形ループ・アンテナのシミュレーション・モデル（Sonnetを使用）
インダクティブ結合方式

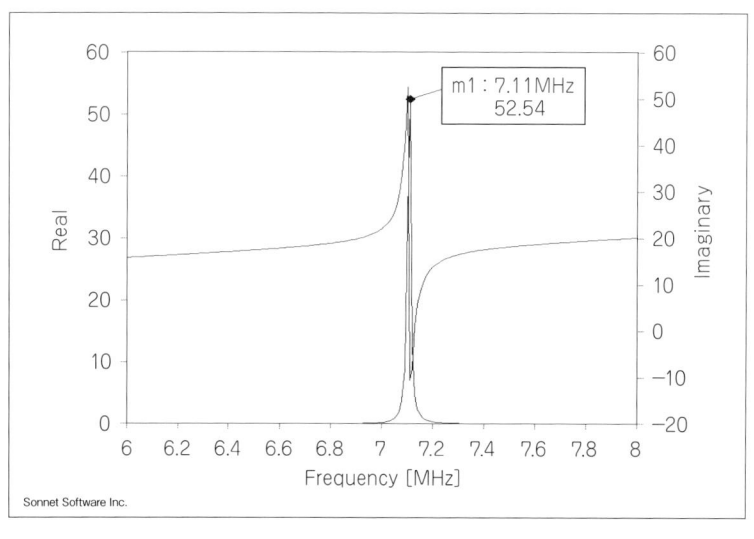

図4-23
インダクティブ結合方式の入力インピーダンス

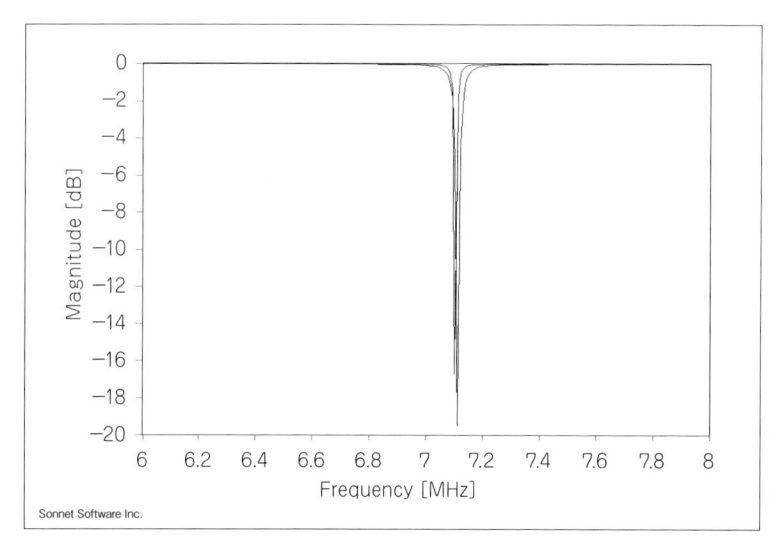

図4-24
反射係数（リターン・ロス）
集中定数による整合よりやや帯域幅が広い

方法です．**図4-15(c)**，**図4-15(d)** も，同じようにインダクティブ・カプリング（結合）を利用したインピーダンス変換です．

図4-22 は，Sonnetによるモデルで，やはり1辺1mの正方形ループ・アンテナを7.1MHzで共振させています．結合用のコイル寸法は，Hansの設計によるように，1/8程度で50Ω程度に変換できました．

また，7.1MHzで共振させるために，上部に115.6pFのコンデンサを挿入しています．これは7.1MHzにおける入力インピーダンス $0.18 + j193.9\,\Omega$ の誘導性リアクタンス分をキャンセルするための容量性リアクタンス（$-j193.9\,\Omega$）なので，次の式で求めます．

$$C = \frac{1}{2\pi f X} = \frac{1}{2\pi \times 7.1 \times 10^6 \times 193.9} = 115.6\,[\text{pF}]$$

図4-23 は入力インピーダンスで，7.1MHzで純抵抗52.5Ωになっていることがわかります．また，**図4-24** は反射係数（リターン・ロス）のグラフですが，やはり帯域が極めて狭く，共振の Q が高いことがわかります．

しかし，集中定数による整合の結果（**図4-21**）を重ねて比較すると，インダクティブ・カプリング（結合）は，やや帯域幅が広いことがわかりました．MLAは入力インピーダンスの R が極端に小さくなるので，集中定数のみで整合を取る方式は調整がセンシティブになり，多バンド化も難しいかもしれません．

おそらくHansやChrisは，先駆者として十分に実験を繰り返した結果，ようやく **図4-14** のような方式にたどり着いたのではないでしょうか？

4-3 ローディング・コイルとは？

ローディング・コイル付きのコンパクト・アンテナは，第2章でもインダクタンス装荷アンテナとして述べました．ここでは，コイルの設計方法や損失の評価，放射効率への影響などについて詳しく調べます．

短いエレメントに必要なコイル

図4-25のグラフは，ダイポール・アンテナのエレメント長（2ℓ）とインピーダンスの関係を示しています．横軸はℓ/λなので，半波長のダイポールは0.25になり，このときのインピーダンスの理論値は$73+j43\,\Omega$です．例えば，標準ダイポールの半分の寸法に小型化するときには，横軸0.25の値を読むと，約$15-j700\,\Omega$です．アンテナの教科書では，一般的にリアクタンス値が極端に大きい（または小さい）場合のグラフはありません．

そこで，Sonnet Lite でダイポール・アンテナを広帯域でシミュレーションすると，図4-26のようなグラフが得られました．これはエレメントが1mのダイポール・アンテナで，150MHzの波長2mの$\frac{1}{2}$に相当します．グラフでは150MHzのインピーダンスが$79+j45\,\Omega$と読めますが，理論値の$73+j43\,\Omega$とはわずかに異なります．75MHz（$=150\text{MHz}/2$）の容量性

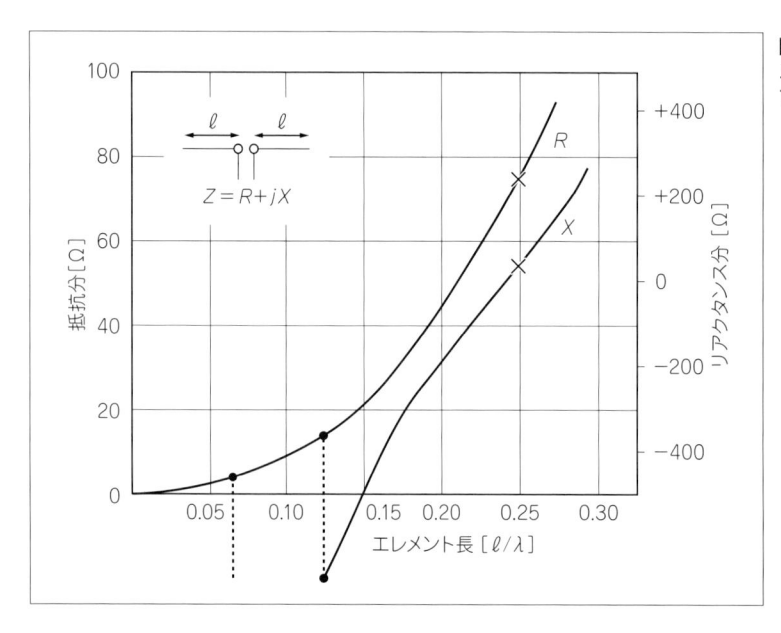

図4-25
エレメント長2ℓのダイポール・アンテナとインピーダンスの関係

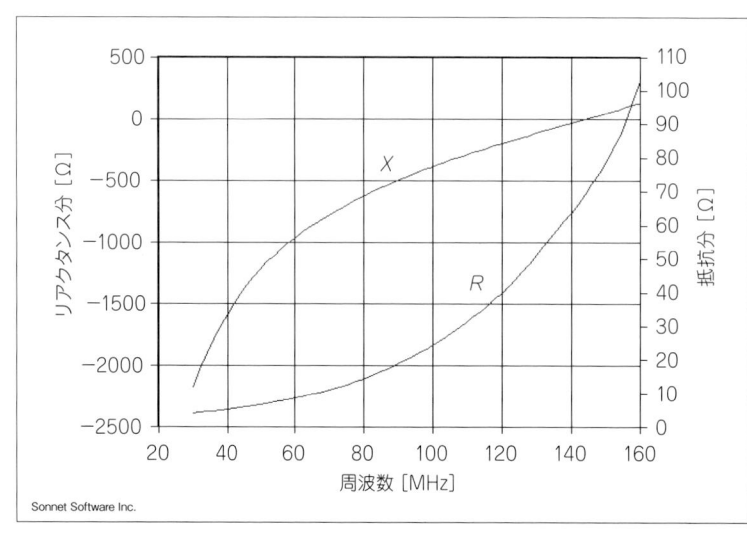

図4-26
エレメント長1mのダイポール・アンテナのインピーダンス

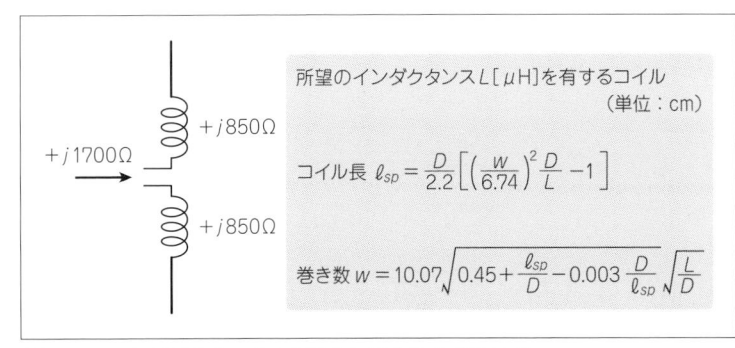

図4-27　Lを実現するコイルの長さや巻き数を求める式

所望のインダクタンス$L[\mu H]$を有するコイル
（単位：cm）

コイル長 $\ell_{SP} = \dfrac{D}{2.2}\left[\left(\dfrac{w}{6.74}\right)^2 \dfrac{D}{L} - 1\right]$

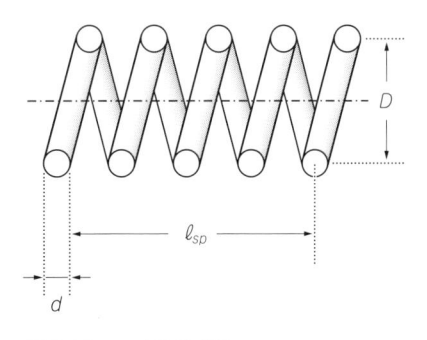

巻き数 $w = 10.07\sqrt{0.45 + \dfrac{\ell_{SP}}{D} - 0.003\dfrac{D}{\ell_{SP}}}\sqrt{\dfrac{L}{D}}$

図4-28　コイルの寸法

リアクタンスXは-697Ωなので，図4-25のグラフ曲線を延長して得た値に近いことがわかりました．

このように，エレメント長が半波長より短くなるほど$-jX$の値が大きくなる傾向がありますが，これは互いに異符号の電荷が分布している両端部の距離が近づくほど，C（キャパシタンス，すなわち$-jX$）が大きくなるからだと考えられます．

この値がわかれば，$-jX$をキャンセルするために$+jX$のコイルを設計すればよいことになります（共役整合という）．エレメント寸法をさらに半分にして，150MHz/4のXが$+j1700\Omega$の場合を例に，$+j1700\Omega$のコイルの寸法と形状を求めてみます．

コイルの寸法を決める

前項で述べたエレメントが1mのダイポール・アンテナで，動作周波数を例えば14.2MHzとすれば，必要なコイルのL（インダクタンス）は，次の式で計算できます．

$$L = \dfrac{1}{2\pi f [\text{MHz}]} = \dfrac{X}{f} \times 0.159 [\mu H]$$

Xを1700として代入すると，Lは$19[\mu H]$となります．

コイルの寸法を入力してLを求める式は教科書にありますが，逆にLからコイルの寸法形状を求める式は見あたりません．一方，図4-27は目的のLを実現するコイル長や巻き数を得る式で，これらの式を参考に，コイルの寸法（図4-28）を設計することができます．

短縮モノポール・アンテナのコイルとQ

2m長の短縮モノポール・アンテナのリアクタンスは，7.05MHzで$-j976\Omega$です（第2章）．そこで，X $=976\Omega$のコイルのインダクタンスLは，$X/2\pi f = 976/(2\pi \times 7.05 \times 10^6) = 22.0\mu H$になります．インダクタンス$L[\mu H]$のコイル長$\ell_{SP}[\text{cm}]$は，コイル直径$D[\text{cm}]$と巻き数$w$を使って，図4-27の次の式で得られます．

$$\ell_{SP} = \dfrac{D}{2.2}\left[\left(\dfrac{w}{6.74}\right)^2 \dfrac{D}{L} - 1\right]$$

例えば，Dを10cm，wを20回とすれば，コイル長ℓ_{SP}は13.6cmとなります．また，このコイルのQ（第2章）は，コイルの定数を求めるツール[*1]によれば1067なので，コイルの損失抵抗は$976/1067 \fallingdotseq 0.9\Omega$と考えられます．

第2章で学んだように，Qは共振の状態を示す値です．コイル単独では共振しない[*2]ので，コイルのカタログにあるQ値はコイルのXとRの比と考えられます．また，共振の角周波数が$\omega_0[\text{Hz}]$で，ある瞬間における共振回路の損失を$P[\text{W}]$，蓄えられるエネルギーを$W[\text{J}]$とすれば，Qは次の式で定義されます．

$$Q = \omega_0 \dfrac{W}{P}$$

Wは損失Pによって減少し，わずかな時間（$= 1/\omega_0$）が経つと，共振回路のエネルギーは$1/e (\fallingdotseq 0.37)$[*3]に減ります．この式の分子は蓄えられるエネルギー，分母が失われるエネルギーなので，Qの意味はX/Rと同じであることがわかるでしょう．

コイルのQと放射効率

図4-29は，直列コンデンサでLC共振している，直径10cmのコイルの周りに分布する電界と磁界の強度分布です．共振しているので最大値になる位相角は90°ずれています．また電界は電気的エネルギ

[*1] 例えば http://gate.ruru.ne.jp/rfdn/Tools/ScoilForm.asp#
[*2] コイルは寄生容量があるので自己共振するが，ここでは考えない．
[*3] eは自然対数の底2.71828……

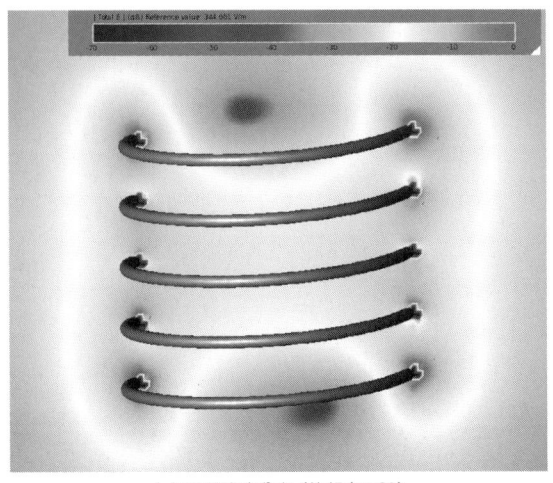

(a) 電界強度分布（位相角：0°）

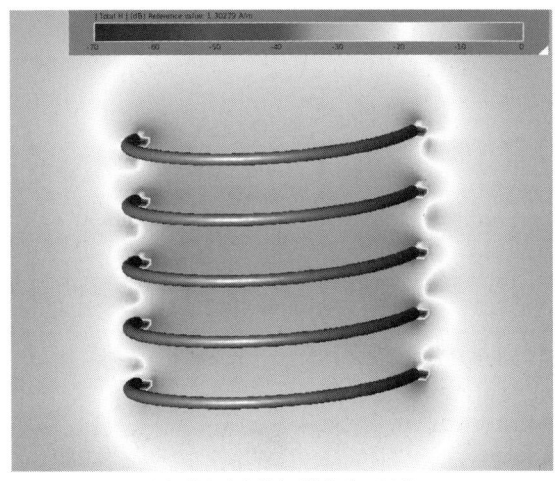

(b) 磁界強度分布（位相角：90°）

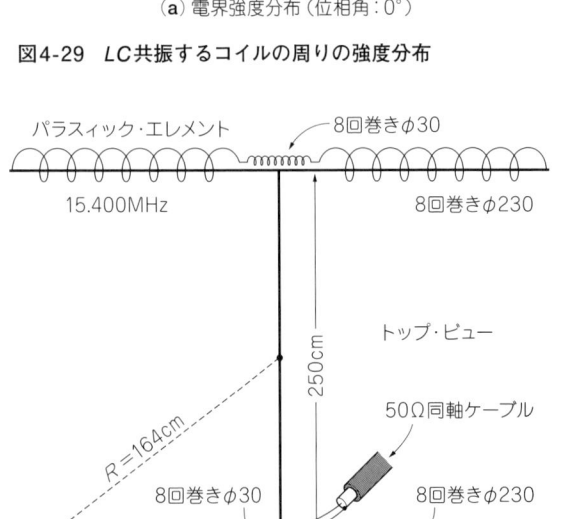

図4-29 LC共振するコイルの周りの強度分布

図4-30 W8YIN考案の超小型八木アンテナ

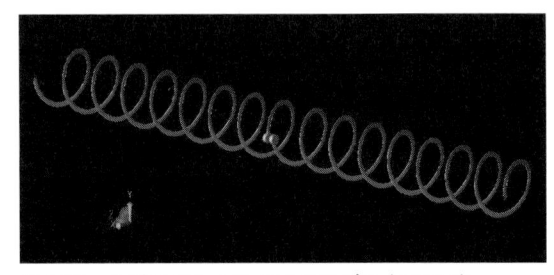

図4-31 大型コイル・アンテナのモデル（XFdtd）

一，磁界は磁気的エネルギーに対応するので，図4-29はコイルの周りに電磁エネルギーが蓄えられることを示しています．

共振していても，コイルとコンデンサだけでは電磁波は放射しません．電界のピークと磁界のピークの位相角は90°ずれており，整合回路を使って無反射状態にしても，蓄えられるエネルギーは無効電力なので，これはリアクティブ（recactive）・ダミーロードと呼ばれています．

さて，図4-30はW8YINが考案した超小型八木アンテナで，エレメントは大型のコイルそのものです．筆者は，わずか2.5m長の塩ビ・パイプをエレメントとして14MHz用を作成したことがあります．帯域幅は狭く，入力インピーダンスも低いのですが，図4-30に示すようにコイル結合で50Ω給電しています．このような大型コイルはQが高く損失が少ないので，放射効率ηは予想以上に高いと思われます．

当時，完成直後にCQを出したところ，WA7QKD局から呼ばれて59とのこと．気を良くしてアラスカやハワイを含む6局と立て続けにQSOできて，大感激したことを覚えています．

コイル・アンテナのシミュレーション

図4-31は，図4-30の1エレメントだけのシミュレーション・モデルです．ダイポール・アンテナとして動作させたときの利得と放射効率ηを求めてみたところ，図4-32に示すように，フルサイズのダイポール・アンテナの放射パターンに近い結果が得られました．利得の値は1.76dBiで，フルサイズの2.15dBiよりわずかに低い値ですが，これは微小ダイポールの理論値に一致しています．

また，放射効率ηは98.9%だったので，アンテナ単体で整合状態がベストであれば，フルサイズとほ

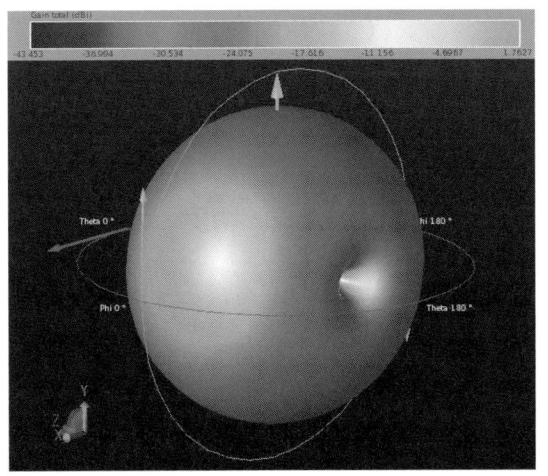

図4-32 大型コイル・アンテナの放射パターンと利得（1.76dBi）18MHz

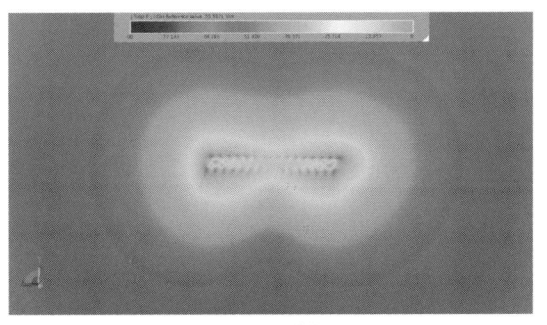

(a) 電界強度分布

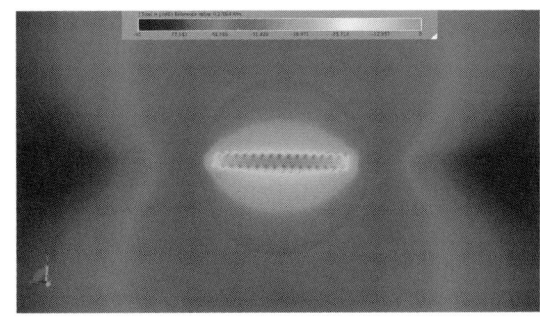

(b) 磁界強度分布

図4-33 大型コイル・アンテナの強度分布

とんど変わらないことがわかりました．図4-33は，アンテナの周りの電界強度と磁界強度の分布です．フルサイズのダイポール・アンテナと同じような分布であることがわかります．

4-4 キャパシティ・ハットとは？

　キャパシティ・ハット付きのコンパクト・アンテナは，第2章でもキャパシタンス装荷アンテナとして述べました．ここでは，装荷キャパシタンスの形状の違いやキャパシタンス値を得る方法について調べます．

キャパシティ・ハットのいろいろ

　図4-34は，モノポール・アンテナからT型アンテナまでの移り変わりを示しています．図4-34(a)は$\frac{1}{4}\lambda$のモノポール・アンテナで，斜線で電流の強度分布を表しています（一般には正弦波を使うが，ここでは三角形で近似している）．図4-34(b)はℓ_vの長さだけ不足しているアンテナで，図4-34(c)のようにℓ_vだけ折り曲げると逆Lアンテナになります．最後に，この折り曲げ部を左右対称に分けると，図4-34(d)に示すT型アンテナにたどり着くというわけです．

　また，図4-35には，実際に使われているキャパシタンス装荷アンテナのいろいろな形をまとめました．

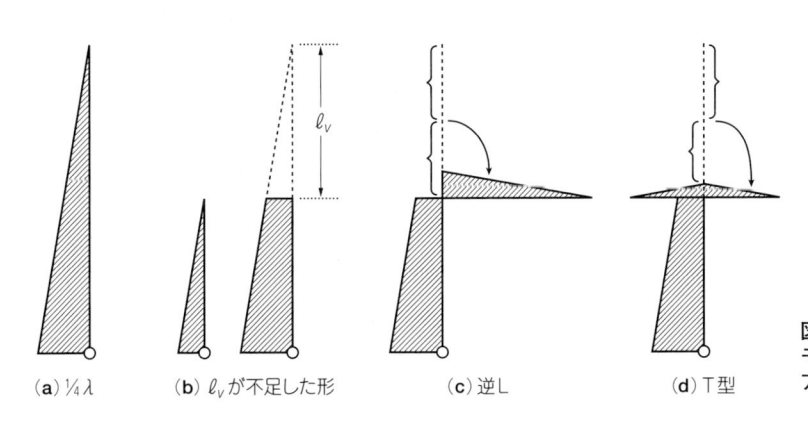

(a) $\frac{1}{4}\lambda$　　(b) ℓ_vが不足した形　　(c) 逆L　　(d) T型

図4-34 モノポール・アンテナからT型アンテナまでの移り変わり

図4-35 実際に使われているキャパシタンス装荷アンテナのいろいろな形状

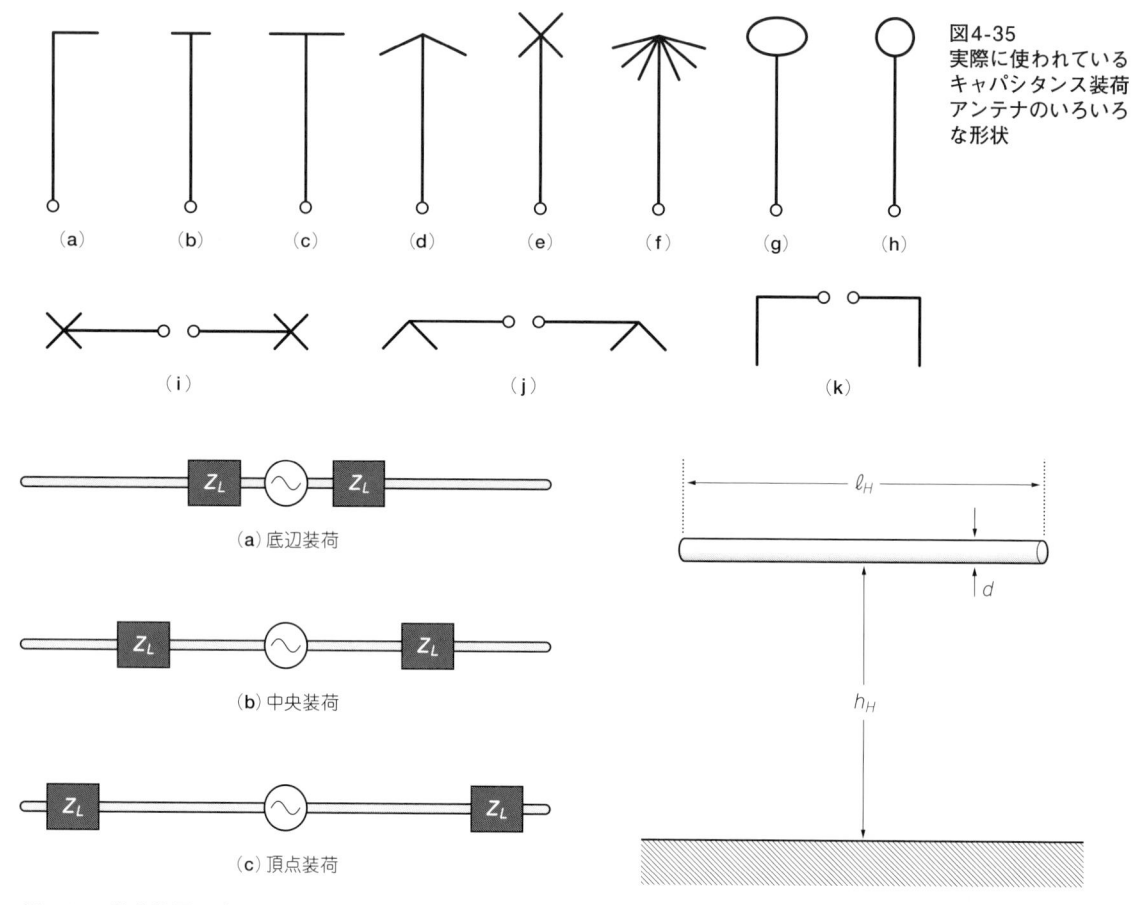

図4-36 装荷位置の違い
(a) 底辺装荷
(b) 中央装荷
(c) 頂点装荷

図4-37 大地に対して水平な1本の導体

図4-35(i),図4-35(j),図4-35(k)はダイポール・アンテナの例で,図4-35(k)は折り曲げダイポール・アンテナです.これをキャパシタンス装荷と考えるのには異論があると思いますが,強い電荷が分布する両縁が近づくことから,ここでは仲間に入れておきます.

キャパシタンスの装荷位置

インダクタンス装荷アンテナと同様に,キャパシタンス装荷も,その位置によって図4-36の3種類があります.

インダクタンス装荷の場合は,モービル・ホイップの製品に図4-36(a)底辺装荷と図4-36(b)中央装荷が多く,装荷位置によって短縮の効果と放射効率ηが異なります(第2章).一方,キャパシタンス装荷の製品は多くが図4-36(c)頂点装荷です.GP(グラウンド・プレーン・アンテナ)で図4-36(b)中央装荷の例としては,**写真4-2**のCP-6や,Cushcraft R-8などがあります.

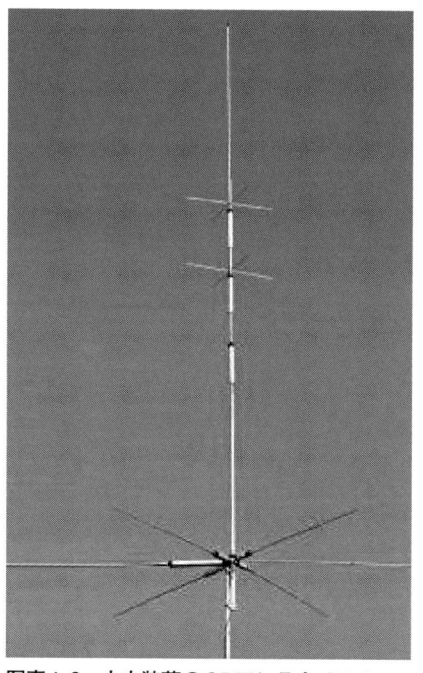

写真4-2 中央装荷のGPアンテナ CP-6
(第一電波工業 製)

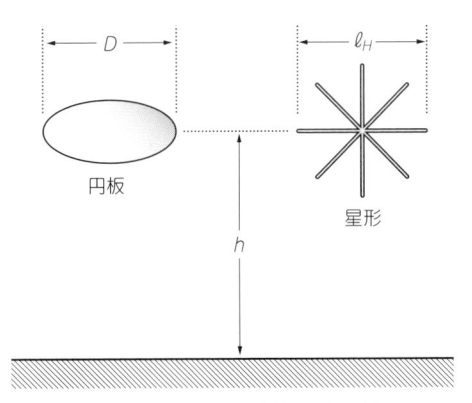

図4-38　円板状の金属と放射状の金属棒

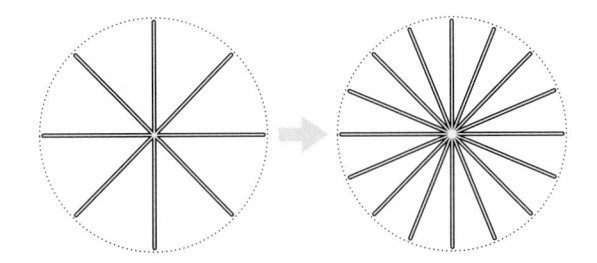

図4-39　金属棒を増やして円板状に近づける

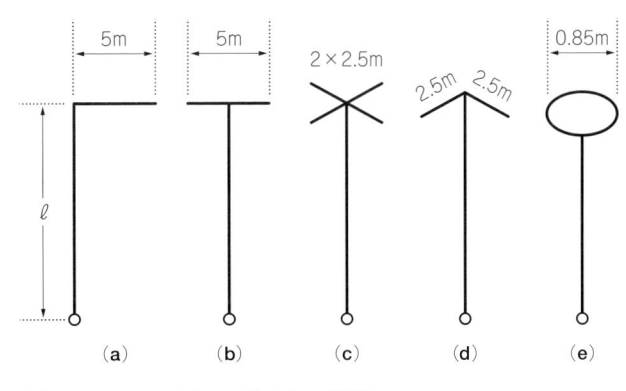

図4-40　30pFのキャパシタンス装荷

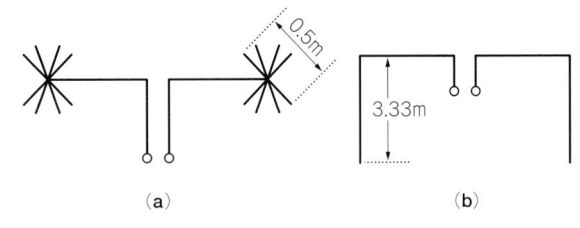

図4-41　ダイポール・アンテナに20pFのキャパシタンスを装荷

形状によるキャパシタンスの違い

実際に使われているキャパシティ・ハットの形状は，エレメントに直交する1本の導体や放射状に伸びる複数本の導体です．

● 水平導体のキャパシタンス

図4-37は，大地に対して水平な1本の導体です．導体が大地から十分高い位置にある場合は，キャパシタンスC_Hは次の式で得られます．

$$C_H \cong \frac{55.6 \times \ell_H}{\ell_n\left(\frac{2\ell_H}{d}\right)} \text{[pF]}$$

導体が低い位置にある場合は，次のようになります．

$$C_H \cong \frac{55.6 \times \ell_H}{\ell_n 4\left(\frac{h_H}{d}\right)} \text{[pF]}$$

また，近似的にはℓ_H/dの範囲によって，次のように求められます．

$$C_H \cong 10\text{[pF]} \times \ell_H\text{[m]}$$

ただし，　$\ell_H/d \cong 100 \sim 200$

$$C_H \cong 6\text{[pF]} \times \ell_H\text{[m]}$$

ただし，　$\ell_H/d \cong 3000 \sim 10000$

● 円形のキャパシタンス

図4-38は，大地からh離れた円板状の金属と，それに近い効果が得られる星形（放射状）の金属棒です．キャパシタンスC_Eは次の近似式で得られます．

$$C_E \cong 35.4 \times \frac{D\text{[m]}}{1-0.08\left(\frac{D}{h}\right)} \text{[pF]}$$

ただし　$\frac{D}{h} < 4$

または，

$$C_E \cong 35.4 \times D\text{[m]} \text{[pF]}$$

ただし　$\frac{D}{h} < 0.5$

頂点装荷では，金属円板はトップヘビー（頭でっかち）になるので，図4-38の右に示すような形状で軽量化できます．これは，図4-39のように金属棒の本数をn本に増やすと，棒のC_Hをn倍して等価的なDと考えられるからです．

例えば，30pFのキャパシタンスを装荷するには，図4-40に示すような何種類かの方法が考えられます．また，ダイポール・アンテナの装荷では，図4-41に示すような寸法で約20pFが得られます．

第4章 Q&A 微小アンテナの実効面積は小さいのか？

🤔 微小ダイポールや微小ループの実効面積は $0.119\lambda^2$ とのことですが，½λダイポール・アンテナの実効面積は $0.13\lambda^2$ なので，これらの違いはわずか9%です．

🧐 クラウスの本（ANTENNAS）には，その理論が書かれているが，次の手順で計算される．図4-42はエレメントの長さが ℓ で，R の負荷が付いているアンテナだ．

🤔 R は，特性インピーダンス50Ωの同軸ケーブルの先にある受信機の入力インピーダンスが50Ωと考えればよいのですね．

🧐 右側から入射する電波がエレメントに垂直に通過している．このときポインティング電力（4-1節）は①のように計算できる．
　三つのシミュレータはそれぞれ手法が異なるが，基本となる電磁気学の理論は，マクスウェルが導いた「電磁方程式」だ．

🤔 ポインティング電力は $E \times H$ ですが，この 120π とはいったい何でしょうか？

🧐 $120\pi = 377\Omega$ は電波インピーダンスの値だね．インピーダンスは電圧/電流だが，電界 E [V/m] / 磁界 H [A/m] もΩになる．つまり，平面波の電界と磁界の比は377Ωなんだ．

🤔 なるほど，①の式になりますね．

🧐 また，長さ ℓ の微小ダイポールの放射抵抗 R_r は②の式で得られる（第2章2-3節）．
　さて，このときアンテナの受信電力が最大になる条件は何だろう．

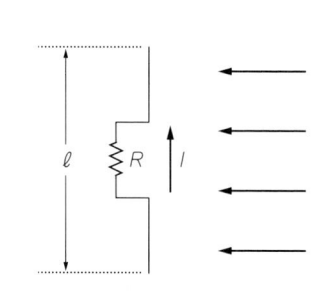

※ ℓ は波長に比べて短いダイポール・アンテナ

① 伝搬方向に直角な，単位面積を流れる電磁エネルギー（ポインティング電力） P は， $P = \dfrac{E^2}{120\pi}$

② 左記の長さ ℓ の微小ダイポールの放射抵抗 R_r は， $R_r = 80\pi^2 \left(\dfrac{\ell}{\lambda}\right)^2$

③ 負荷抵抗 R と R_r が等しいとき，負荷に最大電力 P_m がキャッチされる
$$P_m = \dfrac{V^2}{4R} = \dfrac{V^2}{4R_r}$$

④ $\underset{\text{（アンテナの起電力）}}{V} = \underset{\text{（電界強度）}}{E} \cdot \ell$

⑤ $P_m = \dfrac{E^2 \lambda^2}{320\pi^2}$

⑥ したがって， $A_e = \dfrac{P_m}{P} = \dfrac{3}{8\pi}\lambda^2 = 0.119\lambda^2$

図4-42 微小ループの実効面積を得る手順

生徒A: アンテナと負荷側の整合が取れている必要があるので、それは$R=R_r$ですね。
　だから、受信できる最大電力は③のP_mとなります。

先生: 電界E[V/m]にエレメント長ℓ[m]をかけると、アンテナに誘起される電圧Vが得られる。

生徒A: これらの式を代入してみると……なるほど、⑤の式になりました。

先生: ようやく微小ダイポールの実効面積A_eを求める式にたどり着いたね。
　アンテナの実効面積は、通過する電力からどれだけ電力を吸い込めるかという指標だから…。

生徒A: P_mをPで割れば……⑥のように$0.119\lambda^2$が得られました。

先生: そのとおり。さて、ここで終わってもよいが、もう少し考えてみよう。
　代入して⑤の式を得るときに、エレメントの長さℓが消えてしまうね。

生徒B: ②の式にℓ^2項が入っているからですね。ということは、1/10λに限らず、極端な例では1/100λの微小ダイポールでも、A_eは1/2λダイポール・アンテナより9％しか低下しない……？本当ですか？

先生: 計算上はそうなる。しかし②の式に1/100λを代入するとR_rはわずか0.08Ωだ。これを50Ωに変換する回路には損失分があるから、残念ながら理論値どおりにはいかないね。**表4-1**に、微小アンテナの特性をまとめておこう。

生徒B: 実効高とは何ですか？

先生: 水平設置の場合は実効長ともいう。例えば1/2λダイポール・アンテナの電流分布は正弦波で表されるが、それをどこでも一定の電流が流れると仮定したときの全長を実効長という。
　実効長ℓ_e[m]の線状アンテナを、電界強度E[V/m]の電界の向きに平行に置くと、アンテナの受信開放電圧Vは$E\cdot\ell_e$[V]で得られるから便利だね。

生徒B: Vを③の式に代入すれば、P_mがわかるわけですね。

表4-1 微小アンテナの諸特性

アンテナの種類	放射抵抗 R_r[Ω]	最大実効面積 A_e, λ^2	実効高（最大値）h[Ω]	指向性利得 D	D[dBi]
アイソトロピック		$\dfrac{1}{4\pi}=0.079$		1	0
微小ダイポール※1 長さℓ	$80\left(\dfrac{\pi\ell I_{av}}{\lambda I_0}\right)^2$	$\dfrac{3}{8\pi}=0.119$	$\dfrac{\ell I_{av}}{I_0}$	$\dfrac{3}{2}$	1.76
微小ダイポール※1 長さ$\ell=$1/10λ ($I_{av}=I_0$)	7.9	0.119	$\dfrac{1}{10}\lambda$	$\dfrac{3}{2}$	1.76
微小ダイポール※1 長さ$\ell=$1/10λ ($I_{av}=$1/2I_0)	1.98	0.119	$\dfrac{1}{20}\lambda$	$\dfrac{3}{2}$	1.76
1/2λダイポール（正弦波）	73	$\dfrac{30}{73\pi}=0.13$	$\dfrac{\lambda}{\pi}=\dfrac{2\ell}{\pi}$	1.64	2.15
微小ループ（1ターン）※2 任意形状	$31200\left(\dfrac{A}{\lambda^2}\right)^2$	$\dfrac{3}{8\pi}=0.119$	$2\pi\dfrac{A}{\lambda}$	$\dfrac{3}{2}$	1.76
微小方形ループ（1ターン）※2 1辺$A=\ell^2=$(1/10λ)^2	3.12	$\dfrac{3}{8\pi}=0.119$	$\dfrac{2\pi\lambda}{100}$	$\dfrac{3}{2}$	1.76

※1 $\ell\leq$1/10λ　　※2 $A\leq\lambda^2/100$

Chapter 5 バンド別コンパクト・アンテナのいろいろ

第1章から第4章で，コンパクト・アンテナとは何か，動作原理や性能の限界もわかってきました．そこで本章では，先駆者たちが開拓したいろいろなコンパクト・アンテナをバンド別に調べて，運用のコツや自作のアイデアを大いに活用しましょう．

モービル・ホイップのシミュレーション・モデル
（XFdtdを使用：構造計画研究所提供）

5-1　長・中波のコンパクト・アンテナ

共振型アンテナに必要な寸法は，動作周波数の波長に連動します．一方，設置環境の制約から，長波（135kHz帯）や中波（500kHz，1.9MHz帯）はコンパクト・アンテナを使うしかなく，極端に小型化した製作例も散見されます．なかでも135kHz帯は波長が2.2kmもあるので，タワーを利用しても1/100 λ サイズが精いっぱいでしょう．

MicroVert（第2章）など，同軸ケーブルを放射に利用するアイデアも1/100アンテナと呼ばれているようですが，これらはアンテナ単体からの放射が極めて少ないので，本章では除外しています．

135kHzのコンパクト・アンテナ

135kHz帯は2009年にアマチュア無線に開放されました．波長が約2200mなので，モノポール・アンテナでもエレメント長は約550mになります．

50m高タワーに設置したT型アンテナでQRVのJA7NI 富樫OMの環境は，実に恵まれた希な事例でしょう．一般的には，狭い敷地に20m高前後のタワーで，22m（2/100）クラスのモノポールに底辺装荷のローディング・コイルで共振させるコンパクト・アンテナが有望です．

しかし，実際にチャレンジされているOMの報告によれば，HF帯のアンテナ工作とはずいぶん勝手が違うようです．極端に小型化が必要なアンテナの設計は，その過程で考え込む機会が何度となく訪れ，勉強になります．

さて135kHz帯用のアンテナは，一般的な環境下で実現できる候補が底辺装荷モノポールしかないので，選択の余地はありません．その意味で設計方針に悩むことはありませんが，インピーダンスの値を得るという作業の入り口で，少し足踏みをするでしょう．

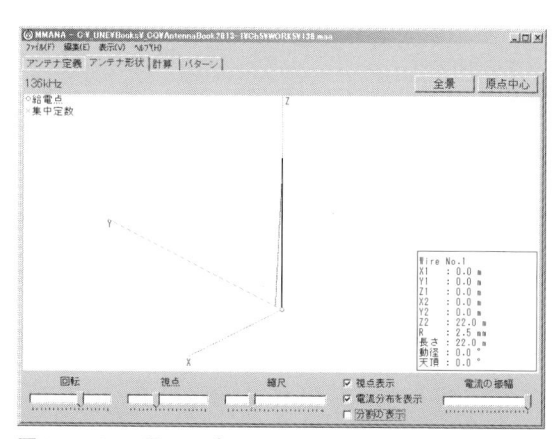

図5-1　22m長モノポール・アンテナのシミュレーション・モデル（MMANAを使用）

第5章　バンド別コンパクト・アンテナのいろいろ

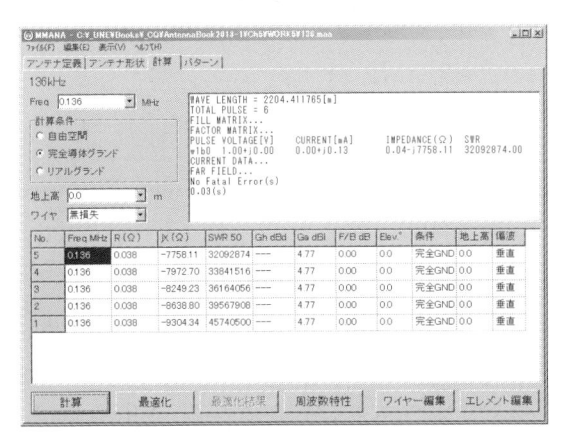

図5-2　入力インピーダンスの結果

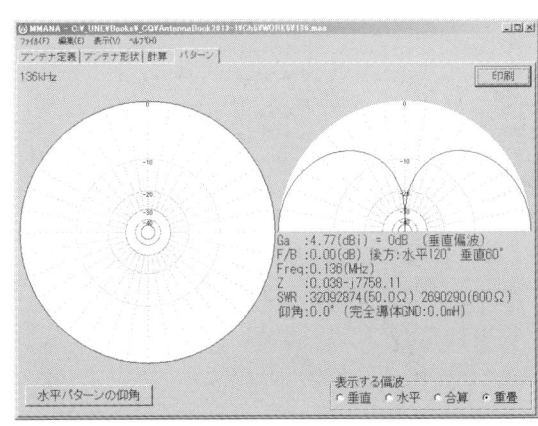

図5-3　放射パターン

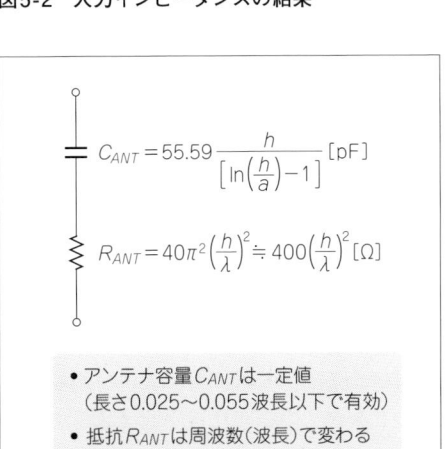

$$C_{ANT} = 55.59 \frac{h}{\left[\ln\left(\frac{h}{a}\right) - 1\right]} \, [\text{pF}]$$

$$R_{ANT} = 40\pi^2 \left(\frac{h}{\lambda}\right)^2 \fallingdotseq 400 \left(\frac{h}{\lambda}\right)^2 \, [\Omega]$$

- アンテナ容量 C_{ANT} は一定値
  （長さ 0.025～0.055 波長以下で有効）
- 抵抗 R_{ANT} は周波数（波長）で変わる
  （値は小さい．数十 mΩ）

図5-4　短い接地型アンテナの等価回路と近似式

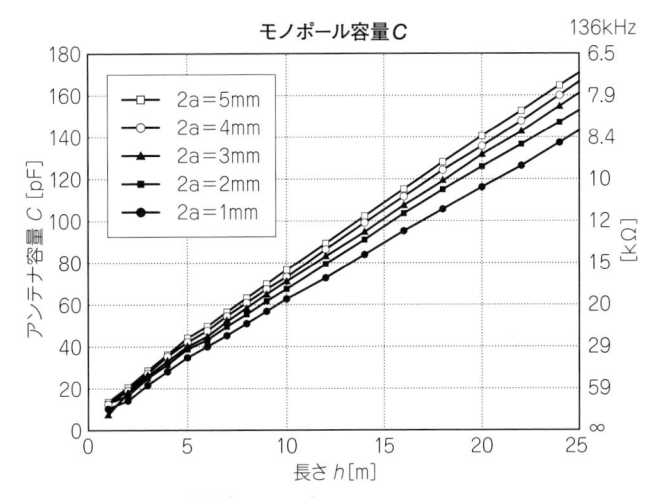

図5-5　アンテナ容量（136kHz）

リアクタンスの変動

図5-1は，このアンテナのシミュレーション・モデルで，MMANAを使っています．図5-2は，136kHzにおける入力インピーダンスの結果です．ワイヤの径を変えると，リアクタンスが変動しています．画面上の5行の表示は，下から上へ，直径1mm，2mm，3mm，4mm，5mmの無損失ワイヤを設定したときの結果で，リアクタンスの大きさは7.8kΩから9.3kΩの範囲にあります．

R は0.038Ωと極めて小さく，ワイヤの径を変えても変動はありませんでした．またグラウンドは完全導体で，図5-3のような放射パターンになりました．

起電力法の結果と比較する

135kHz帯用のアンテナは，幸い先駆者が詳しい報告[*1]を発表されているので，このシミュレーション結果と比較してみました．JF1DMQ 山村OMは，起電力法によるインピーダンスの計算式から，短い接地型アンテナの入力インピーダンスを求める近似式を導いています．

一連の考察過程は参考文献[*1]によるとして，図5-4に山村OMによる等価回路を示します．また，図5-4の C_{ANT} を求める式を使って計算した結果を，図5-5に引用します．これらの値は，図5-2に示したMMANAの値に近くなりました．このアンテナの容量は，図5-5の左側の座標に示された範囲にあり，山村OMは短い接地型アンテナの C_{ANT} の概算値を，6.8 [pF/m] としています．

以上のように，短い接地型アンテナの容量は，大まかには1mあたり7pF程度です．第4章 4-4節のキャパシティ・ハットの容量も，近似的には6～10 [pF/m] であることを思い出します．

コイルのLと整合回路

アンテナの容量がわかれば，136kHzで共振させ

*1 JF1DMQ 山村英穂；136kHzアンテナの考察，CQ ham radio 2010年3月号より隔月連載．

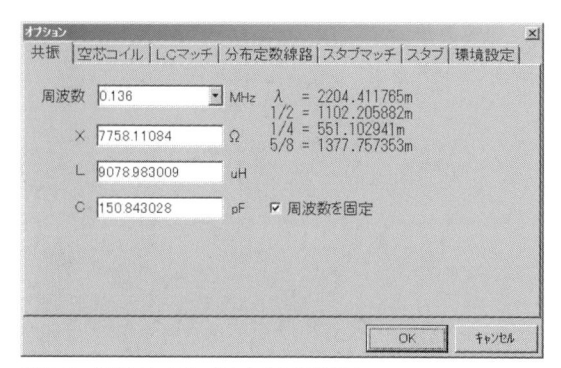

図5-6 「共振」のタブによる画面表示

るために装荷するコイルのLは，次の式で得られます．

$$L = \frac{1}{(2\pi f)^2 C_{ANT}}$$

例えば，図5-2の最上行ではリアクタンス$-jX$の大きさが7.76kΩですが，MMANAのプルダウンで，表示→オプションと進むと，図5-6のダイアログ・ボックスが表示されます．「共振」のタブには，136kHzで共振するLとCの値が表示されており，これは上式の値と同じです．

Lは9mHなので，コイルの大きさや巻き数は，第2章2-4節や第4章4-3節の方法で決められます．

コイルのQは損失を表すので，所望のQを持つコイルが製作できれば，入力インピーダンスの調整が可能です．例えば，$L=9$mHで$Q=200$のコイルが作れたとすると，次の式から損失抵抗Rが求まります．

$$R = \frac{X}{Q} = \frac{7758}{200} \approx 39 [\Omega]$$

短いアンテナの放射抵抗R_rは極めて小さい値なので，入力インピーダンスの実数部（レジスタンス）を占めるのは，コイルの損失抵抗と接地抵抗です．

接地抵抗は，大地の特性値によっても異なりますが，良好な設置が得られれば，コイルの損失抵抗よりは小さいでしょう．両者の和が50Ωに近ければ，このままで特性インピーダンス50Ωの同軸ケーブルに対して整合が取れるでしょう．

短い接地型アンテナの放射効率

アンテナの放射効率ηは，次の式で表されます（第2章）．

$$放射効率 \eta = \frac{R_r}{R_r + R_L} \times 100 [\%]$$

※ ここでR_rは放射抵抗，R_Lは損失抵抗

図5-2は，MMANAによる入力インピーダンスのシミュレーション結果です．エレメントとグラウンドを無損失導体でモデリングしているので，0.038Ωを放射抵抗R_rと考えてみます．

また，図5-4の近似式でも，Rは0.04Ωが得られるので，1/100λサイズの接地型アンテナの放射抵抗は，数十mΩと考えられます．

このとき，損失抵抗R_Lを40Ωとすれば，放射効率ηは約0.1％となり，極めて低い値になりました．

放射効率と利得の関係

電力利得（G_a）と指向性利得（G_d）には次の関係がありました（第3章）．

$$G_a = \eta \, G_d$$

電力利得は現実の利得（真の利得ともいう）ですが，この式は次のようにも記述できます．

$$現実の利得[dB] = 指向性利得[dB]$$
$$+ 10\log_{10}\left(\frac{P_{rad}}{P_{rad} + P_{loss}}\right)$$

※ ここでP_{rad}：放射電力，P_{loss}：損失電力

右辺の第2項は放射効率を表すので100％以下になり，0または負の値をとります．

また，短いアンテナの指向性利得は理論値が1.76dBi（第4章）なので，これを採用して放射効率$\eta=0.1\%$（$0.001=-30$dB）を代入した場合，現実の利得は-28.24dBiです．

EIRPの評価

135kHz帯は，$EIRP$（等価等方輻射電力）1W以下で運用しなければなりません．ここで「等価等方輻射電力」とは，空中線に供給される電力に，与えられた方向における空中線の絶対利得を乗じたものをいう（電波法施行規則　第二条七十八の二），と規定されています．

例えば，アンテナの絶対利得が前項で示した例：-28.24dBiの場合は，送信電力×0.0015を1W以下にするためには，667W以下の電力ということになります．

このように，135kHz帯の超コンパクト・アンテナでは，絶対利得-30dBi前後が精いっぱいといったところなので，1W $EIRP$は，ハムが扱える送信電力からして妥当な既定値と想像できます．また，波長に比べて極めて短いアンテナは，指向性の高い放射パターンを得るのが困難であることも納得がいくでしょう．

5-2 短波帯のコンパクト・アンテナ

短波（HF）帯はDX QSOに有利なので，筆者らはベランダでさまざまなコンパクト・アンテナを試しています．またHF帯のモービル運用も盛んで，ホイップ・アンテナの製品も数多く販売されています．

モービル・ホイップを利用したアンテナ

アパマン・ハムは，ベランダのスペースに設置できるエレメント長が2m前後なので，例えば3.5MHz用GPのエレメント長を2mで設計すれば，わずか10％の長さに短縮されてしまいます．

写真5-1は，筆者が工作したコンパクト・ダイポール・アンテナで，第一電波工業（ダイヤモンド）のモービル用ホイップHF80FXを2本使用しています．

コイルは，線径が異なる二つの部分が直列接続され，給電部の近くから巻き始めた全長は約40cmです．ホイップ（モノポール）の長さは約1.4mですが，コイルの長さが全長の1/3ほどを占めているので，線状のエレメント長はわずか1m弱です．

図5-7は，このコンパクト・ダイポール・アンテナのシミュレーション結果で，(a)電界強度と(b)磁界強度の分布です．

電界ベクトルのループが発生するのは，アンテナから波長程度離れた領域，すなわち第4章で学んだ遠方領域（フラウンホーファー領域）なので，図5-8に示すように解析空間を広く取らないと観測できません．また，図5-9は1/2λのダイポール・アンテナで，超短縮エレメントの周囲の電磁界分布とはやや異なります．

コイルの設計

図5-10は，2.8m長のダイポール・アンテナのMMANAによるシミュレーション結果です．3.53MHzにおける入力インピーダンスは，$0.2 - j7696\,\Omega$となりました．

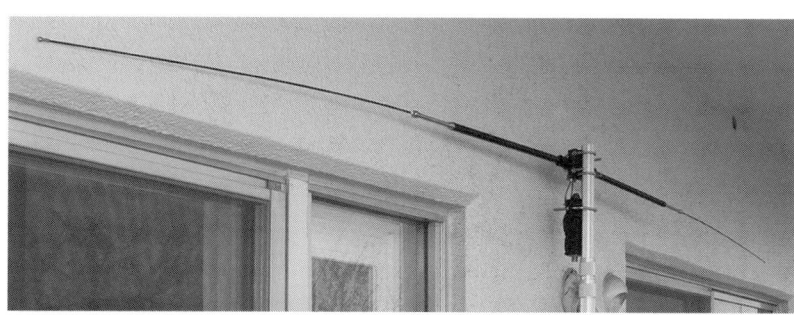

写真5-1 3.5MHzモービル・ホイップ（第一電波工業 HF80FX）を2本使ったダイポール・アンテナ

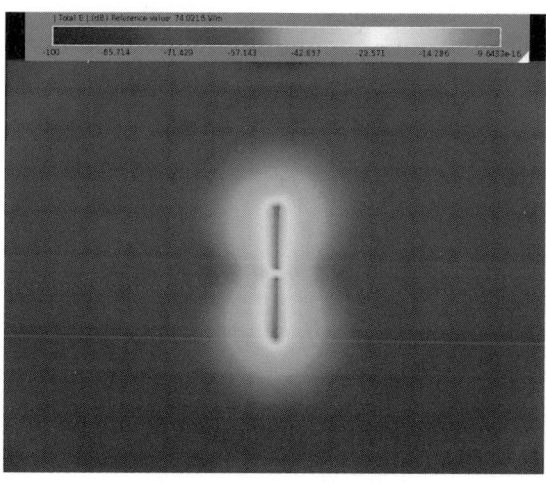

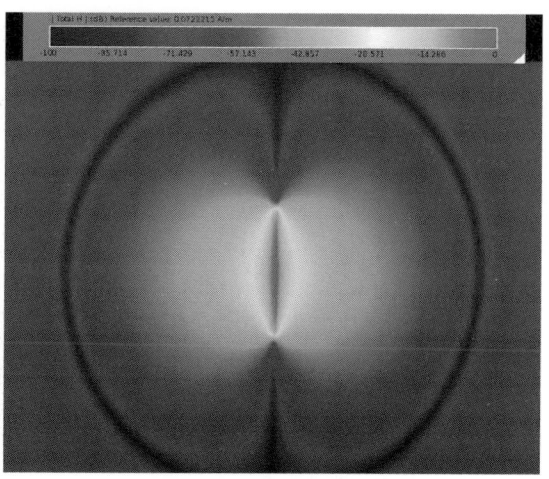

(a) 電界強度分布（位相角：0°）　(b) 磁界強度分布（位相角：90°）

図5-7　全長2.8m，基部にコイルを装荷した超短縮ダイポール・アンテナの強度分布（電磁界シミュレータXFdtdを使用）

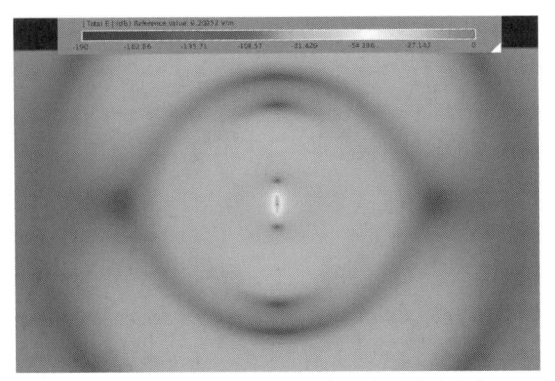

図5-8 解析空間を広く取ったモデルの電界強度分布
画像は，波のようすが見やすくなるレベルに調整している

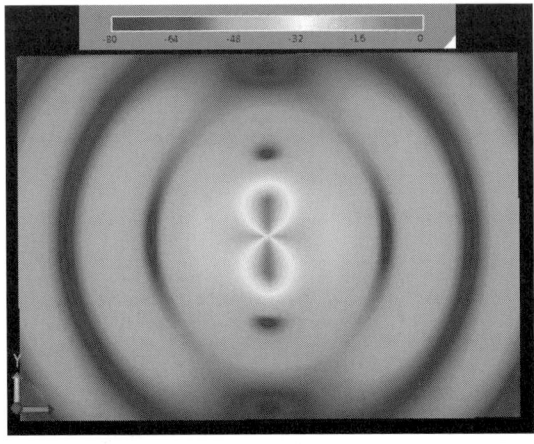

図5-9 フルサイズ（½λ）のダイポール・アンテナの電界強度分布

GPでは，半分の$-j3848\Omega$を打ち消す$+j3848$のリアクタンス（コイル）を装荷するので，コイルのインダクタンスは，次の式から173.5μHとなります．

$$L = \frac{3848}{2\pi f} = \frac{3848}{2\pi \times 3.53 \times 10^6} = 173.5 [\mu H]$$

製品に使われている実際のコイルは，上下2分割にした2段ディストリビューテッド方式とのことで，発熱の多い根元のコイルは直径0.7mm，もう一つのコイルは直径0.5mmの線材を使っています（第一電波工業提供のデータによる）．

理論値を求める計算ツール[*2]によれば，巻き数155回で37μH（$Q=144$），また535回で180μH（$Q=153$）になりました．

3.5MHz用超短縮アンテナの放射効率

実際に使われているコイルは約40cm長ですが，XFdtdによるシミュレーション・モデルでは，給電点から20cm離れた位置に集中定数のコイルを入れてみました．

モデルのコイルを簡略化したことによって，Lの値が97μHのときに3.5MHzで共振するようになりました．

コイルのQを300と仮定すれば，$X = 2\pi fL = 2\pi \times 3.5 \times 10^6 \times 97 \times 10^{-6} = 2133\Omega$なので，コイルの損失抵抗分$R$は$2133/300 = 7.1\Omega$と考えられます．

これらの設定でシミュレーションしたところ，放射効率ηは0.7%になりました[*3]．これは，導体損を考慮した入力電力をもとにして得た結果ですが，不整合ロスを含まない値と考えられます．

中央装荷の放射効率

図5-11は，コイルをエレメントの中央に移したモデルの(a)電界強度と(b)磁界強度の分布です．

また，図5-12は放射パターンですが，½λダイポール・アンテナに似て垂直方向への放射が弱く，フルサイズに比べてやや球体に近い形状になりました．また，前項の根元に装荷した場合も，やや球体に近くなりました（図は省略）．

コイルの位置が変わったので，140μHのときに3.6MHzで共振しました．このときのηは0.4%とさらに低下しましたが，これはコイルのRが10Ωに増

図5-10
3.5MHz用，2.8m長ダイポール・アンテナの入力インピーダンス
（MMANAを使用）

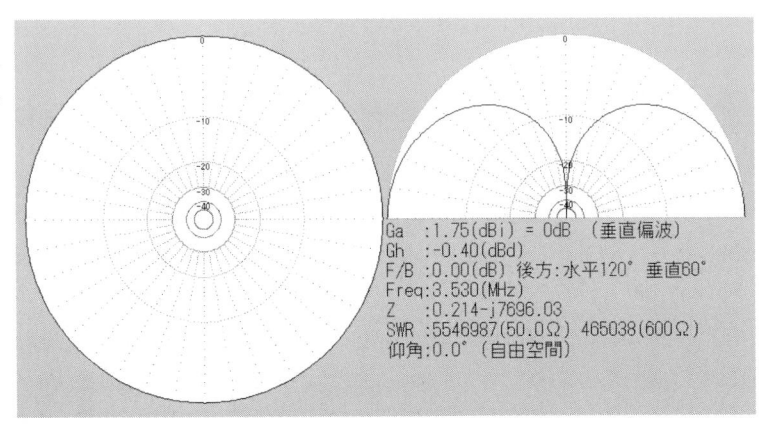

[*2] 例えば http://gate.ruru.ne.jp/rfdn/Tools/ScoilForm.asp#
[*3] ηが非常に低いのは，波長に比べて極端に短縮したエレメントの場合である．

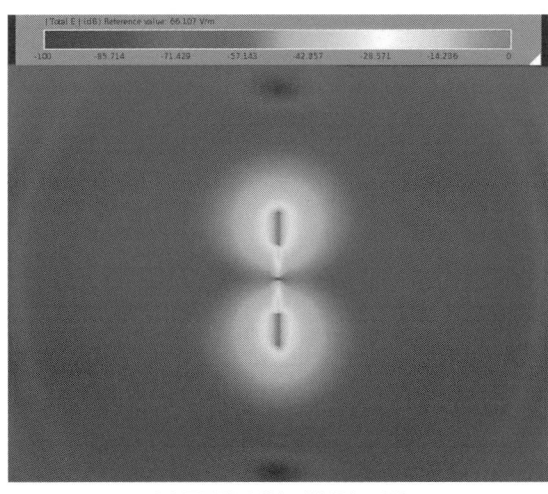

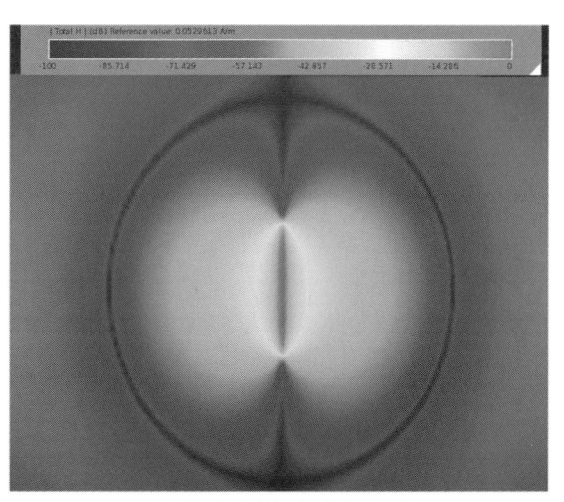

(a) 電界強度分布（位相角：0°）　　　　　　　　　　　　　(b) 磁界強度分布（位相角：90°）

図5-11　全長2.8m，中央部にコイルを装荷した超短縮ダイポール・アンテナの強度分布

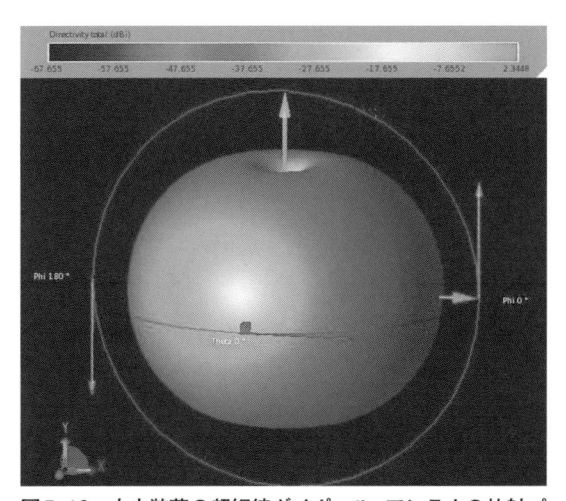

図5-12　中央装荷の超短縮ダイポール・アンテナの放射パターン

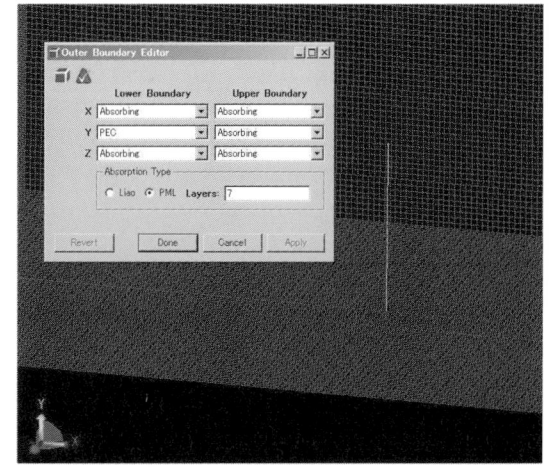

図5-13　底面を電気壁（理想導体）にした，3m長中央装荷のモービル用ホイップのモデル

えたことによると考えられます．

3m長モービル用ホイップ・アンテナ

モービル用ホイップ・アンテナの放射効率ηは，JA1CA 岡本次雄OMの著書に詳しい計算方法が載っています（『アマチュアのアンテナ設計』，第4版，1976年，CQ出版社）．

3.5MHz用としては，3m長で中央装荷のモービル用ホイップの例が参考になります．コイルのQを300，接地抵抗を10Ωで計算したηは，2.7%（底辺装荷）および4.5%（中央装荷）です．これらはエレメントの電流分布を近似した場合の理論値ですが，やはりかなり低い値です．

そこで，シミュレーションでもこれらに近い値になるのか，同じ寸法と構造で試してみました．図5-13は解析空間の底面を電気壁（理想導体）に設定したモデルで，図5-14は（a）電界強度と（b）磁界強度の分布です．

電界は，コイルから先端までの領域に強く分布していることがわかります．また磁界は，コイル付近にやや強い領域が固まっており，いずれも図5-11もダイポール・アンテナの上半分の表示に近いことがわかるでしょう．

また，図5-15は放射パターンです．こちらも図5-12のダイポール・アンテナの上半分の表示に近いことがわかります．装荷コイルのLは80μHで，Qは300です．このとき3.68MHzで共振しましたが，ηは6%になりました[*4]．グラウンドが理想導体なので，

[*4] ηが10%以下と低いが，より高いバンドのモービル用ホイップでは，ηは実用的な値だと思われる．また，電磁界シミュレータでηを得る方法は一通りではなく，方式によって結果に差が出やすいので，これらはあくまで目安となる値である．

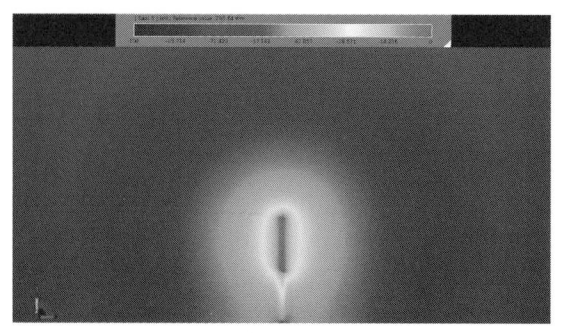

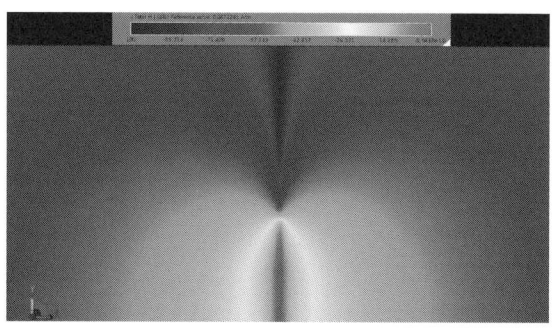

(a) 電界強度分布（位相角：0°）　　　　　　　　　(b) 磁界強度分布（位相角：90°）

図5-14　コイル中央装荷のホイップ（GP）の強度分布

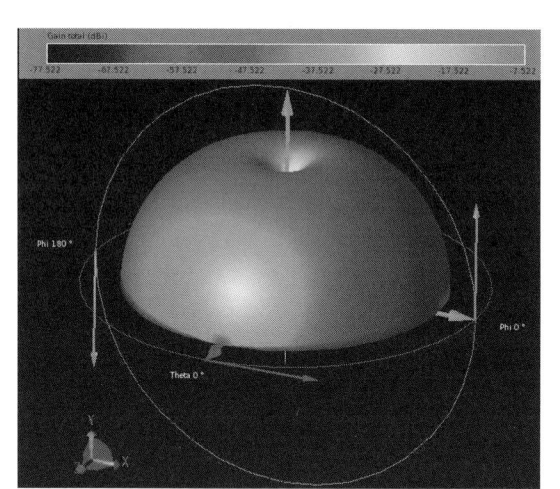

図5-15　コイル中央装荷のホイップ（GP）の放射パターン（底面は理想導体）

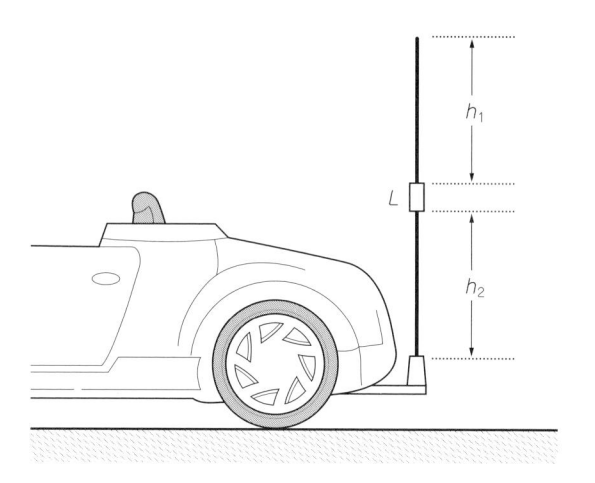

図5-16　モービル用ホイップの設置例

先の理論値4.8%（接地抵抗10Ω）よりやや高い値が得られました．しかし，実際の大地接地ではηはさらに低下するので，理論値に近くなるでしょう．

理論式の抜粋

ここで，前述の岡本OMの著書による計算方法を抜粋しておきます．図5-16のようなモービル用ホイップのリアクタンスは，次の式で得られます．

$$X = jZ_0(\cot G_1 - \tan G_2)\ [\Omega]$$

※ここでG_1はアンテナ上部の電気的長さ（角度），G_2はアンテナ下部の電気的長さ（角度）．著書では5%大きくして6.6°としている

Z_0はアンテナの特性インピーダンスで，次の式で表されます．

$$Z_0 = 60 \log_e \frac{2h}{d} = 60 \log_e \frac{2 \times 3}{0.003}\ [\Omega]$$

※ここでhはアンテナの高さ3m，dはエレメントの平均直径3mm

以上から，Z_0は460Ω，Xは約$j3800$となり，コイルのLは約155μH，コイルのQを300としたときのコイルの実効抵抗（損失分）は3800/300 = 12.7Ωです（中央装荷では2000/300 = 6.7Ω）．また，底辺装荷の放射抵抗は0.47Ω，中央装荷の放射抵抗は1.07Ωになります（放射抵抗の計算は省略）．

これらから，放射効率ηは次のようになります．

底辺装荷のη：
$$\eta = \frac{0.47}{0.47 + 10 + 6.7} \times 100 \approx 2.7\%$$

中央装荷のη：
$$\eta = \frac{1.07}{1.07 + 10 + 12.7} \times 100 \approx 4.5\%$$

モービル用ホイップの放射効率は，3.5MHzや7MHzでは低いことがわかりましたが，実際に使用すると意外に飛んでいるようだという声をよく聞きます．

車体は金属でできているので，モノポール・アンテナのグラウンドとして活用する場合，金属の縁に

沿って流れる高周波電流は，放射に十分寄与するでしょう．

また，整合状態によっては，同軸ケーブルの外導体外側にも電流が流れてしまい，これらが「アンテナ・システム」としての放射効率をアップしてくれます（本章のQ＆Aを参照）．

モービル運用では，これらの「隠れたエレメント」を上手に使いこなすことも有用ですが，自動車の制御回路への回り込みには十分注意する必要があり，オーバー・パワーによる運用は危険です．

5-3 超・極超短波帯のコンパクト・アンテナ

超短波（VHF）帯の周波数は30～300MHz，極超短波（UHF）帯は300MHz～3GHzなので，波長の範囲も1～10m（VHF），10cm～1m（UHF）と，フルサイズの½λダイポール・アンテナを使う場合には手ごろな大きさになります．

そこで本項では，ハム用のアンテナというよりも，商用無線システムで使われているコンパクト・アンテナを紹介して，小型化のアイデアを解説します．

地デジ受信用の超コンパクト・アンテナ

地上波デジタル・テレビ放送は2003年に放送が始まり，地デジと略されています．使用されているチャンネルと周波数，波長の範囲は，**図5-17**に示すとおりで，もっとも低い周波数473MHzの波長は約63cmです．これを半波長のダイポール・アンテナで受信する場合，エレメントの長さは約30cmになり，¼波長のモノポール・アンテナでも約15cmです．

家庭で受信する場合は，**写真5-2**のような八木アンテナを屋外に設置するのが一般的で，地デジ対応のアンテナは，473MHz（13ch）から767MHz（62ch）を良好に受信できるよう設計されています．

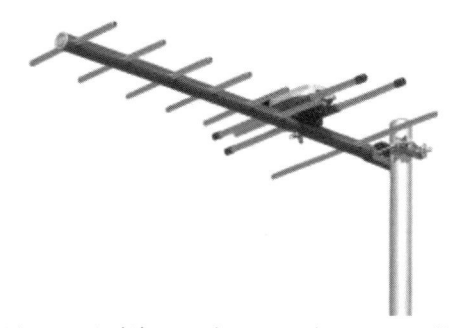

写真5-2　地デジ用の八木アンテナ（DXアンテナ製）

図5-17の下段に示しているのは，地デジ受信用アンテナを内蔵する機器です．いずれもモノポール・アンテナでさえ，フルサイズを内蔵するスペースはありません．アンテナを内蔵するためには，筐体（ケース）の縁に沿ってエレメントを這わせたり，筐体そのものを板状のアンテナ・エレメントにしてしまうなどのアイデアがあります．

しかし，携帯電話は手に持ったまま使うので，持ち方の違いで誘電体の波長短縮効果[*5]の影響度合いが異なってしまいます．電磁界シミュレータで人体をモデリングするときには，比誘電率$\varepsilon_r = 25$程度

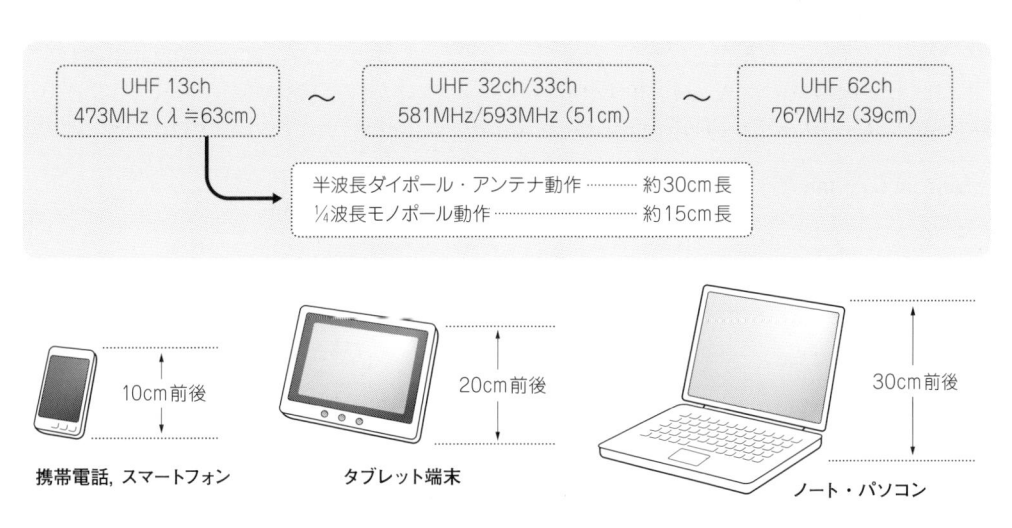

UHF 13ch
473MHz（λ≒63cm）
～
UHF 32ch/33ch
581MHz/593MHz（51cm）
～
UHF 62ch
767MHz（39cm）

半波長ダイポール・アンテナ動作 ……… 約30cm長
¼波長モノポール動作 ……… 約15cm長

10cm前後　携帯電話，スマートフォン
20cm前後　タブレット端末
30cm前後　ノート・パソコン

図5-17　地デジのチャンネルと周波数，波長の範囲

[*5] 電磁波の速度は，比誘電率ε_rの誘電体中では真空中の$1/\sqrt{\varepsilon_r}$になり，波長が短くなる．

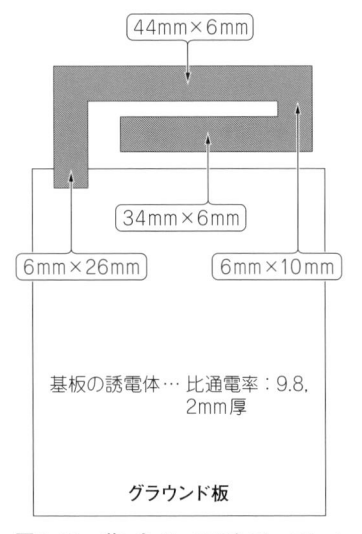

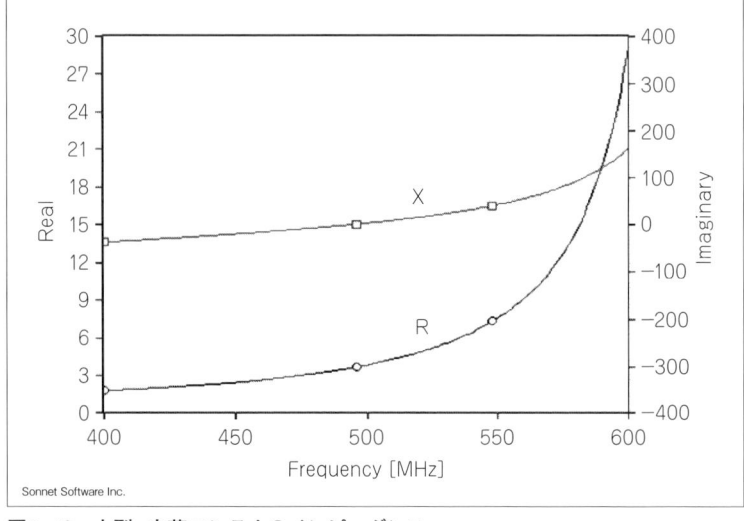

図5-18 逆Lをベースにして，エレメントを折り曲げた小型・内蔵アンテナ

図5-19 小型・内蔵アンテナのインピーダンス

の誘電体として設定するので，最悪ケースでは短縮率が$1/\sqrt{25} = 1/5$になります．

　内蔵アンテナの別のアイデアとしては，小型の逆Lアンテナなどに整合回路の力を借りて，自動的に同調（チューニング）を取ろうという方式が使われています．これはハム用のATU（オート・アンテナ・チューナ）と同じなので，逆Lアンテナというよりは任意長のロング・ワイヤ・アンテナ（文字どおり長いわけではない）で，受信周波数に同調をとるという技術です．

　図5-18は，逆Lをベースにして，エレメントを折り曲げたアンテナです．電磁界シミュレータSonnetで入力インピーダンスを求めると，図5-19のようなグラフが得られました．グラフ上の○印は実際に計算された周波数で，曲線はそれらを補間しています．これらのうちの3点を読むと次のとおりですが，50Ω線路につなげる場合，このままではすべてのバンドで使えません．

　400MHz：$1.8 - j37\,\Omega$
　493MHz：$3.6 - j0\,\Omega$
　600MHz：$29 + j163\,\Omega$

　一般に，アンテナを小型化すると共振のQが高くなって狭帯域になるので，地デジの473MHz（13ch）から767MHz（62ch）で使うためには，周波数に応じて自動的に同調をとるような回路が不可欠になります．

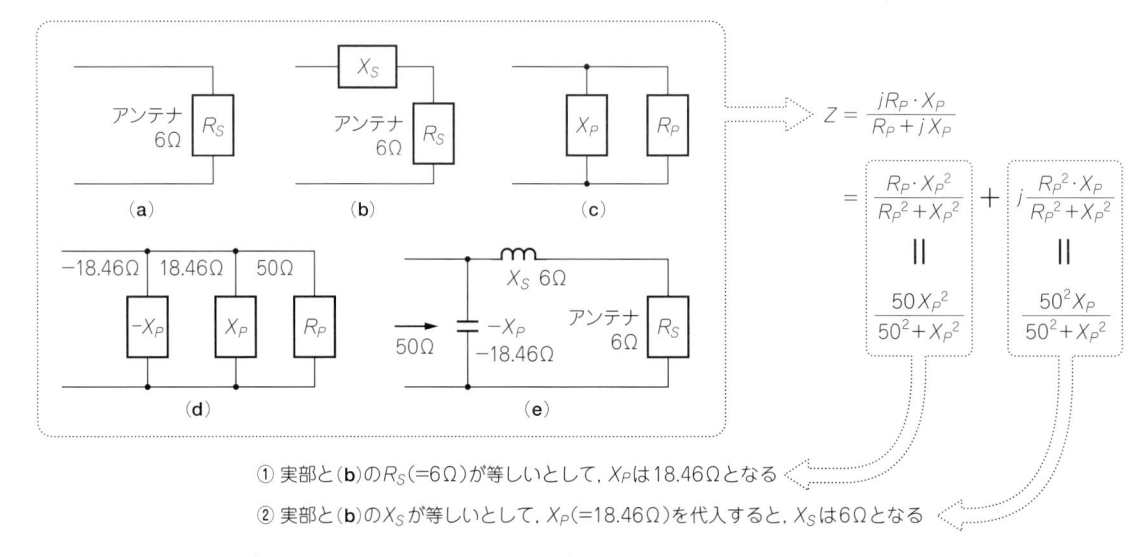

$$Z = \frac{jR_P \cdot X_P}{R_P + jX_P}$$

$$= \frac{R_P \cdot X_P^2}{R_P^2 + X_P^2} + j\frac{R_P^2 \cdot X_P}{R_P^2 + X_P^2}$$

$$\parallel \qquad\qquad \parallel$$

$$\frac{50 X_P^2}{50^2 + X_P^2} \qquad \frac{50^2 X_P}{50^2 + X_P^2}$$

① 実部と(b)のR_S(=6Ω)が等しいとして，X_Pは18.46Ωとなる
② 実部と(b)のX_Sが等しいとして，X_P(=18.46Ω)を代入すると，X_Sは6Ωとなる

図5-20 入力インピーダンスのRが6Ωのアンテナを50Ω線路に整合を取る回路の設計手順

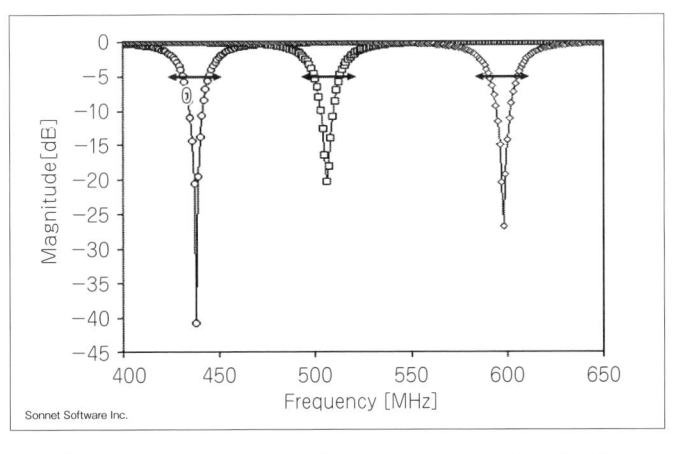

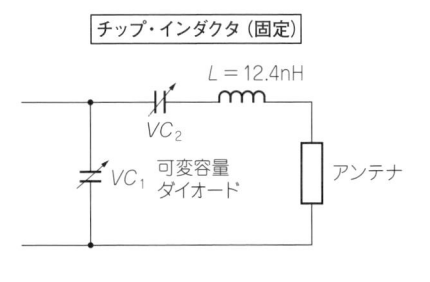

第5章 バンド別コンパクト・アンテナのいろいろ

400MHz付近	500MHz付近	600MHz付近
VC_1:33pF	VC_1:23pF	VC_1:4.5pF
VC_2:なし	VC_2:9pF	VC_2:1.5pF

図5-21
整合回路を使用したときの反射係数
(リターン・ロス)

内蔵する整合回路

第4章4-2節で述べたように,回路シミュレータに付属の整合回路を自動設計する機能を利用すれば,図5-17に示す代表的な周波数で,50Ωに整合を取ることができます.しかし,ここでは理論の説明も兼ねて,手計算で求める手順を紹介します.

例えば図5-20(a)のように,小型化したアンテナの共振周波数における入力インピーダンスの実部R_Sが6Ωだとしましょう.まず,図5-20(b)のように直列にリアクタンスX_Sを接続した回路と,図5-20(c)のように並列にリアクタンスX_Pを接続した回路が等価であれば,並列回路のインピーダンスZは図5-20の右側のように,実部と虚部に分けて書けます.

この式の実部は,図5-20(b)の実部R_Sつまり6Ωに等しいので,X_Pは18.46Ωとなります.また,同様に虚部と図5-20(b)のX_Sが等しいので,X_P=18.46Ωを代入してX_Sは6Ωとなり,図5-20(e)の回路は50Ωに見えます.

実際には連続的に広帯域をスイープできるように,図5-21に示すようにコイルを固定値にして,可変容量ダイオードでCの値を変えて同調するなどのアイデアが使えるでしょう.

実際の携帯電話では,できるだけ電池の消耗を防ぎたいので,複数のLやCをダイオード・スイッチで切り替えるといった方式が考えられます.

5-4 マイクロ波帯のコンパクト・アンテナ

テーパード・スロット・アンテナ(TSA)

図5-22は,基板のスロット線路の幅を徐々に開いて,先端で空間へ電磁波を放射しようというアイデアです.

スロット線路とはスロット・ラインとも呼ばれ,回路基板の片面にスロット(細い溝)を設け,その間に電気を加えて電磁波を伝える線路です.図5-22の構造は,テーパー状のスロット線路に伝わる進行波を押し出して放射するという意味で,テーパード・スロット・アンテナ(TSA)と呼ばれています.

電磁界シミュレータSonnetは,多層基板向きで,

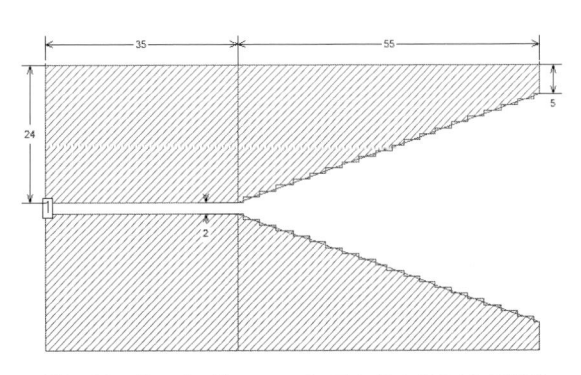

図5-22 テーパード・スロット・アンテナ(TSA)の構造

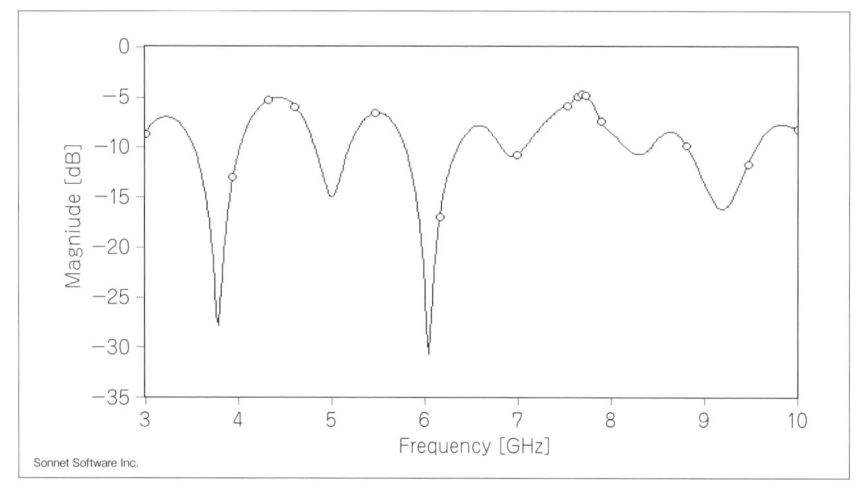

図5-23
TSAのリターン・ロス
130Ωで正規化した

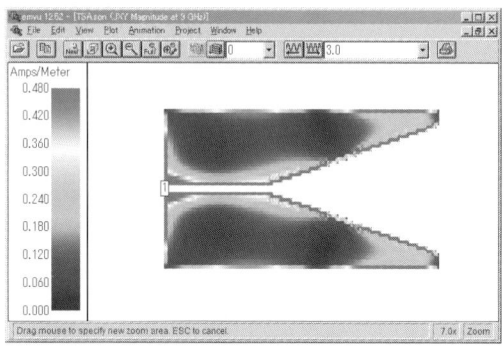

(a) 3GHz

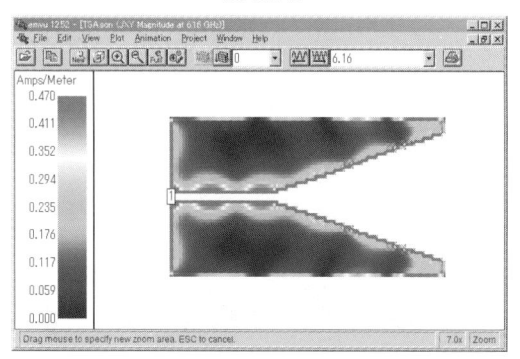

(b) 6.16GHz．スロットやテーパー部に波が見られる

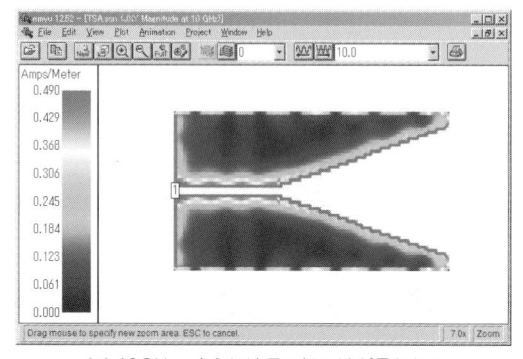

(c) 10GHz．さらに波長の短い波が見られる

図5-24　TSAの表面電流分布

TSAのシミュレーションを試してみました．基板は比誘電率4.9のFR-4で，基板厚は1.6mmです．ワイヤレスUSBで使われるUWB（ウルトラ・ワイドバンド）は，3GHzから10GHzまでの超広帯域アンテナが必要で，TSAをもとにしたアンテナも多く発表されています．

図5-23は，図5-22のTSAの反射係数（リターン・ロス）のグラフです．スロット線路は，2枚の金属板で形成されるスロットの間に給電するので，主にスロットの間隔によって特性インピーダンスが決まります．

図5-22のモデルは，スロット幅が2mmで，特性インピーダンスは3GHzから10GHzの範囲で100Ωから170Ωの範囲にあります．そこで，図5-23に，130Ωを基準インピーダンスとして正規化[*6]した後のグラフを示します．

TSAの電流分布

図5-24は，(a) 3GHz，(b) 6GHz，(c) 10GHzにおけるTSAの表面に分布している電流です．周波

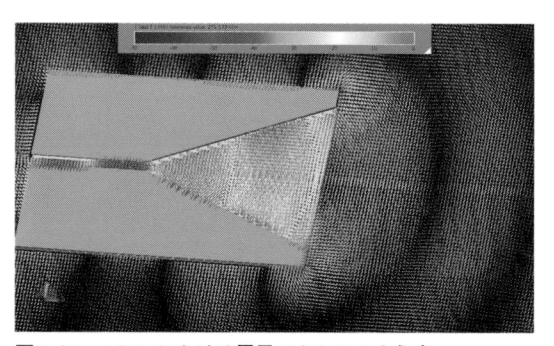

図5-25　5GHzにおける電界ベクトルのようす
空間に電界（電気力線）のループが発生している

*6 基準インピーダンスは，Sパラメータを得るときの基準となるインピーダンスで，基準値で割ったインピーダンスを正規化インピーダンスという．

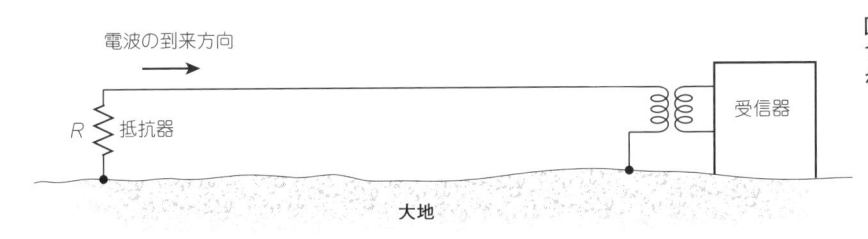

図5-26　160mバンドの受信などで使われるビバレージ・アンテナ

数が高くなると，スロット線路やテーパー部に波がいくつも確認できます．

10GHzの波長は，空間では30mmですが，FR-4の比誘電率が4.9なので，波長短縮効果によりテーパー部に$\frac{1}{2}$波長の波が何個か見られます．スロット線路を伝わる電磁波は，テーパー部で徐々に電界が扇状に開き，図5-25でわかるように，先端から押し出されて電気力線のループが広がると考えられます．

進行波アンテナとは？

適切に終端されている平行2線路（リボン・フィーダ）は，同相の電界と磁界が負荷側へ進み，この電磁波を「進行波」と呼んでいます．ここで「適切な終端」とは，線路の特性インピーダンスが300Ωのときに，先端に同じ300Ωの抵抗を接続する整合終端のことです．

160mバンドの受信で使われるビバレージ・アンテナは，大地の近くに這わせた導線の方向に指向性があります（図5-26）．このアンテナ（線路）は，その特性インピーダンスと同じ値の抵抗器で終端することで進行波成分が強くなって指向性が増し，不要電波を受信しにくくなるという特徴があります．

ここで重要なのは，進行波は無反射状態を作ることによってのみ実現できるということです．したがって，TSAでも放射端のインピーダンス（電界と磁界の比）が無反射の条件になっているか否かが重要です．

しかし，図5-24の電流分布を観察すると，テーパー状のスロットに電流の強弱があり，これは反射波と進行波が合成されてできる「定在波」を表しています．つまり，先端がオープン（開放）の回路では，電磁波の一部は必ず反射され，進行波のみを実現することがいかに難しいか納得できるでしょう．

もう一つ重要なのはテーパー部の長さで，TSAの

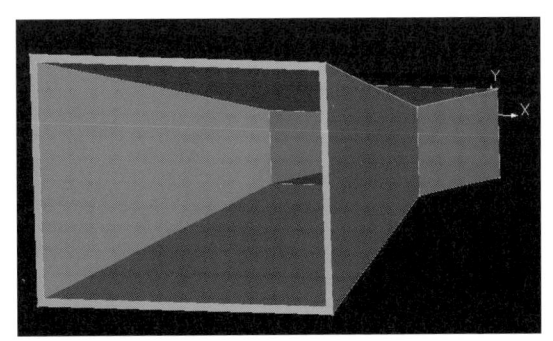

図5-27　ラッパの形をしたホーン・アンテナ

ように進行波成分をより多く発生したければ，テーパー部に数波長以上のアプローチが必要になります．ラッパの形をしたホーン・アンテナ（図5-27）も進行波アンテナで，TSAを立体にしたような構造です．やはりアプローチが長いので，主にマイクロ波やミリ波で使われています．

$\frac{\lambda}{100}$アンテナを実現する提案の中に，「波長に比べて極めて小さい導体を使って進行波を発生できる」という主張があると聞きますが，短い導体の先端はオープン回路なので反射が起こり，進行波のみを発生することはできません．また，波長に比べて極めて小さい導体の端部では，空間のインピーダンスと整合を取ることは極めて困難でしょう．

コンパクトTSAの実現

基板上のパターンで実現したアンテナは，誘電体の波長短縮効果によって小型化できます．誘電率が高いほどコンパクトになるので，TSAの誘電体をセラミックスに換えると，極端な小型化が可能です．

例えば比誘電率100前後の材料を使えば，サンドイッチしたときに$\frac{1}{10}$近い短縮効果が得られます．しかし損失が大きいと放射効率は低く，これはUWBのような近距離通信システム向きの方法かもしれません．

第5章 Q&A モービル・ホイップと車体の影響

Q: 数m長のモービル・ホイップは，80mバンド（3.5MHz）や40mバンド（7MHz）で放射効率ηが低いことがわかりました．しかし，実際の運用では思いのほかよく飛んでいるので，ηはもう少し高いのではないかと思うのですが……．

A: 自動車の車体にアースを取ると，金属の縁に沿って電流が流れる．この電流はコモンモード分[*7]だから確実に放射に寄与している．だから，周波数にもよるが，ηは向上するだろうね．

図5-28は自動車のモデルで，7MHz用の中央装荷モービル・ホイップをシミュレーションした例だ．エレメント長は2mで，基台から1mの中央位置にコイルがある．

Q: 図5-29は同じ2m長の中央装荷モノポール・アンテナで，こちらは接地抵抗10Ωに相当するグラウンド導体をモデリングしています．コイルのQを200と仮定したシミュレーションの結果，ηは12%でした．一方，自動車のモデルでは，同じグラウンドの条件下で17%に向上したので，ηは車体の効果で確かに高くなりました．

A: 車体の接地抵抗は，グラウンドに埋めた短いアース棒より低いため，良好な接地効果が得られる．高周波電流は，金属の表面や縁に沿って強く流れるので，これを線状の電流と考えれば，車体に何本ものラジアル・ワイヤを付けた，短縮エレメントのGP（グラウンド・プレーン）アンテナのような動作になる．

図5-28 7MHz用の中央装荷モービル・ホイップを設置した自動車のモデル（XFdtdを使用．車体のデータは構造計画研究所提供）

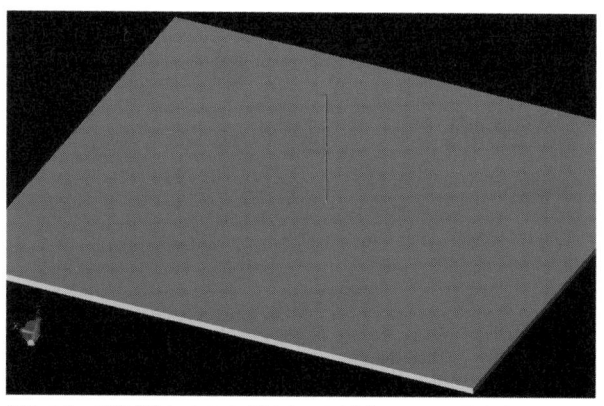

図5-29 接地抵抗10Ωのグラウンド導体上の2m長中央装荷モノポール・アンテナ

[*7] コモンモード電流は一方向に流れる電流成分で，放射のもとになる電流（第2章 2-2節）．平行2線は，両電流の大きさが同じで向きが互いに逆なので，発生する電磁界はキャンセルされて放射は極めて少ない．しかし，互いの電流量が異なる場合は，その差分がコモンモード分として放射に寄与して，高周波ノイズの発生源になる．

車体の寸法から判断すると，HF帯で思いのほかよく飛ぶのは，この「ラジアル効果」のおかげだろう．

> 図5-30は自動車の周りの磁界強度分布です．車体に沿って強い磁界（磁力線）が観測されましたが，これは車体の表面に誘導電流が流れているという証拠ですね．

そのとおり．空間の磁界は金属面に平行に這うため誘導電流が流れ，それが再び磁界を発生するので再放射が起こる．金属は直流的に導通していなくても反射器のように働くから，この効果も大きいだろう．

図5-31は車体の周りの電界強度だ．電界（電気力線）は，車体と短縮エレメントの間に強く分布して，1波長程度離れた領域からは電気力線のループが広がり，電磁波の移動が始まる．

> このモデルは給電線を省略していますが，実際は給電点の整合が完璧ではないので，同軸ケーブル外導体の外側にコモンモード電流が流れて，η はさらにアップするでしょうね．

走行中は無理だが，見通しの良い高地でQRVするときには，フルサイズ（$1/4 \lambda$長）のラジアル線を数本追加して共振させると，さらにFBかもしれないね．

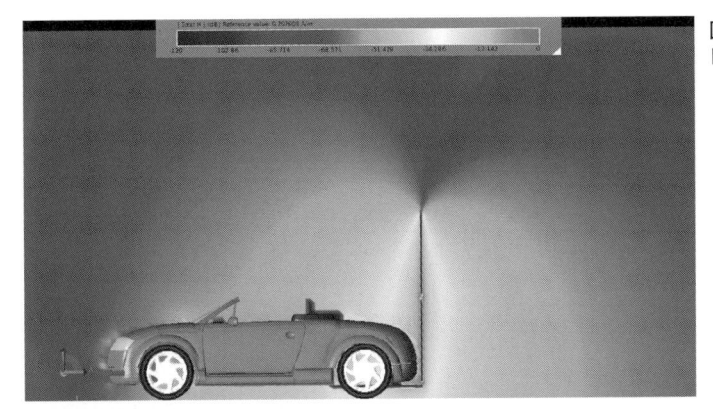

図5-30
自動車の周りの磁界強度分布（7.1MHz）

図5-31
自動車の周りの電界強度分布（7.1MHz）

Chapter 6 章 アパマン・ハムとコンパクト・アンテナ

コンパクト・アンテナは，設置できるスペースが十分とれないアパマン・ハムにこそ必須のアイテムです．HFやローバンドにチャレンジするOMは，工夫しだいで狭いスペースでもアンテナを設置できます．

W1AB　Al Brogdon, ARRL発行

WB4KTC　Robert J. Traister, TAB Books発行

6-1　「ロー・プロファイル」アンテナとは？

　ロー・プロファイル（low profile）は，目立たないとか，小型化された，省スペースといった意味で使われます．ずばり"LOW PROFILE AMATEUR RADIO"というタイトルの本もあり，これは主にモバイル運用を前提としたリグやコンパクト・アンテナが紹介されています．

　欧米の固定局は，大型アンテナの設置スペースが十分あるから，ロー・プロファイルには縁がないと考えるのは早計のようです．現に"HOW TO BUILD HIDDEN LIMITED-SPACE ANTENNAS THAT WORK"（「限られたスペースに建てるお役立ち隠密アンテナ」とでも訳す？ hi）という本も発行されています（いずれもタイトル写真参照）．

ステルス・アンテナとは？

　写真6-1と写真6-2は，"STEALTH AMATEUR RADIO"と"Stealth Antennas"というタイトルの本で，いずれもステルスというキーワードが使われています．ステルス戦闘機を思い浮かべるように，低被発見性や低被探知性といった意味で使われていますが，コンパクト・アンテナを用いて見つからないように運用するという点では，ロー・プロファイルの仲間といえるでしょう．

　昔，オーストラリアを旅したときに，メルボルンの住宅街に迷い込んでしまいました．どの家も広い芝生の庭があり，手入れが行き届いたイングリッシュ・ガーデンで，HFの大

写真6-1　"STEALTH AMATEUR RADIO"
NTØZ　Kirk A. Kleinschmidt, ARRL発行

写真6-2　"Stealth Antennas"
GØKYA　Steve Nichols, RSGB発行

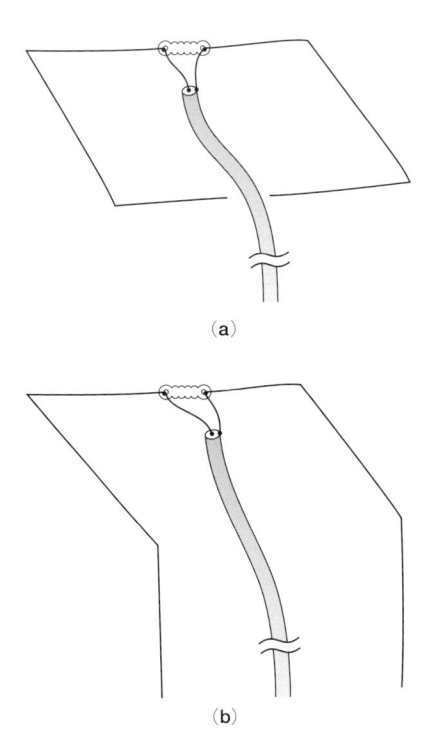

図6-1 木造家屋の天井に張った折り曲げダイポール・アンテナの例

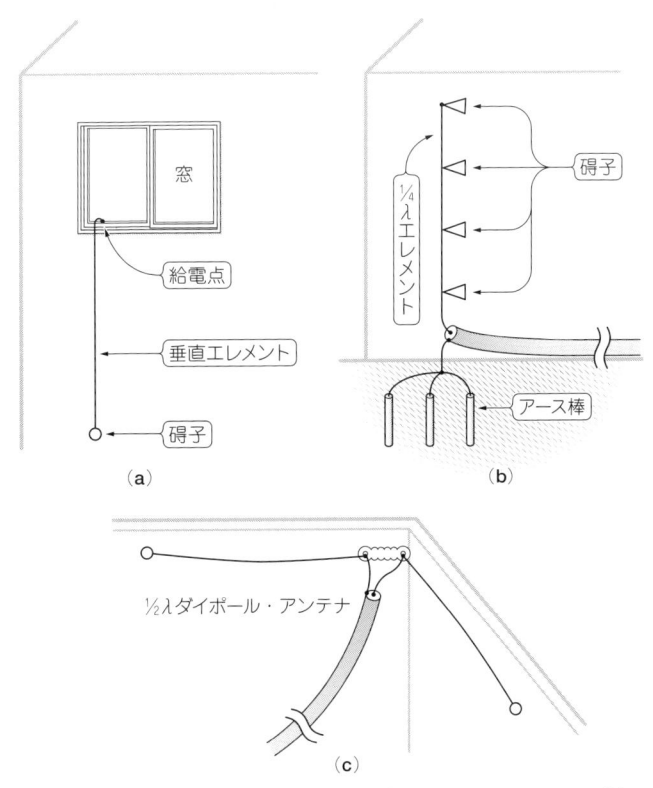

図6-2 壁や塀に沿って這わせるロー・プロファイル・アンテナの例

型アンテナは建てられないほど整然とした開放空間でした．

広い庭があるにもかかわらず，近所に気兼ねしてタワーを建てられない住宅街では，**写真6-2**の表紙中央の写真のように，木造家屋の屋根裏にマグネチック・ループ・アンテナ（第4章）を設置するという例も，現実味を帯びてきます．

筆者は，木造の借家住まいだったときに，天井に**図6-1**のようなダイポール・アンテナを張って運用したことがあります．アンテナは人体に近いので，電波防護指針に則り10W機で送信していました．

家屋に這わせるアンテナ

図6-2は，家屋の壁や塀に沿ってワイヤ・エレメントを這わせる，ロー・プロファイル・アンテナの例です．

木造の壁や塀には，ダイポール・アンテナやモノポール・アンテナを設置できます．ぴったり張るよりは，少しでも離すと影響を軽減できるでしょう．

また，コンクリートの場合も碍子を使って，できるだけ離します．内部の鉄筋の近くには平行に設置しないようにして，どうしても避けられない場合はエレメントと鉄筋は直交するように張ります．**写真6-3**は安価な金属探知機です．筆者の家のコンクリートの壁で試したところ，どうにか鉄筋の検出ができました．

庭木の利用

庭に高い立木があるときには，**図6-3**のようにダイポール・アンテナやモノポール・アンテナを設置で

写真6-3 金属探知機 Colluck WP105（秋月電子通商）

(a) (b) (c)

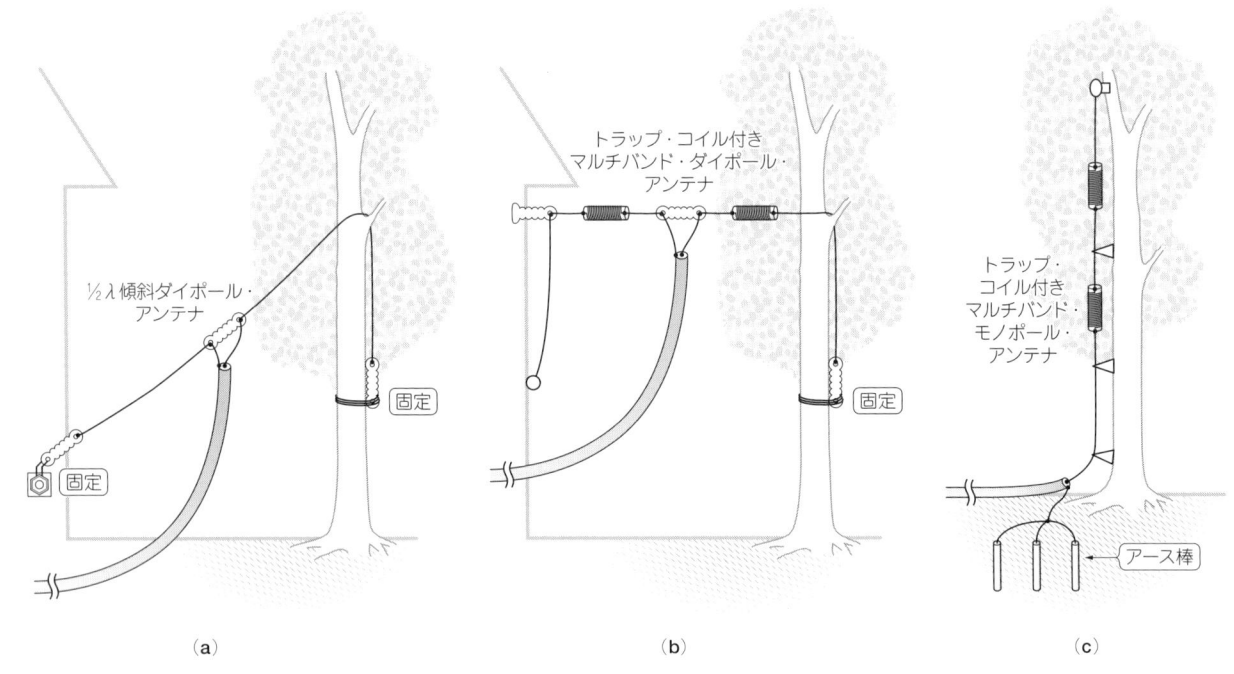

図6-3　庭の立木を利用したロー・プロファイル・アンテナの例

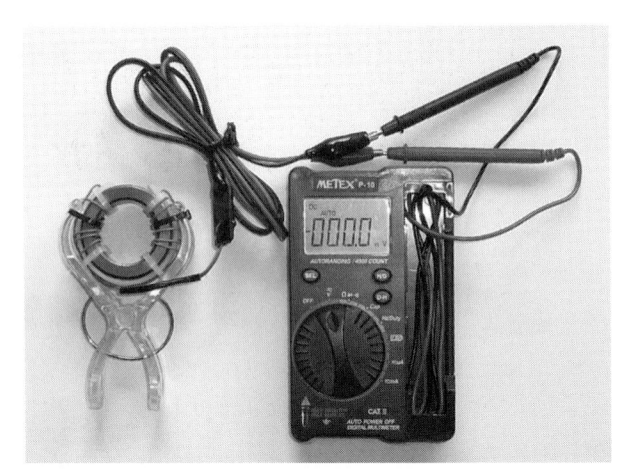

写真6-4　RF電流計（大進無線 製：テスタを除く）

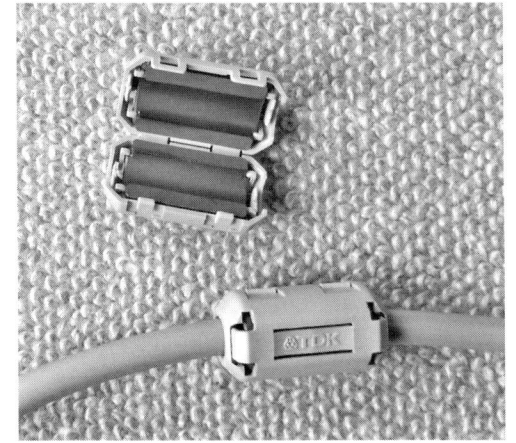

写真6-5　分割フェライト・コア（TDK製）

きます．

　このときエレメントは，先端に近い位置で折り曲げてもよく，左右が非対称形になるときは，広帯域バランは使わずに，直接同軸ケーブルで給電しています．HF帯の傾斜形ダイポール・アンテナは，給電部をできるだけ高い位置に引き上げると，放射に有利になります．

　バランを使用しないので，同軸ケーブルの外導体外側に流れるコモンモード電流からの放射があります．

　また，極端な非対称形で整合状態が悪化する場合，このコモンモード電流がリグに回り込むことがあるので，JF1DMQ 山村OM設計のRF電流計（**写真6-4**）を使って，リグ近くのコモンモード電流を測定しておくと安心です．

　第2章で述べた筆者のベランダ釣り竿アンテナは，ATU（オートマチック・アンテナ・チューナ）に近い位置で分割フェライト・コア（**写真6-5**）を10個，位相切り替えスイッチの前後に8個数珠つなぎにしています．理想はコモンモード電流ゼロですが，CW100Wで送信したとき，リグの直前で1mA（検出限界）以下でした．

第6章　アパマン・ハムとコンパクト・アンテナ

6-2　地表波の電波伝搬

ヘルツが描いた電界

写真6-6は，ヘルツが1888（明治21）年に描いた，彼が製作したダイポール・アンテナの周りに分布する電界（電気力線）です．これは，筆者らがミュンヘンにあるドイツ博物館のヘルツ・コーナーを訪問したときに見た展示パネルです．

図6-4は，それを描き直したものです．中央のヘルツ・ダイポールは円（球体）で囲まれていますが，実際には二つの小さい球体表面に，互いに異符号の電荷を持ち，それらの＋極から出た電気力線が，－極に至っています．

ここで注目すべきは，ヘルツ・ダイポールの近傍では電気力線が＋極と－極を結ぶだけで，解き放たれていないということです．しかし，その先で電気力線はちぎれて輪になり，それが空間に広がることで電界が移動しているのです．

ヘルツは，このときすでにエネルギーが留まっている近傍界（フレネル領域：第4章）と，移動している遠方界（フラウンホーファー領域：第4章）を意識していたものと思われます．

大地の影響

空間の電界や磁界を力線で表すアイデアは，ファラデーによって考案されました．ヘルツは，彼のアイデアを使ってヘルツ・ダイポールの周りの電界を説明しました．

図6-5は，フランスの数理物理学者ポアンカレ

写真6-6　ヘルツが描いた電界（電気力線）
ミュンヘンのドイツ博物館で筆者ら撮影

（1854－1912年）が1901（明治34）年に描いた，大地を含む電界の分布です．

波源は左端にある接地系のモノポール・アンテナで，やはり遠方界では電界の輪（の半分）ができて，

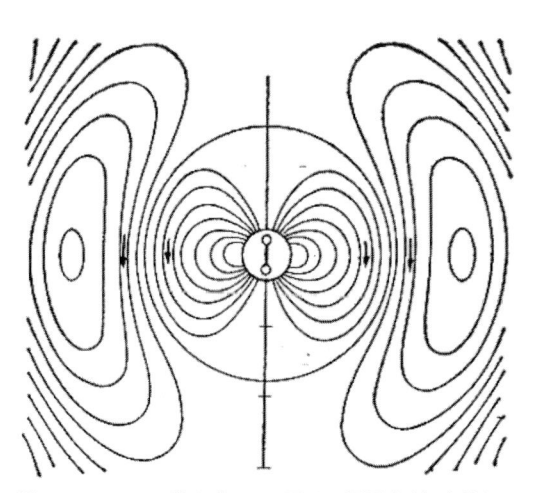

図6-4　ヘルツ・ダイポールの周りの電界（電気力線）

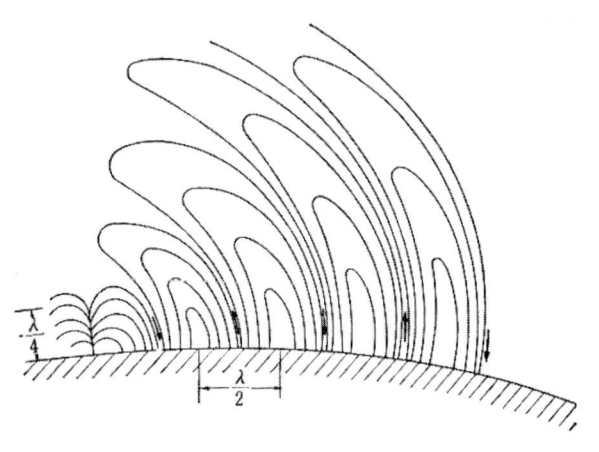

図6-5　ポアンカレによる大地を含む電界分布の絵

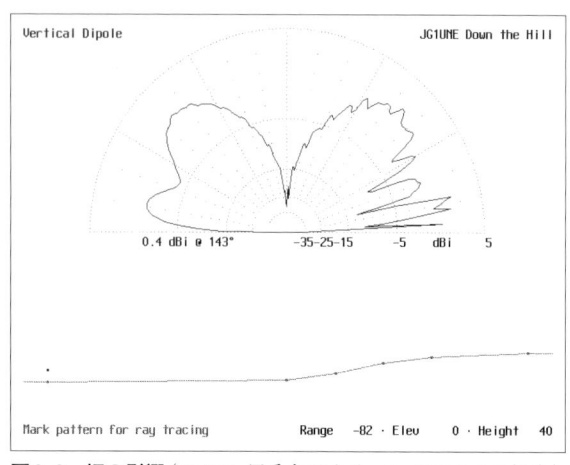

図6-6 坂の影響（14MHz用垂直ダイポール・アンテナの場合）

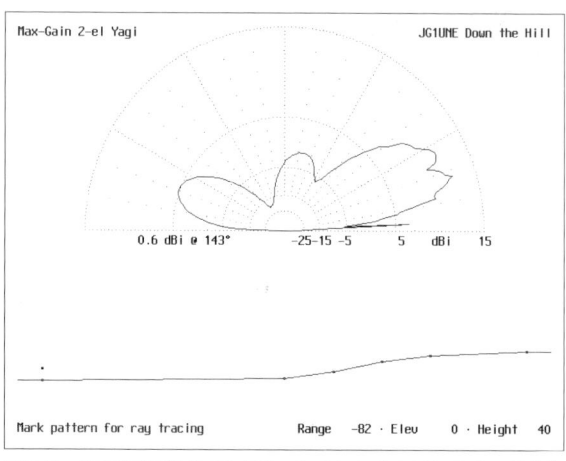

図6-7 坂の影響（14MHz用2エレメント八木アンテナの場合）

その先に移動して広がるようすがよくわかります．なお，左半分は対称形なので省略してあり，右の方向へは途中までの電界（電気力線）を描いています．また図6-4と図6-5は，いずれも2次元平面に描かれていますが，実際には周囲360°の全方向へ放射されます．

遠方界では，電界の最大または最小は½λ間隔で現れていますが，これは正弦波を考えれば納得できるでしょう．また，電界（電気力線）は大地に対して垂直に描かれていることにも気をつけてください．電界ベクトルは理想導体に対して垂直になりますが，大地は抵抗を有するので，厳密には90°より少しずれます．

一方，磁界（磁力線）は線状電流の周りにまとわりつくループになるので，空間に輪が広がります．そこで，遠方界では電界と磁界が広がり，両者による電力が空間を旅することになるのです．

大地を這う地表波

大地に沿って移動する電磁界は，図6-5に示すように地表を這うように進み，長波や中波は主に地表波として伝わります．これは，長波や中波がE層（第1章）で反射されるものの，減衰が大きいからです．

短波も地表波として伝わりますが，途中に波長に近い金属があると，誘導電流を発生することで減衰量が大きくなります．ビルの鉄骨などもその原因となるので，短波帯では電離層による反射を利用した通信が有利です．

一方，長波や中波は波長が長いので，途中にある金属が誘導電流を発して共振することは少なく，大地を這う地表波によるQSOが主になります．

坂下の住宅でQRVすると…

短波帯も地表波によるQSOが可能ですが，水平偏波のダイポール・アンテナや八木アンテナを使う場合は，大地で反射した後の打ち上げ角（仰角）が気になるでしょう．

K6STI Brian Beezleyは，AO（Antenna Optimizer）やYO（YAGI Optimizer）というアンテナ設計のソフトを開発しました．また，TA（Terrain Analyzer）は，周囲の地形を考慮して計算した放射パターンを描いてくれるプログラムです．筆者は1990年代に購入しましたが，MS-DOS版なので現在は販売されていないようです．

図6-6は，筆者の住居周辺の地形の定義を含んだTAのシミュレーション結果です．北東方面（図では右方向）に急な坂があり，反対方向にあたる南西は多摩川の河川敷なのでひらけています．しかし，いつも通信したい相手は最悪の北東方面なので，坂に向かった電波がどのように放射されるのか知りたくなりました．

シャックから坂の頂上を見上げると威圧感（hi）があり，500m先で地上高にして約30mの差があります．このシミュレーションで使用したアンテナは，図の左下の点で表示された位置にあり，地上高約12mの14MHz用垂直ダイポール・アンテナです．

このアンテナはもともと打ち上げ角が低いので，北東方面は凸凹が多くなってヌル点が生じる角度も増えているのがわかります．しかし丘を見上げる方向へも，思いのほかしっかり電波は出ているような

ので安心しました．

図6-7は，アンテナを2エレメントの八木アンテナに変えた例です．地上高が12mなので，打ち上げ角は平坦なグラウンドの場合でも約23°あります．しかし，シミュレーション結果によれば，悲観的になる必要はない放射パターンが得られました．

また，坂によって放射パターンが乱れる度合いは，14MHzでは水平偏波のほうが軽症のようです．周波数にもよりますが，これらの結果からは，かなり切り立った断崖絶壁の底などで運用しないかぎり，盆地などでの運用もそれほど不利ではないことがわかり，安心しました．

6-3 住宅街の障害物

鉄柱群の影響

筆者の集合住宅の南東面は，写真6-7に示すように，学校の狭い校庭に多くの鉄柱が建っています．第一種低層住居専用地域なのですが，規制値を超える約15m高で14本と12本の2列がまちまちの間隔で乱立しており，波長に近いHF帯では，放射パターンに影響が出ないか心配になりました．

そこで，ベランダに設置した7MHz用モノポール・アンテナ（L型）を想定したモデリングで，鉄柱群の影響をシミュレーションしてみました．図6-8は，給電点が5m高のモノポール・アンテナで，筆者宅のアンテナが設置されている位置に近いモデルです．

アンテナは，10mのモノポールに10mの水平ラジアル・ワイヤが1本で，直前の鉄柱には誘導電流が流れています（図6-9）．ほかの鉄柱にも電流が流れることで，全体として反射器のように働いているようです．

図6-10に示す放射パターンは，図の手前に向かって強くなり，反射波と合成されて指向性がやや強くなっていることが確認できます．

マンションの鉄骨の影響

より現実的なモデルにするためには，コンクリートに鉄骨が入っている建物を追加する必要があります．図6-11はそのモデルをシミュレーションした結果です．今度は鉄骨に誘導された電流による再放射（反射）も合成されて，建物に沿った方向へ指向性

写真6-7 ベランダに近接して乱立する鉄塔群

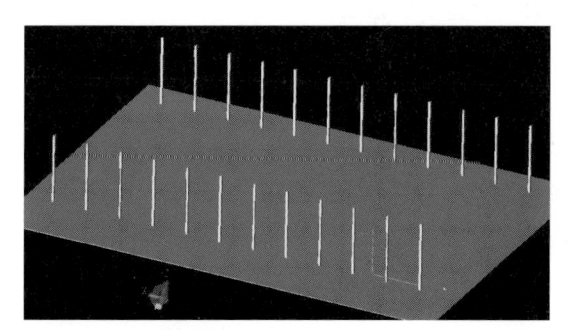

図6-8 7MHz用L型モノポール・アンテナと周囲の鉄柱群を含むシミュレーション・モデル

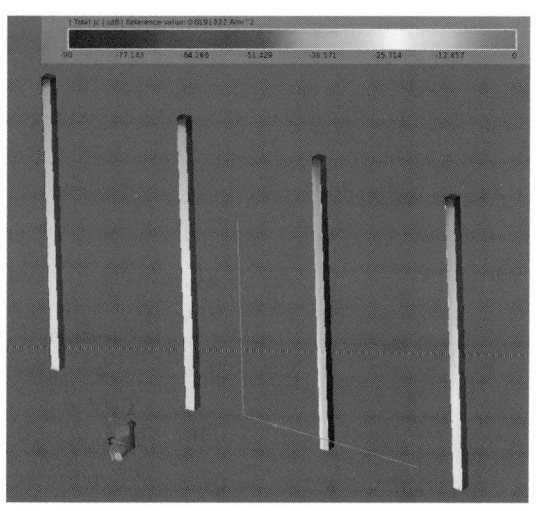

図6-9 鉄柱に誘導された電流の分布

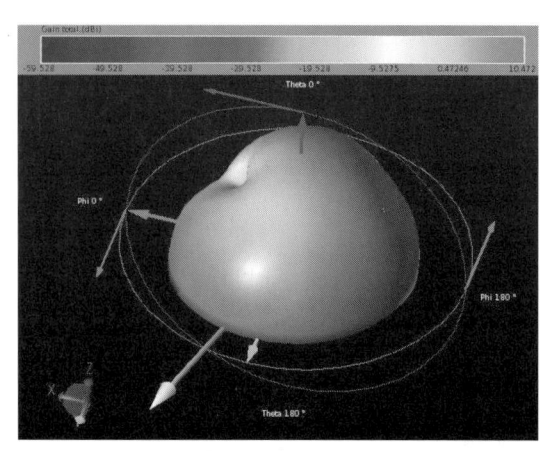

図6-10 7MHz用L型モノポール・アンテナと周囲の鉄柱群を含む放射パターン

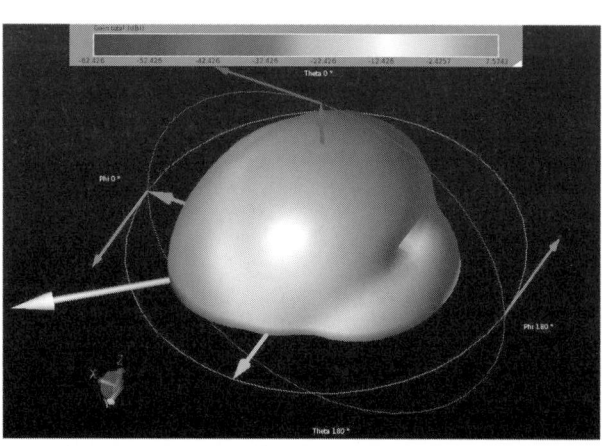

図6-11 7MHz用L型モノポール・アンテナと鉄筋コンクリート・マンションを含む放射パターン

が強くなっていることがわかりました．

　鉄骨は垂直方向に12mの長さで，2m間隔で建物全体に並んでいます．実際は水平方向の鉄骨もあるため，これは簡便なモデルです．このとき，建物全体を含んだ放射効率ηは69%になりました．厳密なモデルではないので，これは目安としての値です．

　しかし，建物を追加する前のηが97%だったので，周波数やアンテナの種類にもよりますが，おそらく鉄筋コンクリートの建物は，予想以上に放射効率を低下させると考えられます（さらに詳しくは第7章を参照）．近くに乱立する鉄柱の影響でηが低下する量はわずかでしたが，放射パターンには大きく影響することがわかりました．

レイ・トレーシングとは？

　前節で紹介したTAというプログラムは，レイ・トレーシングという技法を用いており，地形の座標データと，大地の誘電率と導電率も考慮して，反射や透過，回折を計算して放射パターンを描画しています．

　レイ・トレーシングは光を追跡する手法で，コンピュータ・グラフィックスではよく利用されています．電波が進行する場所にあって障害となる建物の面や角部により，その先の進路を計算しています．

　電波は，図6-12に示すように建物の面では反射，透過を，また建物の角部では回折して進みます．都市部や市街地では，モデルに送信機（Tx）や受信機（Rx）を設置して電波の経路をシミュレーションすることで，電波の経路（パス）を可視化します．

　電波の経路がわかれば，最終的な受信点における伝搬損失，受信レベルが得られます．例えば，ビルの屋上にあるアンテナから放射された場合，図6-13に示すように，反射や回折などの影響を受けた電波の経路から，走行中のモービル・ホイップで受信できる状況が予測できます．

プラチナバンドとは？

　携帯電話には数百MHz帯が割り当てられ，プラチナバンドと呼ばれています．それは，この周波数

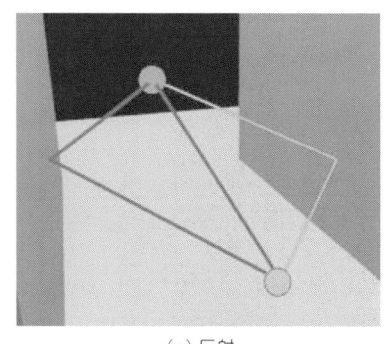

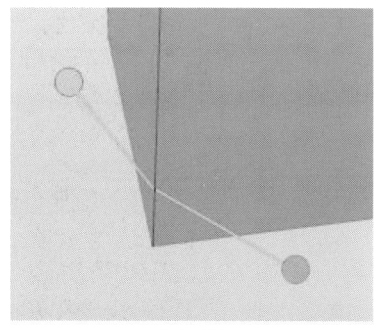

（a）反射　　　　　　　　　　　（b）透過　　　　　　　　　　　（c）回折

図6-12 建物による反射，透過，回折

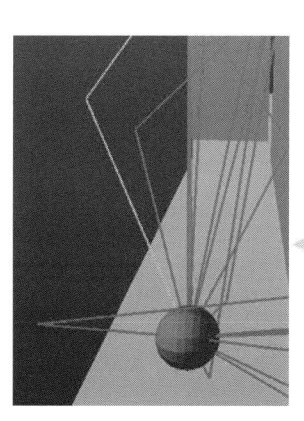

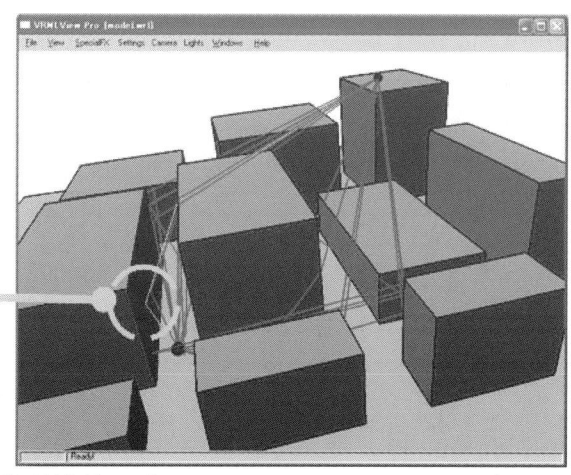

第6章　アパマン・ハムとコンパクト・アンテナ

図6-13　市街地や都市部の電波経路（構造計画研究所が開発したRapLabのシミュレーション画面）

の電波が建築物などの障害物に回り込んで届くため，通信できないエリアがより少なくなるバンド（帯域）だからです．

さらに詳しい説明では，この現象は電波の回折を意味しています．**図6-14**は金属板の手前に垂直ダイポール・アンテナがあり，電波が送信されているときの磁界（磁力線）のようすを，小さい三角錐の連なりで示しています．金属板は電波にとって障害物ですが，導体の表面に強い電流が流れていることが確認できます．

アンテナの周りに発生した磁界は，金属表面に平行に走っており，これにより金属表面には誘導電流が流れます．時間変化する電流が金属に流れると近傍に磁界が発生し，その変動する磁界は変動する電界を発生します．

そこで金属板から電波が再放射され，電波は**図6-14**の金属板の左側へも放射されるので，電波の世界ではこれを光と同じように回折と呼んでいるわけです．

図6-14　金属板による電波の回折現象

第6章 Q&A 周囲の金属の影響

🤔 アンテナの近くに波長に近い長さの金属があると，強い誘導電流が発生して，電波は再放射されるのですね．

😀 そのとおり．イギリス（スコットランド）の物理学者マクスウェル（1831－1879年）は，恩師と仰いだファラデー（1791－1867年）による電磁場理論をもとに，1864（元治元）年に彼の電磁方程式を導いた．

これは現在でも電磁界シミュレータで使われている重要な式で，アンテナをはじめ，すべての電磁現象を表すことができる．

🤔 アンテナの放射エレメントによって生まれる電磁界は，反射器の金属に誘導電流を発生させ，それが共振すると強く再放射されるわけですね．

🤔 ベランダに設置したアンテナは，近くにさまざまな金属があるから，両者の位置関係によって反射波との合成がどう変化するか，よく調べておく必要があるだろう．

図6-15は，アンテナと金属壁の距離を¼λに設定したシミュレーションの電界強度分布だ．磁界も同様の分布を示したので，電磁波は広い領域にわたって均一に放射されていると考えられる．

🤔 図6-16は，アンテナと壁の距離を½λに設定したときのシミュレーション結果で，こちらは明らかに，壁に垂直な右方向（+z方向）へは電波が放射されていません．両者の位置はわずか¼波長の違いですが，何が起きているのでしょうか．

😀 これらの違いは，図6-17のような波を考えることで理解できるね．

A点とR点の距離が¼λの場合，A点から放射された電波がR点に到達するのにかかる時間で，位相が90°遅れる．

次にR点から再放射（反射）する電波は，R点に入射する電波より180°位相が遅れるので，A点から放射される電波より270°遅れる．

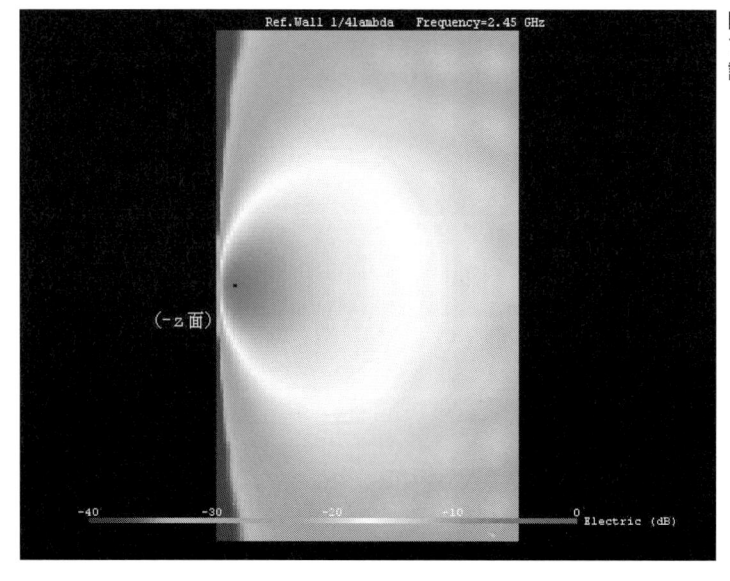

図6-15
アンテナと金属壁の距離を¼λに設定したときの電界強度分布

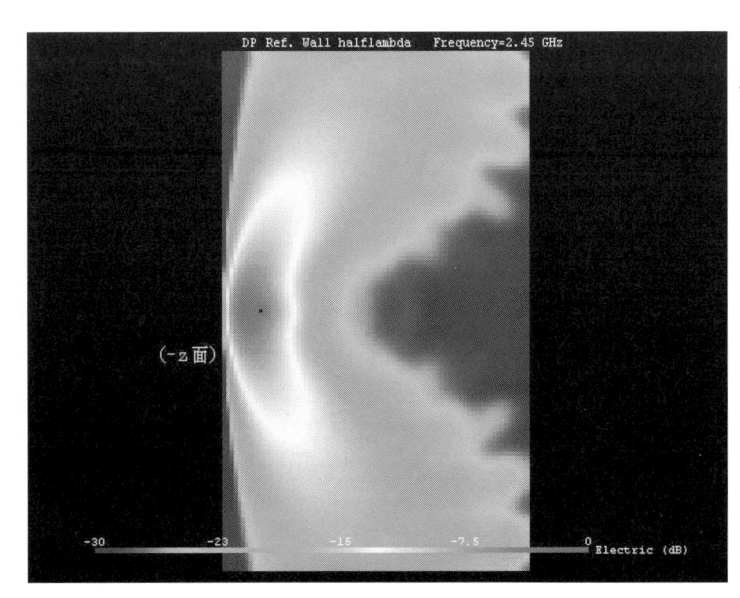

図6-16
アンテナと金属壁の距離を½λに設定したときの電界強度分布

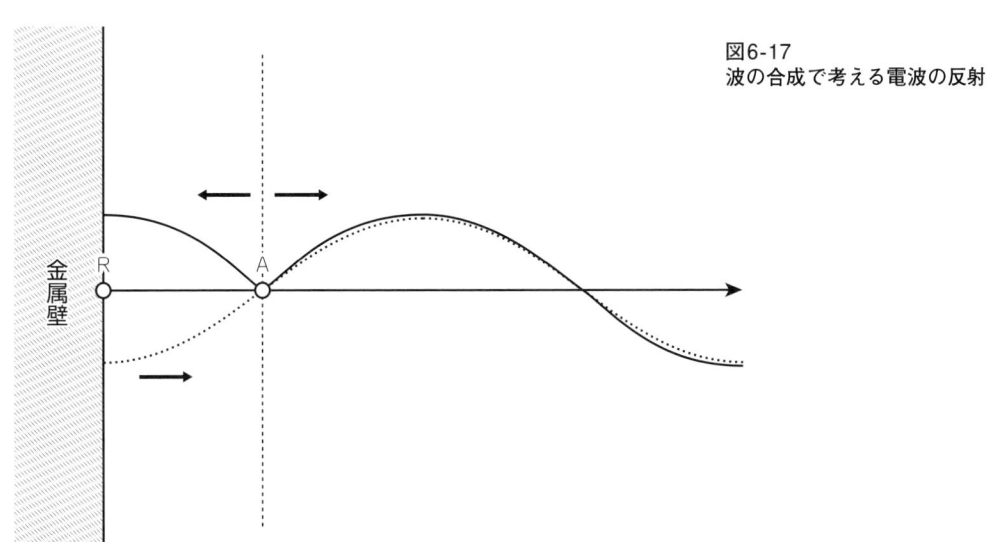

図6-17
波の合成で考える電波の反射

　そこで,この電波が右方向へ進み,A点に到達するまでにさらに¼λ進むので90°遅れ,結局反射波はA点から右へ進む直接波より360°(=0°)遅れる.

　なるほど.結局反射波はA点から同相で放射されることになり,右方向へ均一に強く放射されるというわけですね.

　アパマン・ハムのベランダ運用では,建物の鉄筋との距離が,動作周波数の波長の½(またはその整数倍)になることは避けなければならないね.

Chapter 7 ベランダ・アンテナの実際

アパマン・ハムのなかでも，筆者のようにベランダしか使えない住環境は最悪ケース (hi) といえるでしょう．特にHF帯のQRVをあきらめきれないOMは，フラストレーションがつのるばかり．ここ一番，ベランダ・アンテナの限界に挑戦しましょう．

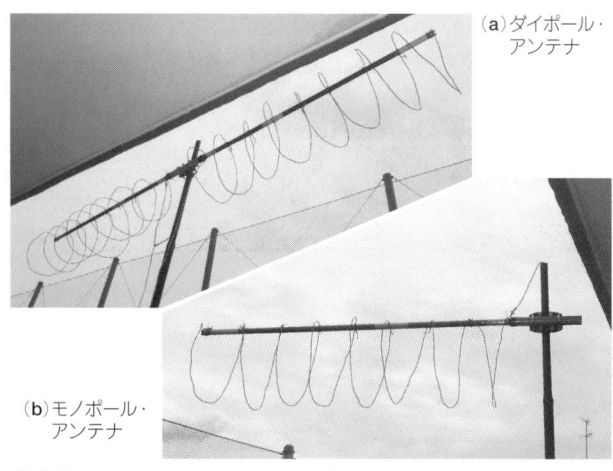

(a) ダイポール・アンテナ

(b) モノポール・アンテナ

超大型コイル・エレメントのアンテナ

7-1 モービル・アンテナを活用する

　モービル・ホイップ・アンテナは，バンドによらず1～2mの長さが標準なので，狭いベランダに最適な寸法です．しかし，3.5MHzや7MHz用では，一般に小型コイルのQが低く，損失が大きいために放射効率ηが低下します．

　車載による運用では，車体のラジアル効果（第5章）でηが向上することがわかりました．また，走行しないときには，フルサイズのラジアルを数本追加することで，やはりηはかなり改善できます．そこで，このアイデアを全面的にベランダで実現してみることにしました．

モービル・ホイップをダイポールに

　写真7-1は，第5章で述べた，モービル・ホイップを2本使ったダイポール・アンテナの給電部分です．コイルは線径が異なる二つの部分が直列接続され，給電部の近くから巻き始めた全長は約40cmです．

　アンテナの全長は約1.4mですが，コイルが全長の約1/3なので，線状のエレメントは1m弱の底辺装荷アンテナです．XFdtdでシミュレーションしたモ

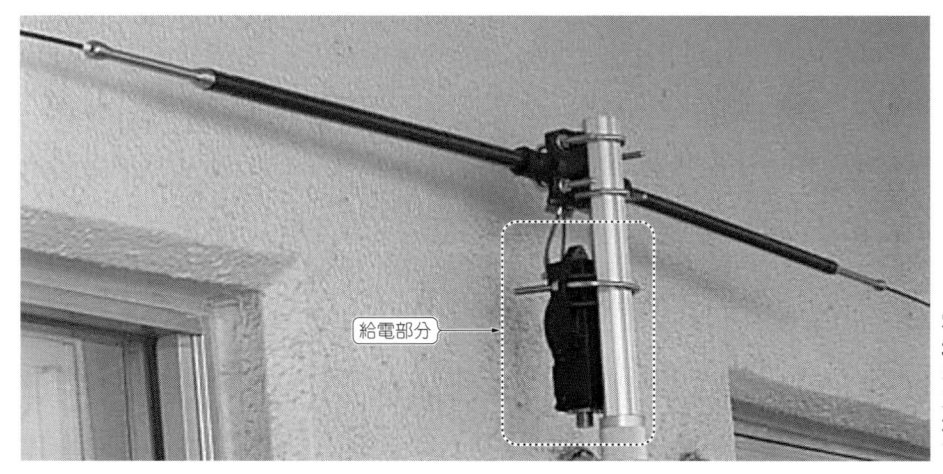

給電部分

写真7-1
3.5MHzモービル・ホイップ（第一電波工業 HF80FX）を2本使ったダイポール・アンテナの給電部分

第 7 章　ベランダ・アンテナの実際

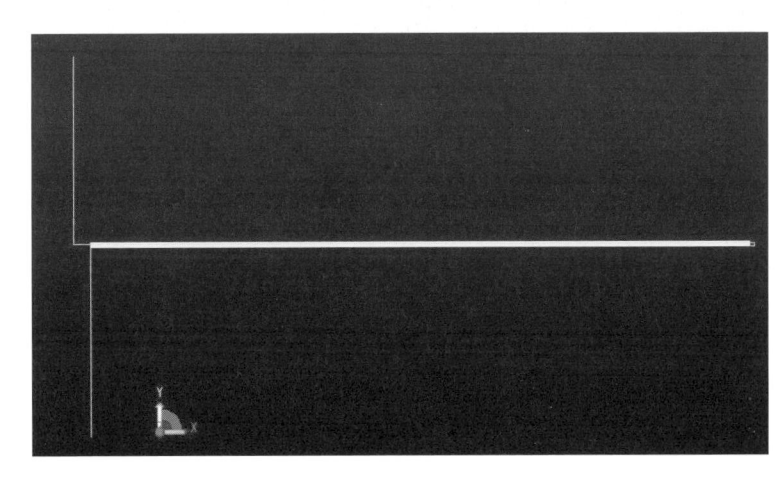

図7-1
超短縮ダイポール・アンテナ（2.8m長）に5m長の同軸ケーブルを付けたモデル

デルでは，給電点から20cm離れた位置に集中定数のコイルを入れました．

コイルの Q を300と仮定すれば，$X = 2\pi fL = 2\pi \times 3.5 \times 10^6 \times 97 \times 10^{-6} = 2133\Omega$ なので，コイルの損失抵抗分 R は $2133/300 = 7.1\Omega$ となります．第5章では，この設定でモノポール・アンテナをシミュレーションしたところ，放射効率 η は0.7%になりました．

しかし，ダイポール・アンテナはコイルが二つ必要なので損失がほぼ2倍になり，放射効率 η はモノポール・アンテナよりも低下するでしょう．フルサイズのエレメントであれば，接地抵抗が大きいGPよりもダイポール・アンテナやL形の方が有利ですが，コイルによる超短縮アンテナはその逆で，損失の高いコイルが二つあるよりは，コイルを一つにしたGPのほうが η が高くなると考えられます．

この結果から判断すれば，ベランダでローバンド用の超短縮モービル・ホイップを使う場合，**写真7-1のダイポール・アンテナよりも，フルサイズのラジアル・ワイヤを付けたモノポール動作のほうがはるかに有利ではないでしょうか．**

3.5MHz用超短縮アンテナの給電線

図7-1は，前項の2.8m長の超短縮ダイポール・アンテナに5m長の同軸ケーブルを付けたモデルです．コイルの L は $90\mu H$ で，Q は300に設定したので，R は6.6Ωです．

図7-2はシミュレーション結果の電界と磁界の分布です（共振周波数は3.36MHzとやや低くなった）．エレメント付近の強い電界は，同軸ケーブルの外導体外側の表面を頼りにして広がっていることがわかり，磁界は外導体外側の表面に沿って強く分布しています．

図7-3は放射パターンで，上部のエレメントがや

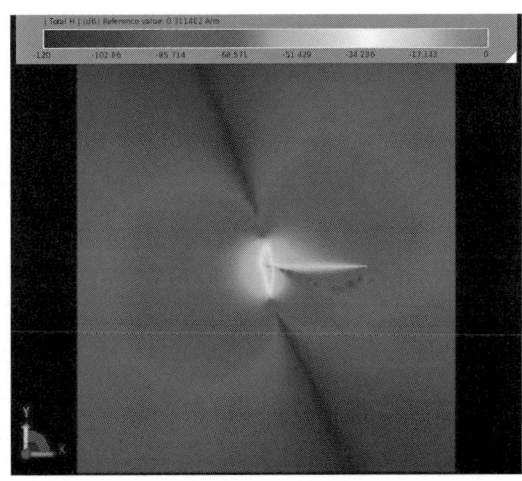

（a）電界強度分布（位相角：0°）　　　　　　　　　　（b）磁界強度分布（位相角：90°）

図7-2　同軸ケーブルで給電したモデルの強度分布

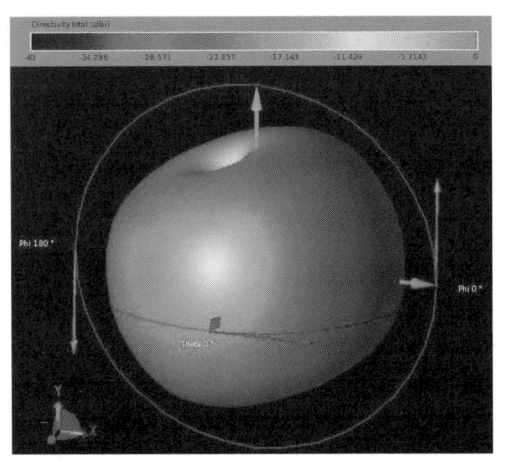

図7-3 同軸ケーブルを含む超短縮ダイポール・アンテナの放射パターン

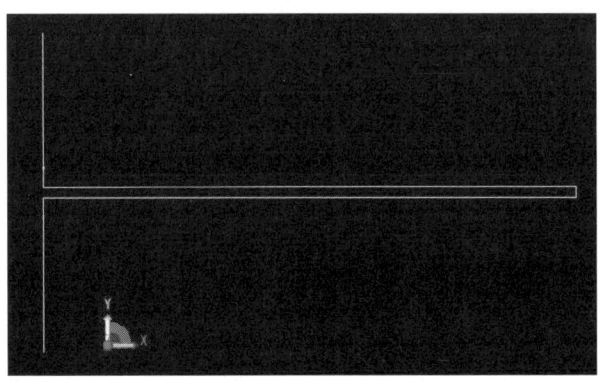

図7-4 5m長の平行2線（間隔10cm）で給電したモデル

や左側に出ているモデルなので，太ったドーナツ形がわずかに傾いています．ηは0.36％となり，ケーブルがないモデルの0.43％よりやや低くなりました．

平行2線（フィーダ線）給電

図7-4は同軸ケーブルを平行2線（間隔10cm）に替えたモデルで，図7-5はそのシミュレーション結果です．

図7-2と比較すると，エレメント周りの電界は平行2線を頼りに広がってはいないように見えます．一方，磁界は平行2線に沿って強く分布しているので，線路に流れる電流も強いことがわかります．しかし，これらの電流は等しい強さで互いに向きが逆なので，磁界のループは右回りと左回りが並び，平行2線からの放射は少なくなるはずです．

このモデルのηは0.49％となり，ケーブルがない場合の0.43％よりわずかに高い値でした．増加したのは，平行2線構造でも完全にキャンセルできずに，電界（電気力線）のよりどころとして放射に寄与している部分が増えたのだと考えられるでしょう．

1/4λの平行2線給電ではどうか？

給電線の役割はアンテナに電力を伝えることなので，それ自身が電波を放射するのでは本末転倒です．

しかし，超短縮ダイポール・アンテナのように，アンテナ自体の放射効率が極めて低い場合には，結果的に給電線からの放射量がまさる場合があり得ます．

これを有効活用するためには，給電線の長さを意図的に1/4λ（波長）や1/2λにするというアイデアが思い浮かぶでしょう．そこで，試みに図7-6のように平行2線の長さを20mにしてシミュレーションしてみました．

図7-7は電界と磁界の強度分布です（共振周波数

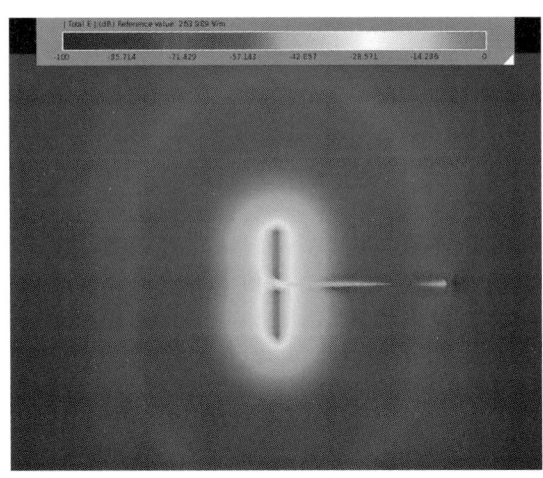

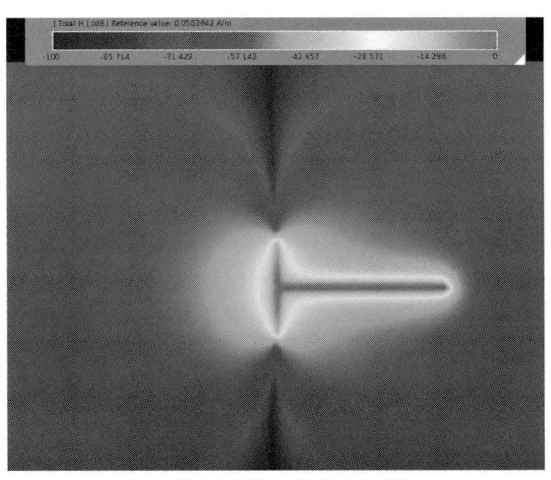

(a) 電界強度分布（位相角：0°）

(b) 磁界強度分布（位相角：90°）

図7-5 5m長の平行2線で給電したモデルの強度分布

図7-6 平行2線の長さを20mにしたモデル

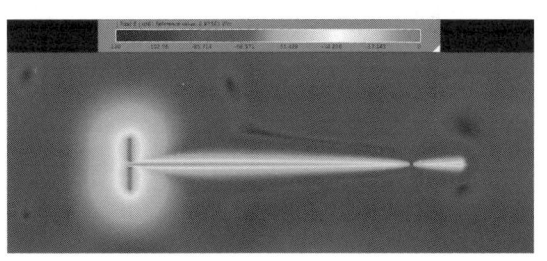

(a) 電界強度分布（位相角：0°）

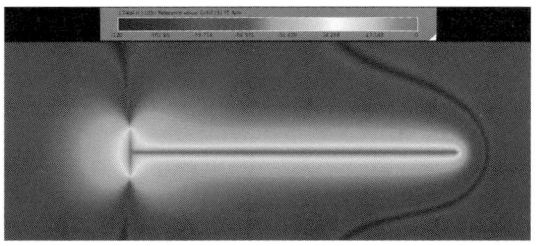

(b) 磁界強度分布（位相角：90°）

図7-7　20m長の平行2線で給電したモデルの強度分布

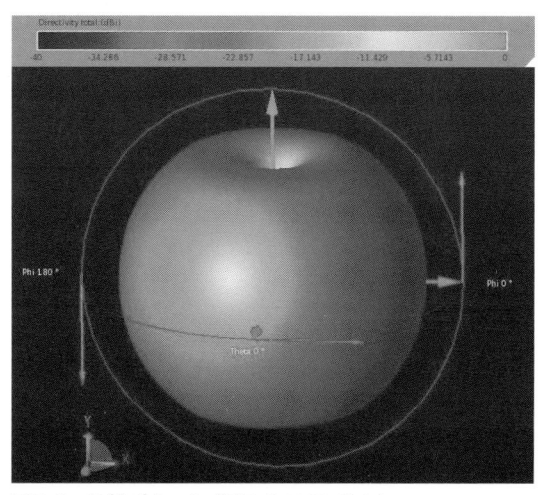

図7-8　放射パターン（図7-6のアンテナ）

は3.57MHzとなった）．1/4λ長の平行2線の周りに強い電界が認められますが，空間にできる電界のループは，これらを頼りにはしていないようです．また，磁界は平行2線に沿って強く分布していますが，図7-8の放射パターンによれば，残念ながら平行2線からの放射はなさそうです．ηは0.49%となり，5m長の結果とまったく同じ値でした．

7-2　ダイポール vs モノポール

平行2線 vs 同軸ケーブル

　平行2線（はしごフィーダ線）は空間にむき出しなので，見るからに電波が放射しやすいと考えるかもしれません．一方，同軸ケーブルは外導体でシールド（遮蔽）されているので，それ自体からの放射はないと考えがちです．

　平行2線は，等しい強さの電流が互いに逆向きに流れる「平衡線路」なので，負荷（この場合はアンテナ）がダイポール・アンテナのように平衡回路であれば，線路長によらず，線路部分からの放射は極めて少なくなります．

　しかし，同軸ケーブルは不平衡線路で，負荷の整合状態によっては外導体の外側に強い電流が流れ，これがアンテナの一部として放射に寄与します．

線路から放射させるモノポール

　超短縮ダイポール・アンテナのエレメントを片方だけ取り除き，モノポール・アンテナにして同軸ケーブルで給電したらどうなるでしょうか？

　図7-9は，図7-1の下側のエレメントを取り除いただけのモデルでシミュレーションした電界と磁界の強度分布です．図7-10は放射パターンですが，垂直モノポール・アンテナの放射パターンではなく，まるで水平置きのエレメントから放射されているような結果になりました．

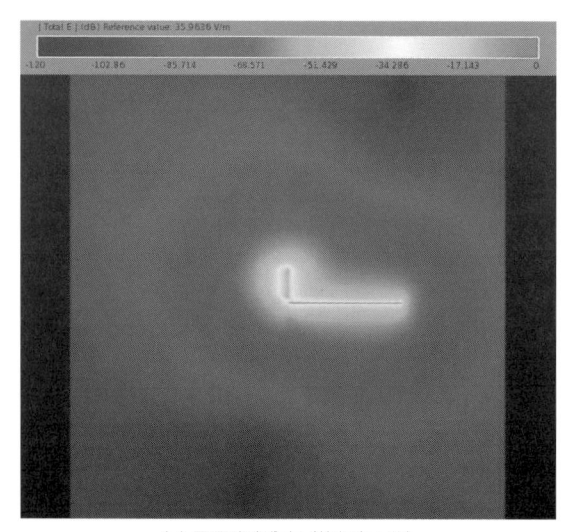

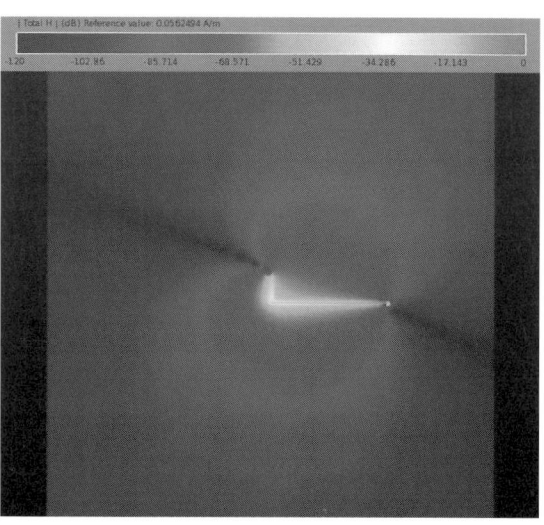

(a) 電界強度分布（位相角：0°） (b) 磁界強度分布（位相角：90°）

図7-9　モノポール・モデルの強度分布

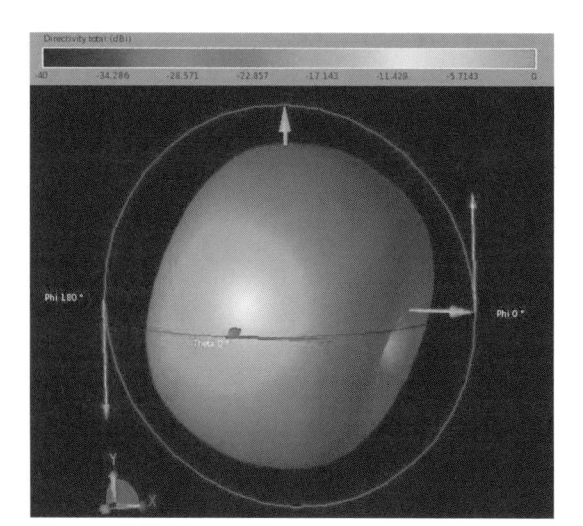

図7-10　放射パターン（図7-9のアンテナ）

期待したηは1.6%となり，ダイポール・アンテナ（0.36%）の4倍以上です．この発見は手放しで喜びたいところですが，そもそもこの値では実用的とはいえません．

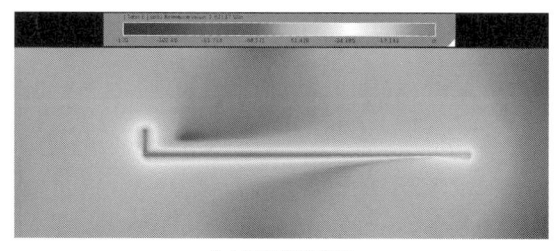

20m長の線路ではどうか？

それでは，線路の長さを20mに延長したらどうなるでしょうか？

図7-11は，**図7-6**の下側のエレメントを取り除いただけのモデルでシミュレーションした電界と磁界の強度分布です．線路を頼りに強い電界が分布しており，線路に沿って強い磁界も観測されました．

注目するηは40.1%（！）にアップして，超短縮アンテナ部からの正味の放射（$\eta = 0.36$%）よりもはるかに強い電波が"給電線路の助けで（hi）"放射されていることがわかりました．

ベランダのアンテナではどうか？

この結果に気を良くして，**図7-12**に示すようなベランダをモデリングして，手すりの位置に取り付けたモデルをシミュレーションしてみました．

ラジアル・ワイヤは，コンクリート面から5cm離しています．またベランダの狭いスペースの関係で，ラジアル・ワイヤはとぐろを巻いていますが，全長

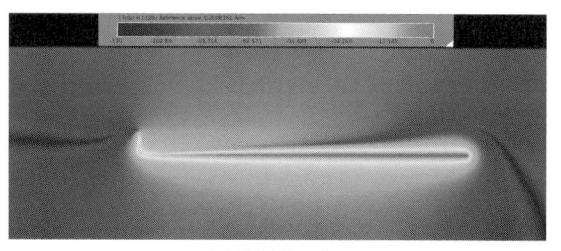

(a) 電界強度分布 (b) 磁界強度分布

図7-11　給電線20mのモデルの強度分布

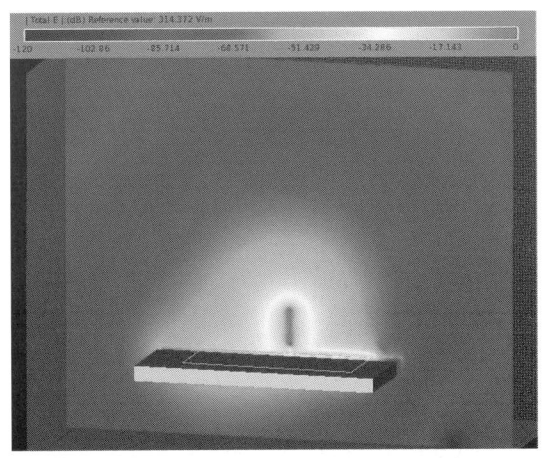

図7-12 ベランダに取り付けたモデル（電界分布）

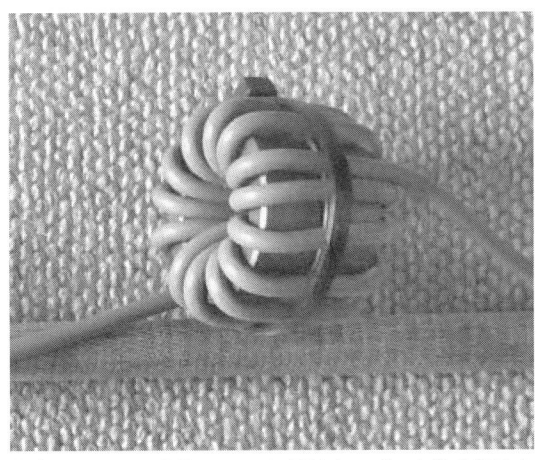

写真7-2 トロイダル・コアに同軸ケーブルを巻き付けたコモンモード・チョーク（フロート・バラン）

は約20m（¼λ）あります．しかし期待したηは2%と低い値で，3.5MHzでは，何回も短く折り曲げたラジアル・ワイヤでは効果が十分得られませんでした．

しかしこのモデルは，同軸ケーブルを省いてラジアル・ワイヤの根元に観測点（ポート）を設定しています．したがって，同軸ケーブルのコモンモード電流による放射は含まないので，かなり悲観的な値になっているのだと思われます．

逆にいえば，3.5MHzでは中途半端なラジアル・ワイヤを張るよりも，同軸ケーブル・アンテナ（hi）にしたほうがFBではないかとさえ思えてきます．

ダイポール vs モノポール

超短縮モノポール・アンテナの給電用同軸ケーブルをアンテナの一部にするためには，¼λ程度の長さで広い空間にまっすぐ張り，きちんと整合を取る必要があるといえるでしょう．

「いやいや，それはベランダでは不可能だ」といわれそうですが，同軸ケーブル・アンテナは，電流の腹になっているモノポールの給電点付近を，できるかぎり長く空間に張れば，ηは大幅に改善されるはずです．

しかし，同軸ケーブル・アンテナは，外導体外側の表面に強いコモンモード電流が流れるので，リグへの回り込みや，高周波電流による感電にも十分注意してください．第6章で述べたRF電流計を使って測定して，分割フェライト・コアやコモンモード・フィルタ（**写真7-2**）で高周波の回り込みを防ぐ対策をおすすめします．

ところで，第2章で述べたMicroVertやその亜種（？）である同軸ケーブル・アンテナは，特にベランダ運用では最小限の送信電力で運用する必要があり，電波防護指針によれば200Wが上限でしょう．1kWで運用されている例もあると聞きますが，それはとてもおすすめできません．

フルサイズのダイポール・アンテナは，広い空間に設置すれば100%に近いηが得られます．一方，モノポール・アンテナは良好な接地が必要ですが，接地抵抗が大きければ，ηは明らかに低下します．ベランダは限られたスペースなので，HF帯のエレメントはコイルで大幅に小型化する必要があり，コイル自体の損失がηを左右するといっても過言ではありません．

そこで，超短縮モノポール＋同軸外導体（またはフルサイズのラジアル）というアイデアが生まれましたが，こうなると，すでにモノポールというより「アンバランスなダイポール・アンテナ動作（hi）」と考えるのが妥当でしょう．

高周波の世界では，長いアース線を避けるべきだという議論がありますが，これは不要輻射の要因となる可能性が高いからです．

放射に寄与するコモンモード電流は，アンテナ（システム）のどこにあっても，長い距離にわたって分布させるほどηの向上につながることを，改めて認識できました．

7-3 ラジアル・ワイヤの活用術

大型コイルのダイポール・アンテナ

写真7-3は，第4章で紹介したW8YINアンテナもどき（？）で，ベランダに設置して実験しました．2m長のグラス・ファイバー製釣り竿を軽量のジョイントで固定して，6m長の園芸用アルミ線を左右各8回巻きにしています．

ベランダには，そこから3m離れた場所に，7m長の垂直ロング・ワイヤ＋ATU（オートマチック・アンテナ・チューナ）がありますが，それと比較すると，14MHzで受信信号はSで1～2劣ります．また18MHzではほぼ同じといったところなので，これは周波数にもよります．測定環境は比較アンテナが近ぎるし，垂直偏波と水平偏波という違いもあるので，大まかな使用感と考えたほうがよさそうです．

W8YINアンテナと異なるのは，平行2線給電とATUを使って多バンドで電波が出せるという点です．しかし，エレメント長から判断して，7MHzや3.5MHzではηが非常に低いと考えられます．ベランダでこれらのバンドにどうしてもQRVしたい場合は，別の方法を考える必要がありそうです．

建物のアースは十分か？

ベランダに設置できるエレメント長は，当然ベランダの空間内という制約があります．アンテナといえば，放射エレメントばかり注目しますが，ラジアル・ワイヤも放射に大いに寄与しています．

ベランダでグラウンドを得るには，フェンスなどに接続する方法がありますが，近年のアルミ製フェンスでは，その多くが建物の鉄骨につながっていません．

筆者は集合住宅の3階に住んでいますが，ベランダしか使えないので，接地型のモノポール・アンテナを設置しています．3階から地面に接地線を張ることはできないため，ベランダの手すりが建物のア

写真7-3　平行2線給電のW8YIN方式エレメント（ダイポール・アンテナ）

ベランダの手すりは塗装されているので，導通箇所を捜す．筆者の手すりでは，約60Ωだった

エアコン室外機用AC
コンセントのアース端子

ベランダの手すりのねじ止めをゆるめ，テスト棒をあてる

建物の鉄骨がベランダの手すりにつながっているかどうか？

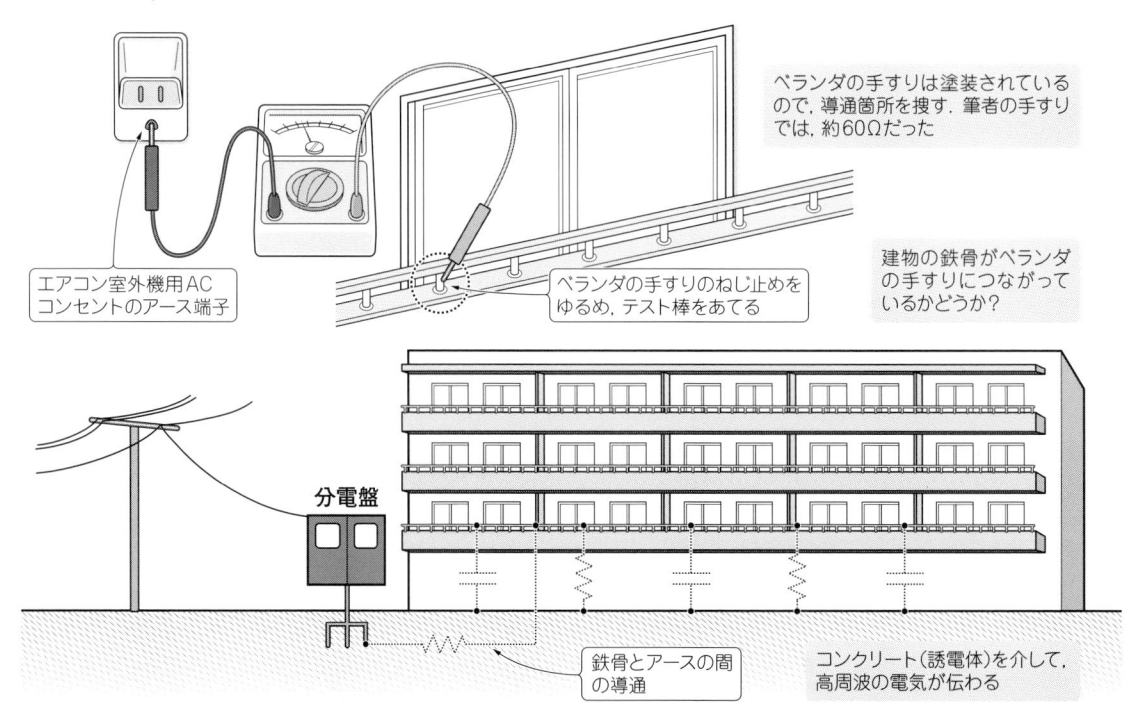

分電盤

鉄骨とアースの間の導通

コンクリート（誘電体）を介して，高周波の電気が伝わる

図7-13　ベランダの手すりとの間の抵抗値をテスタで測る

第 7 章　ベランダ・アンテナの実際

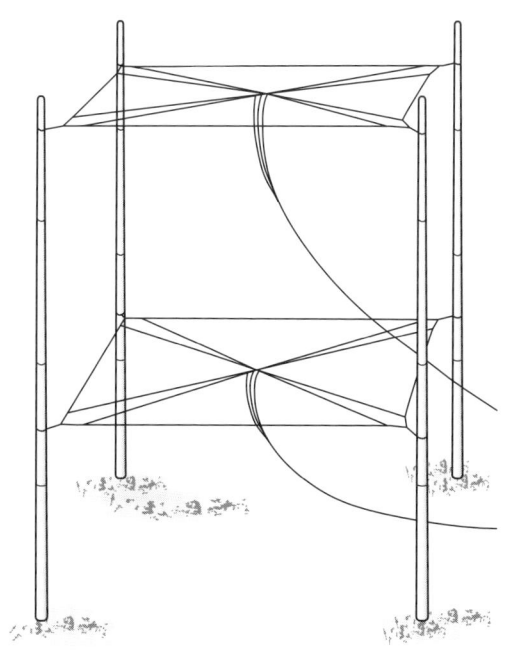

図7-14　カウンターポイズ（下側の電線）

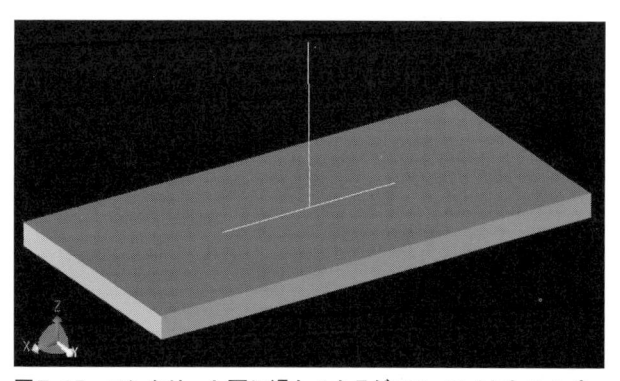

図7-15　コンクリート面に這わせたラジアル・ワイヤとモノポール・アンテナのモデル

写真7-4　ベランダの縁に沿って這わせたラジアル・ワイヤ

ースに落ちていれば利用できます．ベランダにACコンセントのアース端子があれば，建物の鉄骨と導通しているので，図7-13に示すようにベランダの手すりとの間の抵抗値をテスタで測ります．

アマチュア無線用のアースは，高周波的に良好な導通があるかを調べたいのですが，テスタでは直流的な導通を測っていることになります．したがってこれは簡易的な方法ですが，手すりが建物の鉄骨につながっていれば100Ω以下になります．

鉄骨にアースが取れない場合は，ラジアル・ワイヤを這い回すという手があります．これはカウンターポイズとも呼ばれています．この元祖は，ロッジとミュアヘッドが1909（明治42）年に完成させ，図7-14に示すような構造をしています．

乾いた地面では，直接アースを取るよりも，地面の上に導体を置いて，対地容量として動作させたほうがグラウンドの効果がより得られる場合があります．カウンターポイズは，この研究がもとになっているので，GP（グラウンド・プレーン）アンテナのラジアル・ワイヤ，広い意味ではL型ダイポールの水平エレメントなども兄弟分といえるでしょう．

コンクリートの影響

ラジアル・ワイヤは，太めのビニール被覆電線を$1/4\lambda$（波長）の長さで数本張るのが一般的です．

コンクリートは比誘電率が6～7の誘電体なので波長短縮効果が大きく，図7-15のモデルは，厚さ50cmのコンクリート板に2本のラジアル・ワイヤを這わせた21MHz用GPアンテナです．垂直エレメント3.5mに対して，ラジアル・ワイヤは2m長にしないと，21MHzで共振しませんでした．

コンクリート面にラジアル・ワイヤを這わせたときの実効比誘電率をε_{eff}とすれば，波長短縮率は$1/\sqrt{\varepsilon_{eff}}$で表されます．波長短縮率は2m/3.5m = 0.57なので，比誘電率7のコンクリート表面に這わせた場合，ε_{eff}が3.08という見積もりです．ラジアル・ワイヤをコンクリートから少し浮かせるとε_{eff}は変わるので，ATUや手動チューナなどを使わない場合は，ラジアル長の調整が必要です．

図7-15のラジアル・ワイヤはコンクリートの上を這っていますが，ηは81%でした（$\tan\delta = 0.05$の場合[*1]）．そこでラジアル・ワイヤを10cm浮かせたところ，ηは96%に向上しました．

ベストな組み合わせとは？

実際には写真7-4のように設置するので，ベランダの縁から10cm離した図7-16のモデルでは，ηが97%でした．

特に高層マンションでは，写真7-5のように運用するときだけエレメントをベランダから突き出すとステルス性が増すので，7MHzでも十分QRVできそうです．ベランダから長い直線エレメントを繰り

[*1] $\tan\delta$はタンジェント・デルタまたはタンデルと略称され，誘電体の損失を表す．損失正接とも呼ばれ，数字が大きいほど損失も大きい．

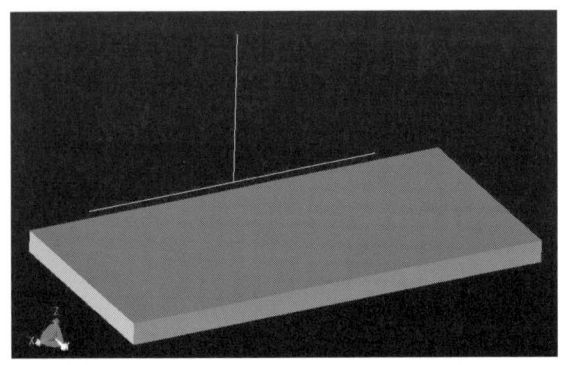

図7-16 ラジアル線をコンクリート縁から10cm離して這わせたモデル

写真7-5 モノポール動作のコイル・エレメント
電線は垂直グラス・ファイバー・ポールの中を通ってATUに至る

出すと，近隣からの苦情が気になります．しかし，ラジアル・ワイヤはベランダいっぱいに這わせることができるので，フルサイズを折り曲げれば効果は期待できます．

ラジアルの強化は見落としがちですが，短縮エレメントの場合は，「チューナ＋低損失フルサイズ・ラジアル＋短縮モノポール」がベストではないでしょうか？

7-4 同軸ケーブル vs はしごフィーダ

はしごフィーダとは？

筆者が中学生だった1960年代，ダイポール・アンテナは，はしごフィーダで給電するものだと思い込んでいました．写真7-6は，当時の送信機トリオ（現JVCケンウッド）製のTX-88Aです．アンテナ端子は平衡回路につながっているので，自然にはしごフィーダを接続していました．

その後，SSB機のはしりである八重洲無線製のFL-50Bが1969年に発売され，アンテナ端子に不平衡用のM型コネクタを採用したため，アンテナには同軸ケーブルを使って給電するようになりました．

はしごフィーダは平行2線で，リボンフィーダのように平衡（バランス）線路です．中学生のころは，あり合わせの電線を割りばしのスペーサで自作していましたが，写真7-7のような製品もあります．線路の特性インピーダンスは，主に線間の距離で決まり，数百Ωのハイ・インピーダンスになります．

はしごフィーダの利点

写真7-8はMFJ製MFJ-976で，不平衡線路（同軸ケーブル）だけでなくリボンフィーダやはしごフィーダのような平衡線路にも使えます．しかし，メーカー製リグのアンテナ端子が同軸コネクタになったことから，このような平衡線路に対応した手動のアンテナ・チューナ製品は少ないのが現状です．

図7-17は，給電線にはしごフィーダを使った

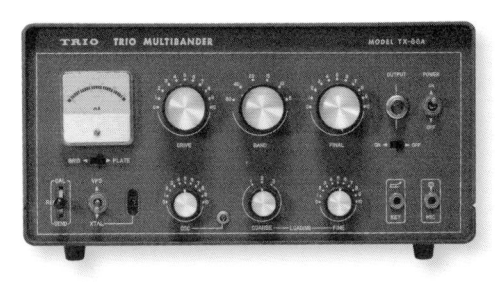

写真7-6 昔なつかしい送信機TX-88A（トリオ製）

写真7-7 MFJ-18H 450Ωはしごフィーダ（通販にて購入）

写真7-8 平衡線路にも対応している手動アンテナ・チューナ MFJ-976（MFJ製）

7MHz用のダイポール・アンテナです．エレメントの両端は必ず電流がゼロになるので，14MHz，21MHz，28MHzでも図のような電流分布になり，高調波アンテナとして十分使えます．

フィーダ長が10mのときは，給電点の電流がわずかで電圧給電になります．フィーダ長が20mのときは，7MHzと21MHzが電流給電になりますが，アンテナ・チューナを使えばフィーダは任意長で給電できます．

平行2線は，7-2節でも述べたように，互いに逆向きで大きさの等しい電流が流れるため，それ自体からの放射は少ないのですが，図7-17のようにエレメントに定在波が立つと，電磁界が広く分布するためのよりどころとして働き，放射効率は向上します．

アンテナ・チューナを使えば，エレメントは，コの字形に曲げて小型化を図ってもFBでしょう．

ツェッペリン型（第2章）の自作も盛んになり，はしごフィーダは古くて新しい給電として，もっと見直されてもよいと思います．

同軸ケーブルを直接つなげると…

ダイポール・アンテナは平衡回路なので，図7-18のように同軸ケーブルを直付けすると，本来流れるはずがない同軸ケーブルの外導体に電流が流れてしまいます．

これは一方向にのみ流れるコモンモード電流なので，外導体からも電波の放射が起こり，放射パターンに悪影響を及ぼします．また受信時には，本来のアンテナ素子ではなく，同軸ケーブル自体が周辺のノイズを拾うことにもなります．

図7-19のように，不平衡線路である同軸ケーブルにリボンフィーダ線のような平衡線路をじかに接続すると，図7-18と同様に，外導体外側に流れるコモンモード電流分I_2が発生して，不要な電磁波の放射が起こります．このため，シールド・ケーブル本来の効果は損なわれることになるのです．

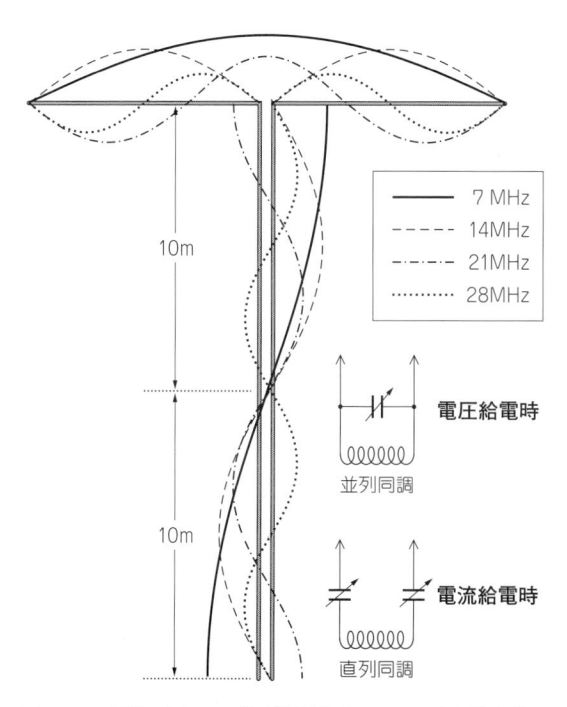

図7-17 はしごフィーダで給電する7MHz用のダイポール・アンテナ

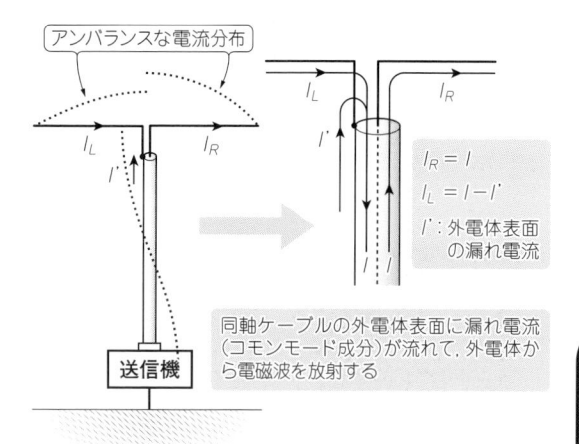

図7-18 同軸ケーブルを直付けしたダイポール・アンテナ

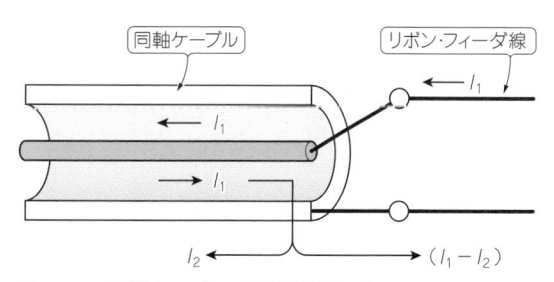

図7-19 同軸ケーブル外導体外側に流れるコモンモード電流分I_2

第7章 Q&A 定在波とは？

🤔 アンテナの給電線に定在波が立つというのは，どういう仕組みなのでしょうか？

🧑‍🔬 送信機＋給電線＋アンテナは，電気回路の3要素（電源＋配線＋負荷）だ．任意の値の負荷で終端されている回路では，図7-20に示すように，距離 s の変化とともに定在波が立ち，s が $\frac{1}{2}\lambda$ の周期で変化する．

🤔 電源から負荷へ向かう電気（電磁波）は進行波ですが，線路の特性インピーダンスと負荷のインピーダンスが一致しない場合は，負荷で吸収しきれない電気が戻ってくると思います．

🧑‍🔬 そのとおり．図7-21は線路を伝わる波を示しているが，縦列には点線で表した波の時間変化が描かれている．左から右へ向かって進む波（⇨）が進行波，右から左へ向かって進む波（⇦）が反射波だ．
①～⑫は，それぞれの波が½波長だけ進んだ状態を順に描いているが，進行波と反射波を合成した波が実線だ．

🤔 ①は互いに逆相なので合成するとゼロになりますが，②ではやや膨らんだ山になります．
これらの実線だけを①～⑫の順に追って，その½波長部分だけを描くと，ちょうどギターの弦を爪弾いたとき，両端を固定した弦が上下に振動するようすと同じであることがわかりますね．

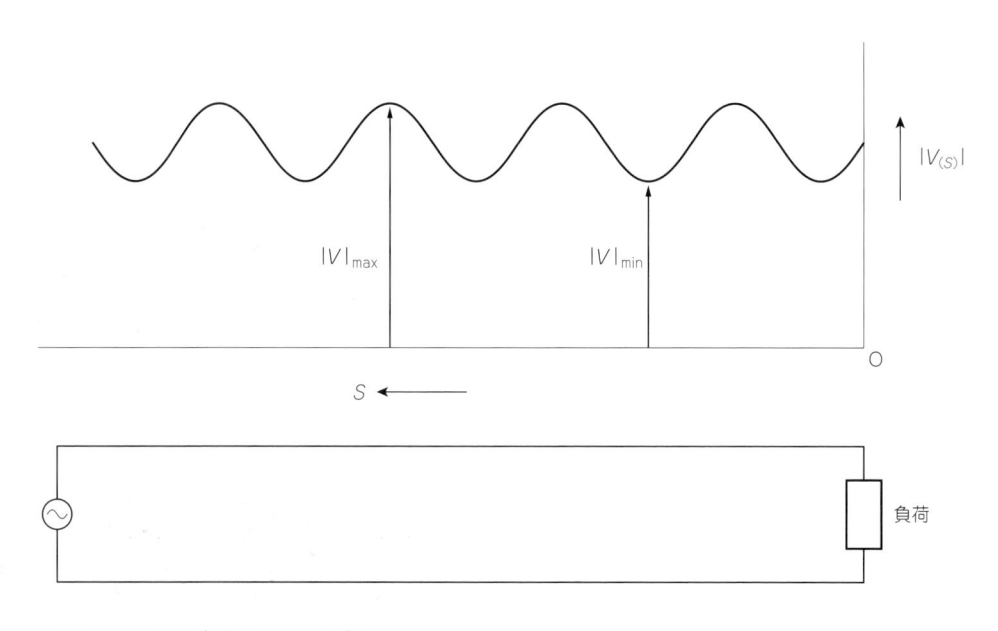

図7-20　電圧定在波の絶対値の変化

第 7 章　ベランダ・アンテナの実際

そのとおり．ダイポール・アンテナの両端は開放なので，電流は必ず全反射して戻ってくる．

そこでこのように，進行波と反射波の合成によって定在波が立つので，½波長のハリガネは，ギターの弦のように共鳴（共振）して，容易に強い電流を流すことができるわけだ．

図7-20に戻ると，定在波の変化は反射係数$|\varGamma_{(s)}|$の変化によるものなので，反射の大きさは定在波の出来かたでわかります．

また，反射の大きさはインピーダンスによって決まるので，定在波の出来かたがわかれば，インピーダンスもわかるね．

定在波は，市販のVSWR計（定在波測定器）で調べられ，図7-20に示す電圧振幅の最大値と最小値の比を電圧定在波比（VSWR：Voltage Standing Wave Ratio）と呼んでいる．

そうか，給電線に定在波が立っているのは，アンテナとの整合が完全ではない証拠なのですね．

反射波が大きければ，送信機から送り込まれる電力は十分アンテナに届かないから，利点は一つもありませんね．

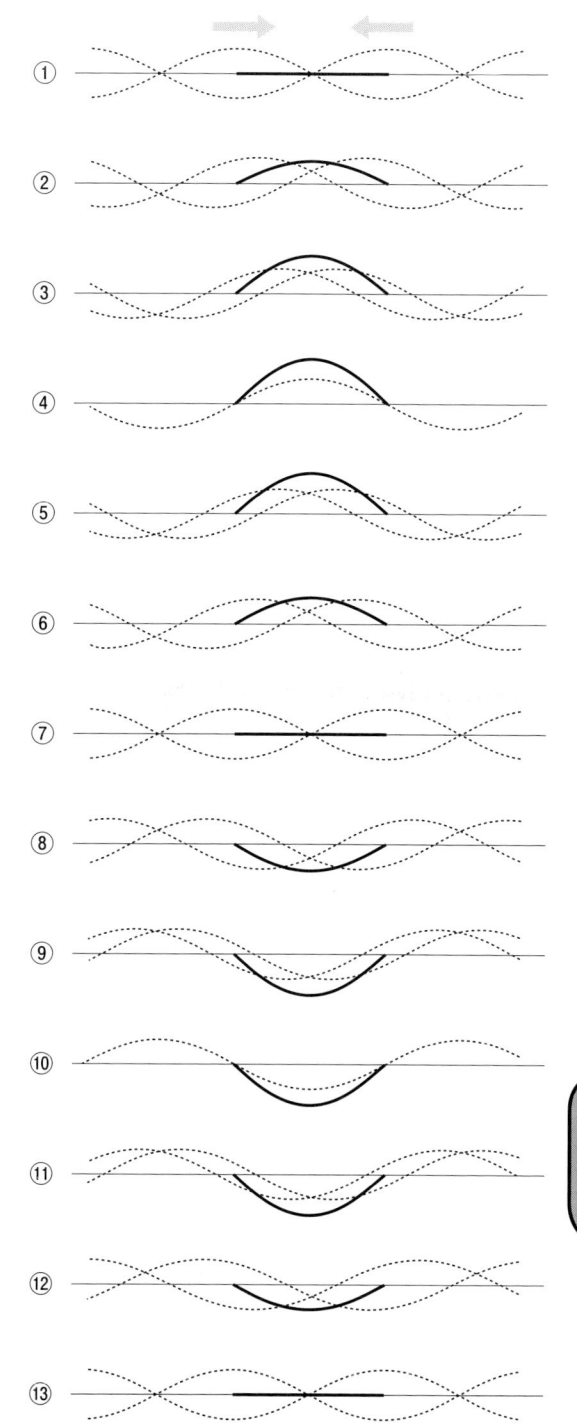

図7-21　進行波と反射波の合成によってできる定在波

Chapter 8 メーカー製アンテナのスペック

メーカー製アンテナは，最近アパマン・ハム向けの小型アンテナが増えてきました．これはうれしいことですが，なかには公表されたスペック（仕様）が明らかに満たされていない製品もあるので，正しく品定めをするポイントを身につけることが求められています．

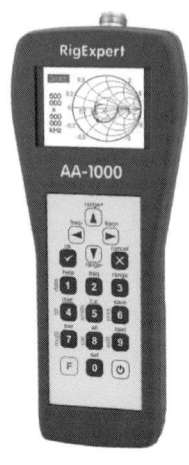

(a) アンテナ・アナライザ（リグエキスパート AA-1000）

(b) スタンディング・ウェーブ・アナライザ（コメット CAA-500）

8-1 利得とは

利得という用語は，テクニカル・タームとして使われるときには，オペアンプなどのゲインまたは増幅率を思い浮かべるかもしれません．よく知られているとおり，半波長ダイポール・アンテナは2.15 [dBi]のゲインがありますが，アンテナは単なる導線なので，もちろん1W入力で1.6Wの電波が出るわけではありません．

ここで単位として使っているdBiは，第3章でも述べたとおり絶対利得（absolute gain）を表します．絶対利得（G_a）は，すべての方向に対して一様に電力を放射する仮想的なアンテナである，等方性（isotropic）アンテナに対する利得です．図8-1で，P_yを八木アンテナの放射電力，P_iを等方性アンテナの放射電力とすれば，これらの比をdBに変換したのが絶対利得です．

図8-2は3エレメントの八木アンテナの放射パターンです（MMANAを使用）．ダイポール・アンテナに比べると片方向へ集中して放射され，理想的な半波長ダイポール・アンテナに対する利得を相対利得（relative gain）と呼んでいます．

電磁界シミュレーションでは，得られた放射パタ

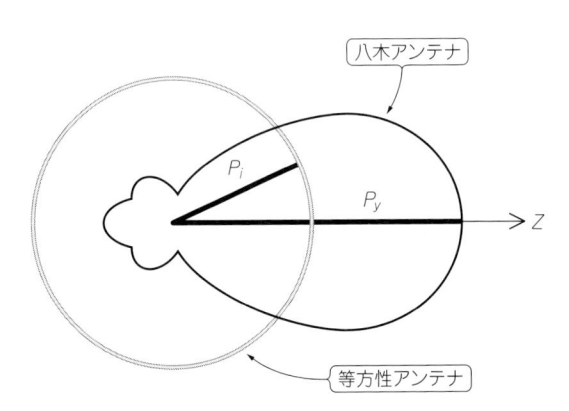

図8-1 八木アンテナと等方性アンテナの放射電力

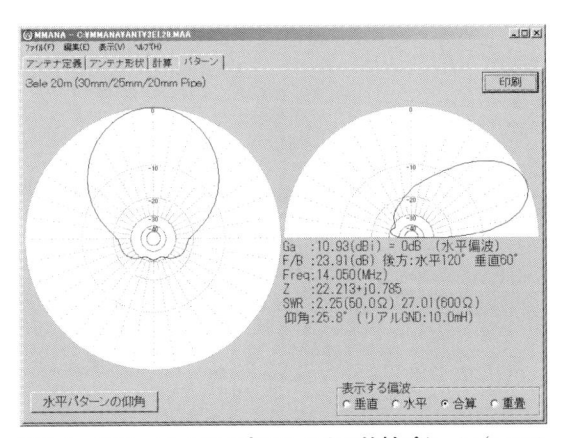

図8-2 3エレメントの八木アンテナの放射パターン（MMANAを使用）

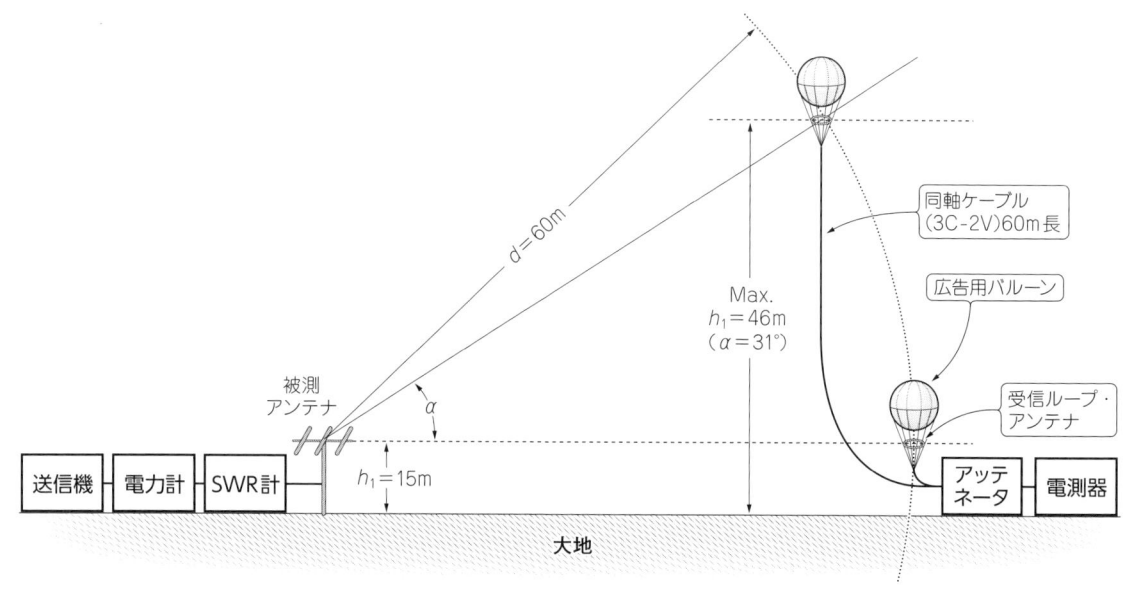

図8-3　JA3のOMたちが実施したフィールドでの指向性測定

ーンをもとに計算した利得は，「特定方向への電力密度と全放射電力を全方向について平均した値との比」で，その最大値を指向性利得（directive gain）といいます．

また，シミュレーションでは理想導体のアンテナをモデリングできます．無損失のアンテナは，指向性利得（G_d）と絶対利得（G_a）が等しくなります．

メーカー製八木アンテナの利得

図8-3は，1967年にJA3のOMたちがHF帯の八木アンテナやCQ（キュービカル・クワッド）アンテナをフィールドで測定したようすを示しています．図に示すように，広告用アドバルーンを使った大がかりな実験で，今でも貴重な資料といえるでしょう（参考文献：JA3BRD 安藤定夫，JA3AUQ 長谷川伸二，JA3MD 大津正一ほか；「ビームアンテナの指向性を解剖する」，CQ ham radio 1967年2月号〜7月号，CQ出版社）．

図8-4は，14MHz用3エレ・フルサイズ八木の測定結果で，水平面放射パターンです．利得は約5.5dBと測定されました．

1967年当時のカタログ値は8〜10dBの範囲ですが，これが実測値なのかは不明です．この利得のdB表記は，基準アンテナが1/2λダイポールなので，詳しくはdBdと書くべきでしょう．アイソトロピック・アンテナを基準にした利得dBi値は，dBd値より2.15dB大きいので，八木アンテナのカタログは，値がより大きいdBi表記が多いのかもしれません．

マルチバンド八木アンテナの利得

図8-5はメーカー製のトライバンダーの測定結果です．後方への放射量がやや大きいので，F/Bはよく調整されたモノバンダーよりやや劣ります．

また表8-1は，メーカー製のトライバンダーの実測値です．筆者がかつて試したトライバンダーの使用感によく合っていると思います．

最近のカタログ値

ハム向けのアンテナ・メーカーは，Webサイトに詳しいスペックを発表しています．例えば，InnovAn

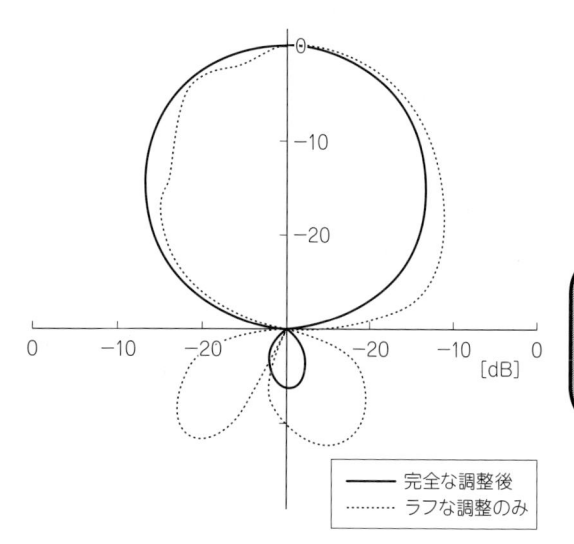

図8-4　14MHz用3エレ・フルサイズ八木（ブーム長8m）の水平面パターン

表8-1 メーカー製トライバンダーの実測値
1967年にJA3のOMたちが実施した結果

項目 \ 型名	Mosley TA-33（3エレ）			HyGain TH3-jR（3エレ）			HyGain TH2MK2（2エレ）		
バンド[MHz]	14	21	28	14	21	28	14	21	28
前方利得	4.5dB	4.5dB	4dB	4dB	4dB	4dB	3dB	3dB	3dB
F/B比	20dB	20dB	15dB	19dB	17dB	12dB	21dB	11dB	12dB

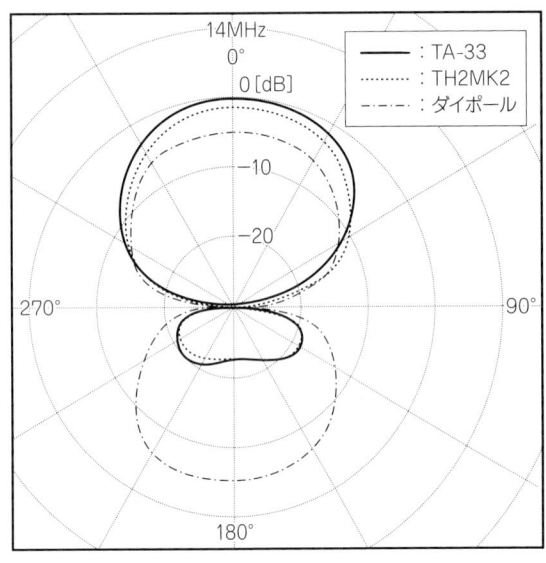

図8-5 メーカー製トライバンダーの水平面パターン

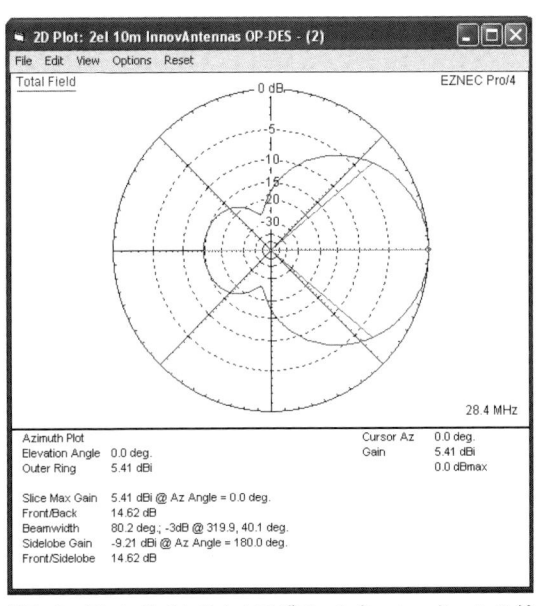

図8-6 Webサイトのカタログで，シミュレーションの結果が見られる

tennas製八木アンテナのカタログの一部には，次のような記述があります．

```
Performance
  Gain：5.41dBi@28.500MHz
  F/B：14.62dB@28.500MHz
  Peak Gain：5.59dBi
  Gain at 10m above Ground：11.6dBi
```

ここでGainはdBiで示されており，小数点以下第2位までの値です．放射パターンのアイコンをクリックすると，図8-6の画面が表示されます．これはEZNECという電磁界シミュレータの結果です．

測定環境などが書かれていないので，明らかに実測値ではないことがわかりますが，最近のカタログは，dBiで表記したことで（暗に）シミュレーションで得た結果であるといいたいようです．

8-2 放射効率とは

放射効率の定義

放射効率は，文字どおり「放射の効率」なので，次の式で表されます．

$$\eta = \frac{P_{rad}}{P_{in}} = \frac{R_{rad}}{R_{in}} = \frac{R_{rad}}{(R_{rad} + R_{lost})}$$

※ ここでP_{rad}：放射電力，P_{in}：入力電力，R_{rad}：放射抵抗，R_{in}：入力抵抗，R_{lost}：損失抵抗．
放射効率はギリシャ文字のηで表されることが多い

ここで，放射抵抗の単位はΩですが，これはアンテナの金属によって決まる抵抗損（オーミックロス）の意味ではありません．

放射抵抗R_{rad}は次の式で定義されます．

$$R_{rad} = \frac{P_{rad}}{|I|^2}$$

※ ここでIはアンテナの給電点の電流

また放射抵抗は，電磁界シミュレーションで無損

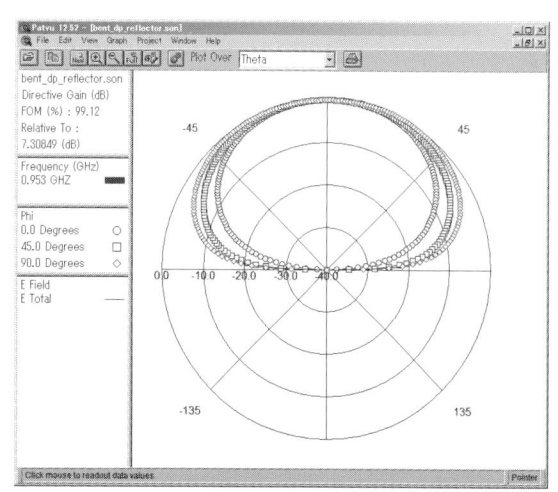

図8-7 反射板付き直角曲げダイポール・アンテナのモデルと放射パターン
(a) アンテナのモデル　(b) 放射パターン
(b)の左上に指向性利得値が表示されている

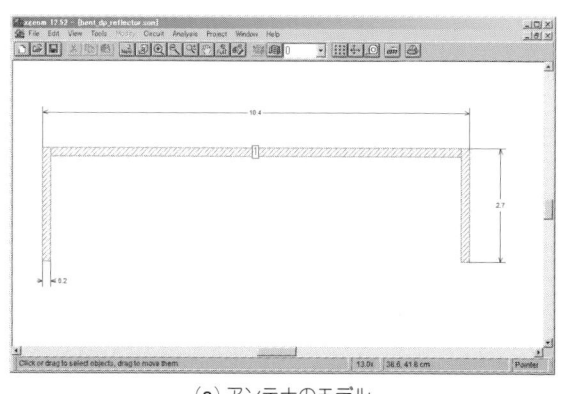

失材料のアンテナ・モデルを作ったときに得られる入力インピーダンスRに相当します．そこで，実際のアンテナの入力抵抗R_{in}は，放射抵抗R_{rad}とアンテナ全体の損失抵抗R_{lost}の合計になります．

この損失抵抗は，アンテナの導体抵抗や接地抵抗，誘電体損失のことで，この式から得られる重要な知見は，「放射抵抗の値を損失抵抗に比べて十分大きく設計すれば，放射効率を高くできる」ということです．

直角曲げダイポール・アンテナとその$η$

半波長ダイポール・アンテナのR_{rad}の理論値は73Ωなので，まっすぐな電線で作っただけで，極めて放射効率が高いアンテナが出来上がることがわかるでしょう．例えば300mm長で金属の表面抵抗値が$0.05Ω/m^2$のとき，シミュレーション結果は460MHzでP_{rad}が27.8mW，P_{lost}が0.6mWでした．

このときの$η$は，$\frac{P_{rad}}{(P_{rad}+P_{lost})} ≒ 97.9%$となり，ほぼ100％に近い高効率のアンテナが容易に実現できます．

ここで，損失分を考慮したときの真の利得は，例えば指向性利得（G_d）が2.12［dB］のときに，次のように計算できます．

真の利得[dB]
= 指向性利得(G_d)[dB] + $10\log_{10}\frac{P_{rad}}{(P_{rad}+P_{lost})}$
= 2.12 − 0.09 = 2.03［dB］

一部の電磁界シミュレータは，$η$の値が直接得られない場合がありますが，その場合は，次のように計算することができます．

図8-7は，電磁界シミュレータSonnetで，反射器付き直角曲げ小型ダイポール・アンテナの利得を計算した結果を示しています．このアンテナは，約1/4波長離れて反射板があり，図8-7では上方向へ放射が強くなっています．

絶対利得G_aは7.18dB，指向性利得G_dは7.31dBが得られましたが，$η$はこれらの値から，次の式で計算できます．

$$η[\%] = 100 × 10^{[G_a-G_d/10]}$$
$$= 100 × 10^{[(7.18-7.31)/10]}$$
$$= 97.1\%$$

放射効率の測定方法

アンテナの入力電力は測定できるので，放射電力がわかれば$η$は容易に求められます．しかし実際には，空間へ放射されているすべての電力をかき集めて測定するのは困難です．

そこで考案されたのがホイラー・キャップによるWheeler法です．写真8-1はホイラー・キャップの例で，空胴の球体です．この中に入るアンテナであれば，放射効率を測定できます．

Wheeler法は，アンテナの入力インピーダンスを測定して近似的に放射効率を求める方法で，金属の箱に収めたときの入力インピーダンスの実部をR_{lost}とします．

次に，ホイラーの箱を取って測定した入力インピーダンスの抵抗分は，$R_{rad} + R_{lost}$ となります．放射効率 η は，ホイラー・キャップで測ったときの反射係数 Γ_w と，自由空間で測ったときの反射係数 Γ_f を測定して，次の式で求めます．

$$\eta = 1 - \frac{1-|\Gamma_w|^2}{1-|\Gamma_f|^2}$$

η は放射電力と入力電力の比なので，電波暗室でアンテナを回転して，全放射電力を測定する全球面走査法もあります．しかし，HF帯のアンテナは一般の電波暗室には入らないので，この測定方法は向きません．

実測が難しいHF帯用のアンテナは，電磁界シミュレータを使えば η が簡単に計算できるので，正確さを欠く測定よりは信頼できるでしょう．

写真8-1　ホイラーキャップの例
http://www.tsc.upc.edu/fractalcoms//t43.htm より引用

8-3　帯域幅とは

帯域幅の定義

コンパクト・アンテナは，フルサイズに比べて放射効率 η が低いので，加えた電力は反射させることなくアンテナに送り込みたいでしょう．また，すべての電力を放射させたいので，アンテナに加えた電磁波が給電点に戻る量はゼロに近いほど理想的です．

アンテナの給電点で観測した反射の量は，反射係数である S_{11}（「エスいちいち」と読む）を調べることでわかります．これはSパラメータと呼ばれており，一般には入出力の端子が複数ある回路で，それぞれの端子へ伝わる電磁波や反射して戻ってくる電磁波を電圧比で表しています．

アンテナは端子が一つなので，1Vの電圧を加えたときに0.1V戻れば，S_{11} は0.1または-20dBです．このdBは電圧比なので，$20 \times \log_{10} 0.1 = -20$ dBとなり，10ではなく20を掛けることに注意してください．

図8-8のグラフは，半波長ダイポール・アンテナの S_{11} をdB表示したもので，これをリターン・ロスと呼んでいます．グラフの-10dB以下になる周波数では反射が少なく，これはアンテナとして十分動作する範囲を示していると言えますが，この周波数幅を帯域幅（バンド幅）と呼んでいます．

このシミュレーションは，エレメント長60mm，半径10μm（細いエレメント）と半径100μmの二つのアンテナの比較です．図8-8から，太いエレメントのアンテナは，細いエレメントのアンテナよりも帯域幅が広い，すなわちより広帯域のアンテナになっています．

VSWRのグラフが使われる理由

リターン・ロスは $20 \times \log_{10}|S_{11}|$ と定義されているので，無反射状態の値はマイナス無限大になります．そこで，次の式で定義する $VSWR$（電圧定在波比）に変換すれば，グラフの縦軸の無反射状態（$|S_{11}| = 0$）のときに，その値は1になります．

$$VSWR = 1 - \frac{1+|S_{11}|}{1-|S_{11}|}$$

※ここで | | は絶対値を表す

また，図8-9のグラフは，同じ結果の $VSWR$ で，リターン・ロスが-10dBのとき，$VSWR$ は2に相当します．

コンパクト・アンテナの帯域幅

ダイポール・アンテナを小型化するには，コイルやキャパシティ・ハット（コンデンサ）を装荷する手法がありました（第2章など）．それは，別の言い方では，一部を集中定数のコイルやコンデンサに置き換えることにほかなりません．

集中定数による共振特性は，素子の Q が高ければシャープな共振特性を示し，帯域幅は狭くなります．一方，フルサイズのダイポール・アンテナは，両端に

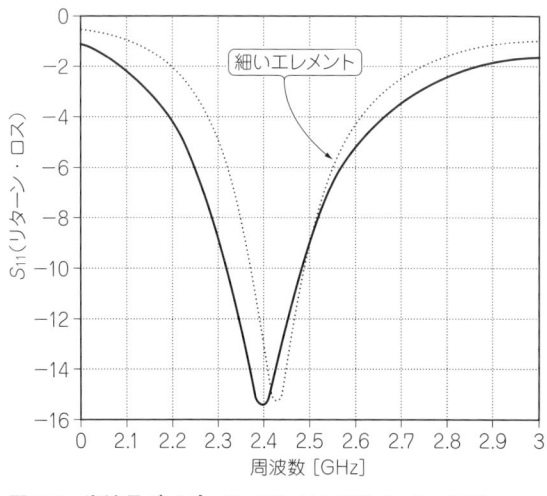

図8-8　半波長ダイポール・アンテナのリターン・ロス

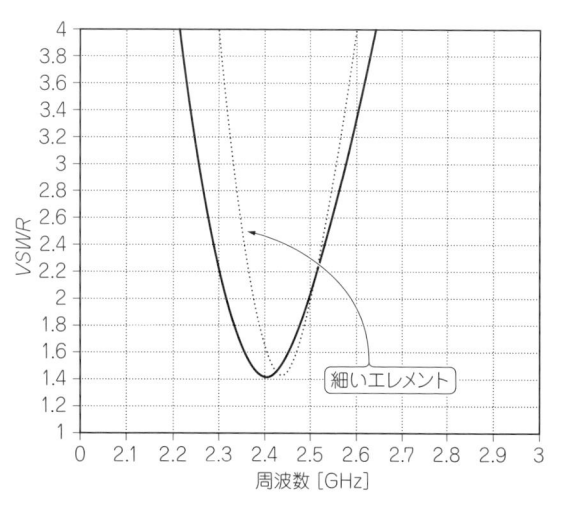

図8-9　同じダイポール・アンテナのVSWR

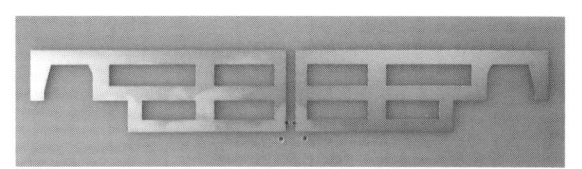

写真8-2　広帯域の特性を狙った地デジ受信用ダイポール・アンテナ

広く分布する電荷がコンデンサに相当し，また，エレメントの周りに磁力線が分布することで，コイルと同じ働きをしてLC共振します．

つまり，アンテナは強い電界と磁界を広く分布させることで放射を実現し，ある範囲の帯域幅も確保していると考えられるわけです．したがって，極端な小型化はより集中定数素子に近づき，帯域幅は狭くなるのです．

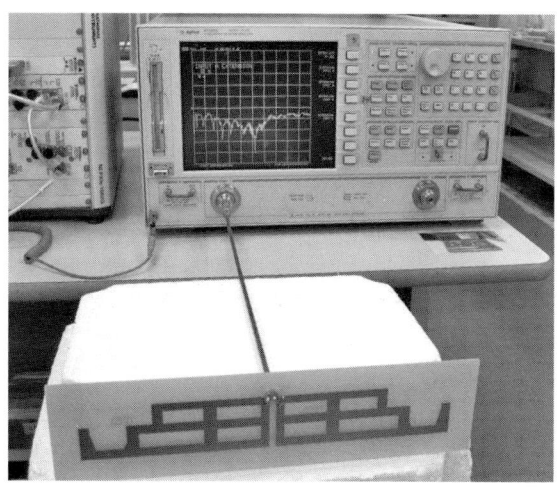

写真8-3　ネットワーク・アナライザで測定

解決策はあるのか？

ダイポール・アンテナの帯域幅を広げる手法を考えると，写真8-2に示すようにエレメントの実効的な太さ（または幅）を広げるという手が残されています．

これは，図8-8をヒントにして，地デジの受信アンテナとして設計した例ですが，写真8-3のようにネットワーク・アナライザで測定した結果，図8-10のような広帯域特性が得られました．反射係数が0.5以下の周波数帯域は，地デジの470～770MHzをほぼカバーしています．

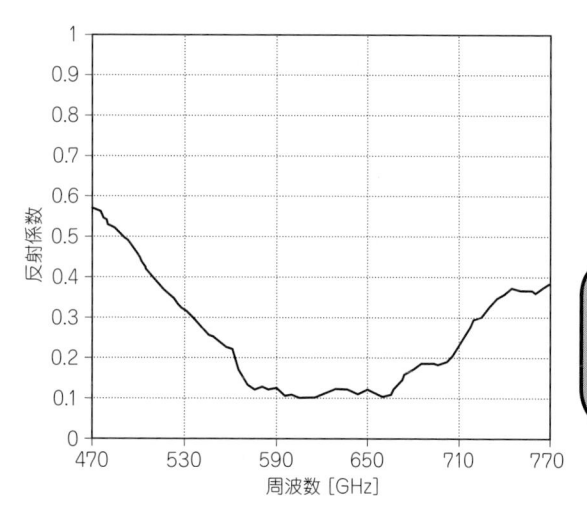

図8-10　地デジ受信アンテナの広帯域特性

用語解説集

●位相

　交流は，**図T-1**のような電圧と電流の周期的な波形であり，同じ時刻で測った波の位置や状態を位相と呼んでいる．

　図T-1(**a**)は抵抗中の電圧と電流で，互いの山と谷がそろっているので，これを同相（位相が同じという意味）という．**図T-1**(**b**)はコイル，**図T-1**(**c**)はコンデンサの場合で，これらは電圧と電流の位相がずれているので，送り込んだ電気（電磁波）が100％消費されずに戻ってくる．

　アンテナも，**図T-1**(**a**)のように純抵抗に見える場合に電力を有効に放射するので，**図T-1**(**b**)や図**図T-1**(**c**)のようなリアクタンスを含んだアンテナは，本書で述べた方法で，それらをなくす必要がある．

●LC共振器

　L（コイル）とC（コンデンサ）で構成される電気回路で，実際には抵抗Rを加えた**図T-2**(**a**)のようなRLC直列回路である．

　リアクタンスXは次の式で得られる．

$$X = \omega L - \frac{1}{\omega C}$$

　図T-2(**b**)のXがゼロになる周波数f_0（$\omega_0 = 2\pi f_0$）は，上式で$X = 0$として，

$$f_0 = \frac{1}{2\pi\sqrt{LC}}$$

になるが，これより低い周波数では，リアクタンスが容量性（負の値）になり，高ければ誘導性（正の値）になる．

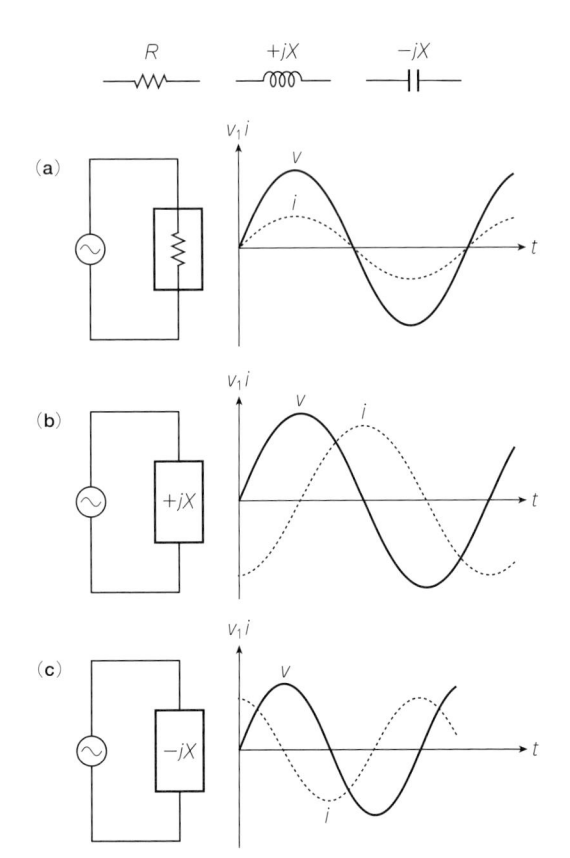

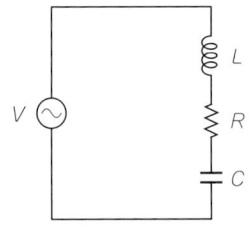

図T-1　電圧と電流の位相

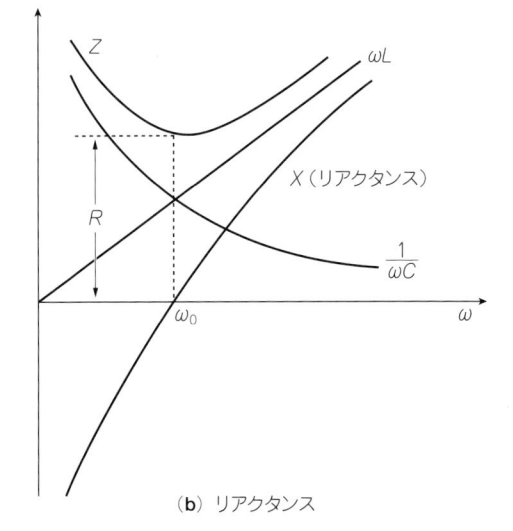

図T-2　RLC直列回路とリアクタンスのグラフ

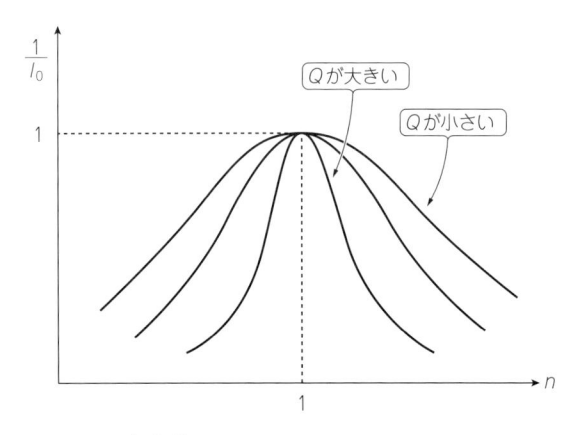

図T-3 共振曲線

このように，直列に接続されたL（誘導リアクタンス）とC（容量リアクタンス）とが互いに打ち消し合う状態を，直列共振あるいは単に共振といい，上式の周波数を共振周波数と呼ぶ．

インピーダンスの大きさは，

$$Z = \sqrt{R^2 + \left(\omega L - \frac{1}{\omega C}\right)^2}$$

で求まるので，共振状態では図T-2(b)に示すように最小になり，ZがRに等しくなるとき電流は最大になる．

共振時の電流はRのみによって決まり，LとCの値には無関係であるが，LやCによって決まるのは，図T-3のような共振曲線の形である．

図T-3は，共振周波数からはずれた角周波数$\omega (= 2\pi f)$における電流Iと，共振時の電流I_0との比をとったグラフで，横軸nはωとω_0（またはfとf_0）の比である．

ここで$Q = \dfrac{\omega_0 L}{R} = \dfrac{1}{R} \cdot \dfrac{1}{\omega_0 C}$で，$Q$は$L$や$C$によって決まることがわかる．$Q$の値が大きいほど，横軸$n$に対する縦軸$I/I_0$の値が小さくなり，共振曲線は鋭くなるが，この$Q$を共振回路の$Q$（Qualityfactor，尖鋭度または選択度）と呼んでいる．

一方，図T-4(a)のように，並列に接続されたLとCによる共振を，並列共振または反共振という．

反共振周波数f_0は，

$$f_0 = \frac{1}{2\pi}\sqrt{\frac{1}{LC} - \frac{R^2}{L^2}}$$

となるが，ここで$R \ll \sqrt{\dfrac{L}{C}}$であれば，直列共振と同じ共振周波数で並列共振状態になる．

図T-4(b)は縦軸に電流I，横軸に角周波数ωをと

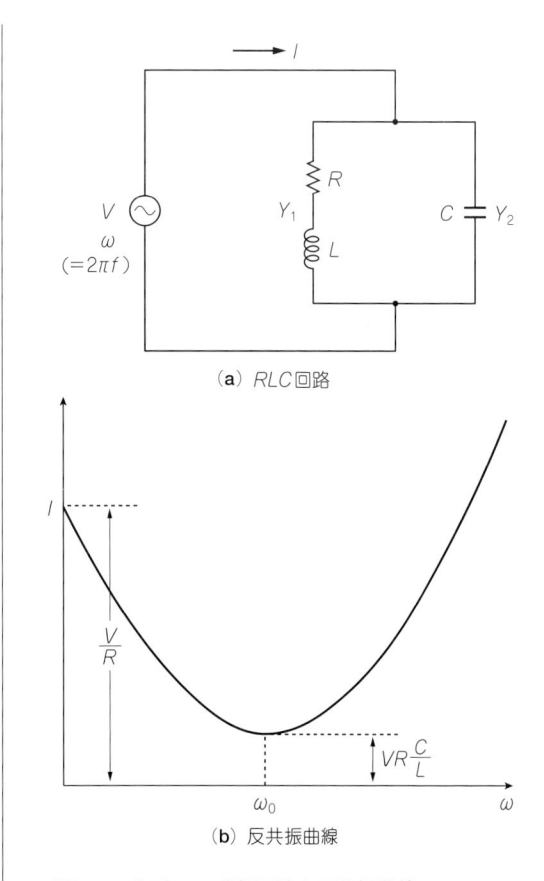

(a) RLC回路

(b) 反共振曲線

図T-4 並列RLC共振回路と反共振曲線

った反共振曲線で，直列共振とは逆に，反共振時（ω_0）はアドミタンスが小さく，このときの電流I_0（$= VRC/L$）は最小になる．

曲線の形状はRの値によって変わるが，Qは直列共振と同じ式で表される．また並列共振状態では，Lに流れる電流I_{L0}（$= V/\omega_0 L$）とI_0の比，またはCに流れる電流I_{C0}（$= V\omega_0 C$）とI_0の比はQに等しくなる．このため，LC並列回路では，Qを電流増幅率といい，高周波エネルギーを蓄える働きをするので，タンク（tank）回路ともいう．

共振を利用したアンテナは，その構造によって直列共振器または並列共振器として動作し，強い電磁界を空間に広げて放射する．

● 共役整合

インピーダンスは，実数部Rと虚数部Xの複素数で表される．虚数がゼロでない場合の整合は，$a + jb$と$a - jb$のように，複素共役（虚数部の符号を入れ替えたもの）の関係にして整合を取る．

● dB（デシベル）

電力比の常用対数値（bel）の10倍（deci）という意味で，入力電力をP_1，出力電力をP_2とすると，

$$10 \log_{10}\left(\frac{P_2}{P_1}\right) [\text{dB}]$$

は利得を表す．

Sパラメータは電圧比なので，リターン・ロスは$20 \log_{10}|S_{11}|$［dB］である．

● 電界と磁界

電界または電場は，空間にできる電位の勾配のことで，電気力線で表す．また，磁界は磁場ともいい，電流の周りに発生する磁力線で表す．ともに大きさと向きを持つベクトル量で，電界ベクトルと磁界ベクトルで扱う．

● 電磁界シミュレータ　XFdtd

FDTD法（Finite Difference Time Domain method）は有限差分時間領域法とも呼ばれ，空間に伝搬する電磁界を，マクスウェルの方程式の差分表現式を使って直接シミュレーションする手法である．Xfdtdは，1994年に米国Remcom社が開発した世界初の商用FDTDプログラムである．国内では，構造計画研究所が販売している．

http://www.kke.co.jp/

● 等価

複雑な回路の電気的特性を計算するときに，これと同じ電圧と電流の関係を持つ回路を等価回路という．電圧と電流が同じであることを「等価である」と定義すれば，等価回路はブラック・ボックスとして考えられ，アンテナも等価回路に置き換えると便利である．

● 平衡回路

平衡とはつり合いがとれていることで，往路と復路の電気信号が同じ大きさで互いに逆向きの回路をいう．

● 電磁界シミュレータ　Sonnet

Sonnet Suitesはモーメント法による3次元プレーナ（平面）構造の電磁界解析ソフトで，開発者のDr. James Rautioは，AJ3Kのコールサインを持つエクストラ級のアマチュア無線家．彼は1980年代に，ANNIE（第3章参照）というワイヤ・アンテナのシミュレーション・プログラムを発表している．また筆者らは，ANNIEの日本版開発が縁でSonnet Suitesの日本での販売を手伝い，共著で，Artech House社から英文の書籍"Introduction to Antenna Analysis Using Em Simulators"と"Introduction to RF Design Using Em Simulators"を出版している．同書には，無償版のSonnet LiteのCDが付属している．

● 本書に出てくる主要な単位

記号	読み方	量の名称	定義	接頭語付きの例
Hz	ヘルツ	周波数・振動数	1秒間に1回繰り返される周期現象の周波数または振動数	MHz, GHz, THz など
V	ボルト	電位・電圧・起電力	1Aの電流が流れる導体の2点間で消費される電力が1Wのとき，その2点間の電位	mV, kV など
A	アンペア	電流	真空中に1mの間隔で平行に置かれた極めて細く無限長の2本の直線導体のそれぞれを流れ，1mごとに2×10^{-7}N（ニュートン）の力を及ぼし合う不変の電流	μA, mA など
W	ワット	電力・仕事率	1秒につき1J（ジュール）の仕事をする割合	mW, kW など
Ω	オーム	電気抵抗	1Aの電流が流れる導体の2点間の電圧が1Vであるときの，その2点間の電気抵抗	kΩ, MΩ など
H	ヘンリー	自己インダクタンス・相互インダクタンス	1秒間に1Aの割合で一様に変化する電流が流れるとき，1Vの起電力を生ずる閉回路のインダクタンス	nH, μH, mH など
F	ファラド	静電容量・キャパシタンス	1C（クーロン）の電荷を充電したときに，1Vの電圧を生ずる2導体間の静電容量	pF, μF など
V/m	ボルト・パー・メートル	電界の強さ	1Cの電荷を有する無限に小さい帯電体に働く力の大きさが1Nである真空中における電界の強さ	
A/m	アンペア・パー・メートル	磁界の強さ	一様な磁界において，磁界の方向に沿って1m離れた2点間の起電力が1Aである磁界の強さ	
S/m	ジーメンス・パー・メートル	導電率	抵抗率が1Ω・mであるような導体の導電率	
rad	ラジアン	平面角・角度	円の半径に等しい長さの弧が中心に張る角度．$1° = (\pi / 180)$ rad	
dB	デシベル	パワー（電力・音圧など）レベル	電力比の常用対数値(bel)の10倍(deci)	
dB	デービーミリまたはデシベルミリ	電力レベル	1mWの電力を基準にしたときの電力比	
dBm	デービーアイ	絶対利得	アイソトロピック・アンテナを基準とした利得	
dBd	デービーデー	相対利得	½波長ダイポール・アンテナを基準とした利得	

● 主な接頭語

記号	名称	単位に乗ぜられる倍数
T	テラ	10^{12}
G	ギガ	10^{9}
M	メガ	10^{6}
μ	マイクロ	10^{-6}
n	ナノ	10^{-9}
p	ピコ	10^{-12}

参考文献

1. Gerd Janzen；Kurze Antennen, Franckh'sche Verlagshandlung, 1986, W.Keller & Co.
2. John D. Kraus；ANTENNAS Second Edition, 1988, McGRAW-HILL.
3. WB4KTC Robert J. Traister；HOW TO BUILD HIDDEN LIMITED-SPACE ANTENNAS THAT WORK, 1981, TAB Books.
4. KR1S Jim Kearman；LOW PROFILE AMATEUR RADIO, 1994, ARRL.
5. G4LQI Erwin David；HF ANTENNA COLLECTION, 1994, RSGB.
6. G6XN Les Moxon；HF ANTENNAS FOR ALL LOCATIONS, 1995, RSGB.
7. NT0Z Kirk A. Kleinschmidt；STEALTH AMATEUR RADIO, 1999, ARRL.
8. Hiroaki Kogure, Yoshie Kogure, and James Rautio；Introduction to Antenna Analysis Using EM Simulators, 2011, Artech House.
9. Hiroaki Kogure, Yoshie Kogure, and James Rautio；Introduction to RF Design Using EM Simulators, 2011, Artech House.
10. G0KYA Steve Nichols；Stealth Antennas, 2012, RSGB.
11. バルクハウゼン 著, 中島 茂 訳；『振動學入門』, 1935, コロナ社.
12. 安藤定夫, 長谷川伸二, 大津正一ほか；『ビームアンテナの指向性を解剖する』, CQ ham radio 1967年2月号〜7月号, CQ出版社.
13. 溝口皖司；アマチュア無線DXガイドブック, 第2版, 1968, オーム社.
14. 遠藤敬二 監修；ハムのアンテナ技術, 1970, 日本放送出版協会.
15. 関根慶太郎；アマチュア無線 楽しみ方の再発見, 第1版4刷, 1974, オーム社.
16. 岡本次雄；アマチュアのアンテナ設計, 第4版, 1974, CQ出版社.
17. CQ ham radio編集部 編, 160メータハンドブック, 第3版, 1976, CQ出版社.
18. 徳丸 仁；電波技術への招待, 1978, 講談社ブルーバックス.
19. 飯島 進；アマチュアの八木アンテナ, 1978, CQ出版社.
20. 電子通信学会（現・電子情報通信学会）編；アンテナ工学ハンドブック, 1980, オーム社.
21. 吉野源一；『ヘリカルホイップアンテナの性能徹底追究』, モービルハム, 1980年5月号, pp.47-61, 1980, 電波実験社.
22. 宇田新太郎；新版 無線工学Ⅰ 伝送編, 第3版, 1981, 丸善株式会社.
23. 阿部英太郎；物理工学実験11 マイクロ波技術, 第2刷, 1983, 東京大学出版会.
24. G6JP G.R.Jessop, 関根慶太郎 訳；RSGB VHF UHF MANUAL, 1985, CQ出版社.
25. 小暮裕明；『特集 キャパシタンスインダクタンス装荷アンテナの理論と設計』, HAM Journal No.57, pp.35-68, 1988, CQ出版社.
26. 小暮裕明；『コンパクト・マグネチック・ループ・アンテナのすべて』, HAM Journal No.93, pp.49-72, 1994, CQ出版社.
27. 小暮裕明ほか；『3章 短縮アンテナの設計』, 別冊CQ ham radio バーチカル・アンテナ, pp.91-130, 1994, CQ出版社.
28. Steve Parker, 鈴木 将 訳；世界を変えた科学者 マルコーニ, 1995, 岩波書店.
29. 後藤尚久；図説・アンテナ, 1995, 社団法人電子情報通信学会.
30. 玉置晴朗；八木アンテナを作ろう, 1996, CQ出版社.
31. 山崎岐男；天才物理学者 ヘルツの生涯, 1998, 考古堂.
32. 小暮裕明；『マグネチック・ループ・アンテナの研究』, pp.236-249, HAM RADIO JOURNAL, CQ ham radio 1999年9月号, CQ出版社.
33. 小暮裕明；『位相差給電のすすめ』, pp.224-237, HAM RADIO JOURNAL, CQ ham radio 2001年1月号, CQ出版社.
34. Keith Geddes, 岩間尚義 訳；グリエルモ・マルコーニ, 2002, 開発社.
35. 原岡 充；電波障害対策基礎講座, 2005, CQ出版社.

参考文献

36. 高田継男；9R-59とTX-88A物語，第2版，2005，CQ出版社．
37. 松田幸雄；シミュレーションによるアンテナ製作，2008，CQ出版社．
38. 山村英穂；改訂新版 定本トロイダル・コア活用百科，改訂版第3版，2009，CQ出版社．
39. 大庭信之；アンテナ解析ソフトMMANA，第2版，2010年，CQ出版社．
40. 関根慶太郎；無線通信の基礎知識，2012，CQ出版社．
41. 小暮裕明；『絵で見るアンテナ入門』，連載 第1回～12回，CQ ham radio 2011年5月号～2012年4月号，CQ出版社．
42. 小暮裕明；『短期集中連載 λ/100アンテナは夢か』，連載 第1回～4回，CQ ham radio 2012年1月号～2012年4月号，CQ出版社．
43. 小暮裕明；『ハムのアンテナQ&A』，連載 第1回～，CQ ham radio 2012年5月号～，CQ出版社．

筆者らによる主な単行本

44. 小暮裕明；コンパクト・アンテナブック，第5版，1993，CQ出版社．
45. 小暮裕明ほか，CQ ham radio編集部 編；ワイヤーアンテナ，第2版，1994，CQ出版社．
46. 小暮裕明，松田幸雄，玉置晴朗；パソコンによるアンテナ設計，第2版，1998，CQ出版社．
47. 小暮裕明；電磁界シミュレータで学ぶ 高周波の世界，第6版，2006，CQ出版社．
48. 小暮裕明；電磁界シミュレータで学ぶ ワイヤレスの世界，第3版，2007，CQ出版社．
49. 小暮裕明；電気が面白いほどわかる本，2008，新星出版社．
50. 小暮裕明，小暮芳江；すぐに役立つ電磁気学の基礎，2008，誠文堂新光社．
51. 小暮裕明，小暮芳江；小型アンテナの設計と運用，2009，誠文堂新光社．
52. 小暮裕明，小暮芳江；電磁波ノイズ・トラブル対策，2010，誠文堂新光社．
53. 小暮裕明，小暮芳江；『電磁界シミュレータで学ぶ アンテナ入門』，2010，オーム社．
54. 小暮裕明，小暮芳江；［改訂］電磁界シミュレータで学ぶ高周波の世界，2010，CQ出版社．
55. 小暮裕明，小暮芳江；すぐに使える 地デジ受信アンテナ，2010，CQ出版社．
56. 小暮裕明；はじめての人のための テスターがよくわかる本，2011，秀和システム．
57. 小暮裕明，小暮芳江；電波とアンテナが一番わかる，2011，技術評論社．
58. 小暮裕明，小暮芳江；ワイヤレスが一番わかる，2012，技術評論社．
59. 小暮裕明，小暮芳江；図解入門 無線工学の基本と仕組み，2012，秀和システム．
60. 小暮裕明，小暮芳江；図解入門 高周波技術の基本と仕組み，2012，秀和システム．

　本書の執筆にあたり，構造計画研究所（**http://www.kke.co.jp/**）のご好意により，米国Remcom社の電磁界シミュレータXFdtdをご提供いただきました．またSonnet Suitesをご提供いただいた米国Sonnet Software社長の旧友Dr. James Rautio, AJ3Kにも感謝の意を表します．

JG1UNE 小暮裕明，　JE1WTR 小暮芳江

索　引

数字・アルファベット・記号

$+jX$	79
$-jX$	79
1：4バラン	51
1.9MHz帯	86
$120\pi=377\Omega$	84
135kHz帯用のアンテナ	69
135kHz帯	64, 86
4エレ八木	62
500kHz	86
5エレ八木	62
AJ3K Dr.Jim Rautio	58
AMA	73
ANNIE	58, 66
AO（Antenna Optimizer）	104
Army Loop	72
ATU（オートマチック・アンテナ・チューナ）	46, 102, 116
A・E・ケネリー	25
A・ドルベア	24
CQ（キュービカル・クワッド）アンテナ	123
Cushcraft	43, 82
dB（デシベル）	53, 54, 130
dBd	53, 65
dBi	53, 65
directivity	54
DK5CZ Chris Käferlein	73
DL2FA Hans Würtz	73
DL7PE Juergen	32
EIRP（等価等方輻射電力）	88
E層	26
E・アップルトン	25
F/B（前後比：Front Back ratio）	54
FDTD法	130
F層	26
F・ブラウン	30
GP（グラウンド・プレーン・アンテナ）	82, 98, 117
HF（短波）帯	26
Hy-Gain	43
John Kraus	69
J・J・トムソン	25
JA1CA 岡本次雄	91
JF1DMQ 山村英穂	87
K. Paterson	72
K6STI Brian Beezley	104
LC共振	18, 127
LC共振器	128
LC並列回路	128
LF（長波）帯	26
L型ダイポール	117
MF（中波）帯	26
MFJ	43
MicroVert（マイクロバート）	32, 86, 115
MININEC	59
MLA	73
MMANA	43, 44, 50, 58, 59, 64, 66, 87
M・バーネット	25
O・ヘビサイド	25
Pettersonのループ	72
P・ルードウィヒ	32
Q	79, 126, 129
Q値	39
R（レジスタンス）	36
RF電流計	102
RLC直列回路	128
S_{11}	126
Sonnet	18, 68, 77, 125, 130
Sonnet Lite	66
Sパラメータ	126
TA（Terrain Analyzer）	104
T型アンテナ	28, 44, 81
UWB	97
VHF（超短波）帯	26
$VSWR$：Voltage Standing Wave Ratio	121, 126
$VSWR$計	121
W8YINアンテナ	116
Wheeler法	125
X（リアクタンス）	36
X_C（容量性リアクタンス）	38
XFdtd	21, 40, 44, 110, 131
X_L（誘導性リアクタンス）	38
YO（YAGI Optimizer）	104
$\lambda/100$	86

あ・ア行

アイソトロピック・アンテナ	64
アパマン・ハム	89
アンテナ・カプラ	51
アンテナ・チューナ	49, 51, 119
アース	98, 117
イオノグラム	27
位相	59, 128
位相差	59
インダクタンスL（自己誘導係数）	33
インダクタンス装荷	41, 82
インダクティブ・カプリング	77
宇田新太郎博士	60
英国第7777特許	31
エレメント	62
遠距離通信	21
円形のキャパシタンス	83
遠方界	64, 72
大型コイル	80
オリバー・ロッジ	25
折り曲げダイポール・アンテナ	47, 82
隠密アンテナ	49

か・カ行

回折	107
開放端（オープン・エンド）	46
角周波数	79
可変コンデンサ	74
カムフラージュ	48
逆Lアンテナ	23
キャパシタンスC（容量）	33
キャパシタンス装荷	82
キャパシティ・ハット	35, 46, 81, 83, 126
共振	17, 39, 70, 79
共振アンテナ	30
共振回路	43
共振回路のエネルギー	79
共振型アンテナ	39, 86
共振曲線	129
共振周波数	19
共振のQ	40
共役整合	129
金属壁	62
近傍界	64, 72
グラス・ファイバー製釣り竿	116
グリエルモ・マルコーニ	20
傾斜形ダイポール・アンテナ	102
ゲイン（Gain）	52
現実の利得	88
コイル	41, 90
コイルのQ	111
コイルのL	51
コイルの寸法	79
高層マンション	117
広帯域特性	127
極超短波（UHF）帯	93
コヒーラ検波器	22
コモンモード電流	102, 115
コモンモード・フィルタ	115
コンクリート	44, 117
コンパクト	16
コンパクト化	40
コンパクト・アンテナ	16, 86, 126

さ・サ行

再放射	107

ジェームス・クラーク・マクスウェル	16
磁界（磁力線）	33, 99, 104, 130
磁界強度	90, 99
磁界ベクトルH	70
磁気的エネルギー	80
指向性	59
指向性利得	54, 55, 88, 123
システム効率	42, 46, 55
実効長	85
実効面積	69, 84, 85
自動車の車体	98
車体の接地抵抗	98
集合住宅	105
集中定数素子	127
準静磁界（あるいは単に静磁界）	72
自由空間	56
ジョン・フレミング	23
磁力線	40
進行波	97, 120
心臓形［カーディオイド（cardioid）・パターン］	59
振動周期	34
真の利得	54, 88
垂直ロング・ワイヤ	116
水平導体のキャパシタンス	83
ステルス	100
正規化	96
整合	45, 85
整合回路	95
正方形ループ・アンテナ	74
世界システム	23
絶対利得	53, 65, 122, 123
接地系アンテナ	22
尖鋭度	40
線状電流	34
選択度	40
センター・ローディング（中央装荷）	41
全反射	121
相対利得	53
損失電力	55

た・タ行

帯域幅	39, 40, 127
大西洋横断実験	23
大地	56, 104
大地の電気的特性	56
ダイポール・アンテナ	23, 30
タンク（tank）回路	129
短縮モノポール・アンテナ	79
短波（HF）帯	89
短波帯	26
地デジ	93
中波	104
超高層マンション	49
超短縮モノポール・アンテナ	115
超短波（VHF）帯	93
長波	104
直接波	56
直列RLCの等価回路	38
ツェッペリン・アンテナ	32
抵抗損（オーミックロス）	38, 124
定在波	120
定在波測定器	121
底辺装荷モノポール	86
鉄柱群の影響	105
電圧定在波比	121
電界（電気力線）	33, 99, 104, 130
電界強度	22, 90
電界分布	44
電界ベクトルE	70
電気的エネルギー	79
電磁エネルギー	62
電磁界シミュレーション	122
電磁界シミュレータ	18, 54, 68, 108, 125, 130
電磁波	16
電波暗室	126

電波インピーダンス ……………………… 84	微小ダイポール …………………… 68, 69	**ま・マ行**
電波防護指針 ……………………………… 101	微小ダイポールの放射抵抗 ……………… 84	マクスウェル ……………………………… 108
電離層 ………………………………… 25, 27, 104	微小ダイポール・アンテナ ……… 64, 68, 70	マグネチック・ループ・アンテナ ……… 73
電力利得 ……………………………………… 54, 88	微小ループ …………………………… 68, 69	マルコーニ ………………………………… 31
テーパード・スロット・アンテナ(TSA) … 95	微小ループ・アンテナ …………… 71, 73, 74	無損失 ……………………………………… 54
等価 …………………………………………… 130	非接地系 …………………………………… 26	無反射状態 ………………………………… 97
等価回路 ………………………………… 39, 130	火花放電 …………………………………… 16	メアンダ・アンテナ ……………………… 35
等方性(isotropic)アンテナ ………… 52, 122	ビバレージ・アンテナ …………………… 97	メイン・ローブ(main lobe) …………… 54
同軸ケーブル ……………… 86, 102, 113, 119	比誘電率 …………………………………… 56	モノポール・アンテナ ……………… 43, 44, 81
同軸ケーブル・アンテナ ………………… 119	平賀源内 …………………………………… 31	モービル用ホイップ ………………… 89, 92
同調回路 ………………………………… 31, 43	ビーム ……………………………………… 54	モービル・ホイップ・アンテナ …… 42, 110
同調方式 …………………………………… 31	ファラデー …………………………… 33, 108	モーメント法 ………………………… 59, 130
導電式無線通信 …………………………… 24	フェージング現象 ………………………… 25	モールス …………………………………… 24
導電率(conductivity) …………………… 56	輻射器 ……………………………………… 62	**や・ヤ行**
導波器 ……………………………………… 62	複素共役 …………………………………… 129	八木アンテナ ……………………………… 123
特性インピーダンス ……………………… 36, 120	不平衡線路 …………………………… 113, 119	八木秀次博士 ………………………… 33, 60
トップ・ローディング(頂点装荷) …… 41	ブラウンの傾斜アンテナ ………………… 29	八木・宇田アンテナ ……………… 33, 59, 60
共振れの理 ………………………………… 18	プラチナバンド …………………………… 106	有限差分時間領域法 ……………………… 130
トライバンダー …………………………… 123	ブラック・ボックス ……………………… 130	有効電力 …………………………………… 38
トロイダル・コア ………………………… 51	フルサイズ ………………………………… 16	誘電率(dielectric constant または permittivity)
トーマス・エジソン ……………………… 24	フルサイズ・ダイポール・アンテナ …… 46	……………………………………………… 56
な・ナ行	フレネル領域 ……………………………… 72	誘導コイル ………………………………… 16
長岡半太郎 ………………………………… 17	分割フェライト・コア ………………… 102, 115	誘導電磁界 ………………………………… 72
ニコラ・テスラ …………………………… 23	平行2線 …………………………………… 112	誘導電流 ……………………………… 99, 104
入力インピーダンス ………… 36, 37, 50, 80	平衡回路 …………………………… 119, 130	容量(キャパシティ・ハット) ………… 43
入力抵抗 …………………………………… 125	平衡線路 …………………………… 113, 119	**ら・ラ行**
入力電力 …………………………………… 44	並列RLC共振回路 ………………………… 129	ライデン瓶 ………………………………… 31
は・ハ行	並列共振 …………………………………… 129	ラジアル効果 ……………………………… 110
ハインリッヒ・ヘルツ …………………… 16	ベランダ ………………………… 108, 111, 114, 116	ラジアル・ワイヤ ………………… 98, 117, 118
はしごフィーダ ……………………… 113, 118	ヘルツ発振器 ……………………………… 17	リアクタンス ………………………… 50, 87
波長短縮効果 ……………………………… 93	ヘルツ・ダイポール …………………… 16, 19	リアクタンスX …………………………… 79
バラン ……………………………………… 102	ボアサイト(boresight) …………… 54, 64	リアクティブ(recactive)・ダミーロード … 80
バルクハウゼン ……………………… 33, 34	ポアンカレ ………………………………… 103	リターン・ロス ……………………… 96, 126
反共振 ……………………………………… 129	ホイラー・キャップ ……………………… 125	利得 …………………………………… 52, 122
反共振曲線 ………………………………… 129	ポインティング電力 ……………………… 84	リニア・ローディング ……………… 46, 47
反射 ……………………………………… 56, 108	ポインティング・ベクトル ……………… 70	リボンフィーダ …………………………… 118
反射器 ……………………………………… 62	放射界 ……………………………………… 70	ループ(閉曲線) ………………………… 40
反射係数(リターン・ロス) …… 37, 59, 96, 126	放射効率 ………………… 40, 42, 45, 46, 88, 124, 125	レイ・トレーシング ……………………… 106
反射波 ………………………………… 56, 120	放射抵抗 …………………………… 38, 124, 125	ロング・ワイヤ・アンテナ ……………… 94
半波長ダイポール・アンテナ …… 27, 33, 35	放射電力 ……………………………… 38, 55	ローディング・コイル ……………… 48, 78
バーチカル・アンテナ …………………… 43	放射パターン ………………… 21, 58, 68, 90	ロー・プロファイル …………………… 100, 101
光(電磁波)の速度 ……………………… 19	放射ベクトル ……………………………… 70	
	ボトム・ローディング(底辺装荷) …… 41	

著者略歴

● **小暮 裕明**(こぐれ ひろあき)　JG1UNE

小暮技術士事務所(**http://www.kcejp.com**)所長
技術士(情報工学部門),工学博士(東京理科大学),特種情報処理技術者,
電気通信主任技術者,第1級アマチュア無線技士

1952年　群馬県前橋市に生まれる
1977年　東京理科大学卒業後,エンジニアリング会社で電力プラントの設計・開発に従事
1998年　東京理科大学大学院博士課程(社会人特別選抜)修了,工学博士
2004年　東京理科大学講師(非常勤),コンピュータ・ネットワーク,プログラミング言語他を担当

現在,技術士として技術コンサルティング,セミナー講師,大学講師等に従事

● **小暮 芳江**(こぐれ よしえ)　JE1WTR

1961年　東京都文京区に生まれる
1983年　早稲田大学第一文学部中国文学専攻卒業後,ソフトウェアハウスに勤務
1992年　小暮技術士事務所開業で所長をサポートし,現在電磁界シミュレータの英文マニュアル,
　　　　論文,資料などの翻訳・執筆を担当

- ●**本書記載の社名，製品名について** ── 本書に記載されている社名および製品名は，一般に開発メーカの登録商標です．なお，本文中では™，®，©の各表示を明記していません．
- ●**本書掲載記事の利用についてのご注意** ── 本書掲載記事は著作権法により保護され，また産業財産権が確立されている場合があります．したがって，記事として掲載された技術情報をもとに製品化をするには，著作権者および産業財産権者の許可が必要です．また，掲載された技術情報を利用することにより発生した損害などに関して，CQ出版社および著作権者ならびに産業財産権者は責任を負いかねますのでご了承ください．
- ●**本書に関するご質問について** ── 文章，数式などの記述上の不明点についてのご質問は，必ず往復はがきか返信用封筒を同封した封書でお願いいたします．ご質問は著者に回送し直接回答していただきますので，多少時間がかかります．また，本書の記載範囲を越えるご質問には応じられませんので，ご了承ください．
- ●**本書の複製等について** ── 本書のコピー，スキャン，デジタル化等の無断複製は著作権法上での例外を除き禁じられています．本書を代行業者等の第三者に依頼してスキャンやデジタル化することは，たとえ個人や家庭内の利用でも認められておりません．

R 〈日本複製権センター委託出版物〉
本書の全部または一部を無断で複写複製（コピー）することは，著作権法上での例外を除き，禁じられています．
本書からの複製を希望される場合は，日本複製権センター（TEL：03-3401-2382）にご連絡ください．

アンテナの神秘に魅せられて
コンパクト・アンテナの理論と実践
［入門編］

2013年4月1日　初版発行　　　　　　　　　　　　　　　　© 小暮 裕明・小暮 芳江　2013
（無断転載を禁じます）

著　者　小 暮 裕 明
　　　　小 暮 芳 江

発行人　小 澤 拓 治

発行所　CQ出版株式会社
〒170-8461　東京都豊島区巣鴨1-14-2
電話　出版　03-5395-2149
　　　販売　03-5395-2141
振替　00100-7-10665

乱丁，落丁本はお取り替えします
定価はカバーに表示してあります

ISBN978-4-7898-1646-5　　　　　　　　編集担当者　櫻田洋一／斎藤麻子
Printed in Japan　　　　　　　　　　　デザイン・DTP　近藤企画
　　　　　　　　　　　　　　　　　　印刷・製本　三晃印刷㈱